파브르 식물기

J.H. 파브르/지음
정 석 형/옮김
李昌福박사/감수

두레

아이들에게

　우리집의 보물인 장난꾸러기들. 너희들은 좀 덤벙거리지만 재미있는 얘기인지 엉터리 얘기인지를 금세 알아챌 것이다. 그런 너희들을 위한 이야기가 이 책에 담겨 있다. 언젠가는 만나겠지만 그 만남은 으레 좀 빠르기 마련이다.
　까다로운 '과학'을 너희들에게 조금씩 무리없이 가르쳐주려고 '나무 이야기'를 해주면서, 내가 무엇보다도 흐뭇하게 생각한 것은 너희들이 열심히 귀를 기울여 준 일이다. 너희들만한 나이 때는 아주 솔직하기 때문이다. 그렇다면 너희들과 같은 또래의 다른 장난꾸러기들도 모두 '나무 이야기'를 재미있게 들어 줄 것이 분명하다.
　파리를 향해 길을 떠나는 이 책이 너희들에게 들려줄 때와 마찬가지로 환영받을 수 있도록 기도해 주기 바란다.

J. H. 파브르

|차 례| …… 파브르 식물기

지은이 서문 —— 아이들에게 · 3
차　례 —— 4
제 1 장 히드라 —— 9
　헤라클레스의 무용담 · 11/실제의 히드라 · 13/가재 다리의
　재생능력 · 17/생명은 비할 데 없는 마술사 · 19
제 2 장 동물의 싹과 식물의 싹 —— 21
　식물과 동물은 형제 · 23/산호와 그 주민 · 26/폴립 무리를 닮은
　식물 · 29
제 3 장 눈의 의상 —— 33
　사람보다 앞서 있는 눈의 옷 · 35/눈의 짐싸기 · 39/즉시 홀로 서는
　눈 · 42/포도나무가 복숭아나무에게 가르쳐 준 비밀 · 43
제 4 장 이주자 —— 45
　산호공화국의 정치 · 47/백합의 가족 · 49/식물은
　절약가 · 52/히야신스의 가정교육 · 54
제 5 장 밤(栗)의 고문서(古文書) —— 61
　눈들의 공동수도 · 63/나무의 고문서(古文書) · 66/밤나무의 고백 · 69
제 6 장 나무의 나이 —— 77
　나이테 · 79/세계에서 가장 굵은 나무 · 83/세계에서 가장 오래된
　나무 · 88
제 7 장 기본기관(基本器官) —— 91
　정의(定義)를 배우는 불쌍한 아이들 · 93/세포의 단장 · 97
제 8 장 세포의 속 —— 103
　종이와 셀룰로스 · 105/식물의 과학과 인간의 과학 · 109

제 9 장 단세포 식물 —— 115
빨간 눈(雪)·117/사탕수수의 복수·121/버섯의 이상한 토지·129

제 10 장 관속식물(管屬植物) —— 131
질서있는 줄기와 질서없는 줄기·133/쌍떡잎식물과 외떡잎식물·139/희망의 별들아, 새시대가 온다·143

제 11 장 줄기의 구조 —— 147
달팽이와 장작의 슬픈 노래·149/줄기의 속은 어떻게 되어 있나?·151/외떡잎식물과 쌍떡잎식물의 줄기·155/창조의 느긋한 발걸음·158/아교목 양치류가 살던 세계·163

제 12 장 나무껍질 —— 165
나무의 옷·167/코르크나무가 가르쳐 준 교훈·169/유액(乳液)의 신비·172/나무의 속옷·175

제 13 장 줄기의 모양(1) —— 179
식물의 건축·181/먹는 자와 먹히는 자의 순환·184

제 14 장 줄기의 모양(2) —— 191
갈대는 왜 참나무의 충고를 받아들이지 않나?·193/덩굴식물의 배신·197/마모트의 편법을 써 볼까?·202

제 15 장 뿌리 —— 207
뿌리와 줄기의 반대 성질·209/대조적인 본능을 가진 두 종족·214/당근과 양골담초의 과욕·217

제 16 장 괴근(塊根) —— 223
절약하는 습관이 몸에 밴 식물·225/식용식물의 내력·230/야생으로 돌아가려는 경향·234/당근 문명의 역사·236

제 17 장 부정근(不定根) —— 239
딸기의 포복·241/갯보리와 알렉산더 대왕·245

제 18 장 꺾꽂이(揷木)와 휘묻이(取木) —— 251
부정근이 일으키는 기적·253/꼭두서니와 감초의 고민·257

제 19 장 접붙이기 —— 263
유모를 바꾼다·265/접붙이기는 왜 하나?·268/야생 배나무의 반역 본능·272

제 20 장 잎 —— 277
잎의 구성·279/자기에게 가장 적합한 모양으로 만드는 잎·289

제 21 장 변태 —— 295
  짚 위에서 나눈 어린시절의 이야기 · 297/덩굴손의 신비 · 301/호박과 오이의 수작 · 306

제 22 장 공격 무기 —— 313
  식물의 무장(武裝) · 315/날카로운 비수를 좋아하는 선인장 · 320

제 23 장 식물의 잠 —— 329
  양송이의 고백 · 331/고통의 시련 · 338/식물이 잠잘 때 · 340

제 24 장 미모사(잠풀) —— 345
  사람처럼 어른이 된 잎 깊은 잠 못들어 · 347/충격받으면 벌벌 떠는 미모사 · 351

제 25 장 잎의 배열 —— 355
  식물은 어떻게 건축하나 · 357/오리나무의 나선계단 · 362/솔방울의 과학 · 365

제 26 장 기공(氣孔) —— 371
  잎을 분해해 보면 · 373/털 한 가닥의 공장 · 381/기공은 왜 죽음을 무릅쓰고 수분을 내뿜나 · 384

제 27 장 녹색의 세포 —— 389
  지구인의 유모, 녹색 세포 · 391/빛이 부족하면 창백해지는 잎 · 393

제 28 장 생물의 화학 —— 399
  숯과 물과 공기로 요리를 만든다? · 401/고문으로 비밀을 캐내는 화학자 · 404/과학보다 현명한 세포 · 407

제 29 장 식물의 영양 —— 411
  식물은 어떻게 숯을 먹나? · 413/살아 있는 난방장치 · 416/빵과 맑은 공기를 주는 식물의 은혜 · 419

감수의 말 —— 422
옮기고 나서 —— 424

제1장
히드라

헤라클레스의 무용담
실제의 히드라
가재 다리의 재생능력
생명은 비할 데 없는 마술사

제 1 장 히드라

헤라클레스의 무용담

 지금으로부터 30~40세기나 옛날의 일, 그리스에 터무니없이 힘이 세어서 신의 반열에 든 사내가 있었다. 모든 것이 거칠고 소박했던 그 시절에는 완력이 센 것을 큰 명예로 쳤던 것이다. 사자의 시체를 둘러메고 옹이가 울퉁불퉁한 커다란 나무기둥을 옆구리에 낀 그 사내는 사람들의 입에 오르내릴 만한 무공을 세워 보려고 세계를 떠돌아 다녔다. 그래서 대단한 평판을 얻었다.
 나무몽둥이로 산줄기를 내리쳐서 지브롤터 해협을 열어 지중해를 대서양에 연결시키기도 했다. 그는 하루 밤낮을 어깨로 하늘을 떠메고 있었는데, 얼마나 튼튼하게 버티고 있었던지 별 하나도 까닥하지 않았다고 한다. 이런 얘기는 이밖에도 많이 있지만 곧이 곧대로 들어서는 안될 것 같다. 이 유명한 사내의 이름은 헤라클레스였다.
 그 이름을 이어받은 요즘의 헤라클레스들은 장바닥에서 사람들을 모아놓고 구경을 시키고 있다. 턱의 힘으로 무쇠덩이를 들어올리기도 하고, 주먹 한 대로 돌덩이를 깨 보이기도 하며 좀더 흥미를 끌기 위해 칼 끝이나 불타는 새끼줄을 삼켜 보이기도 한다. 이런 차력술을 하다가 더러는 팔목같은 데를 삐는 수도 있지만 신의 반열에 이른 사람에게 그런 실수는 없다.

헤라클레스의 무용담은 열두 가지나 된다. 우선 사자를 때려 잡아서 그 가죽을 몸에 두른다. 나중에 반신(半神)이 될 이 사람은 그 무렵엔 아마 바지를 살 돈도 없었던 것같다. 그런 일은 요즘도 가끔 있는 일이지만. 다음에는 오제아스 왕의 가축우리를 청소했다. 청결 같은 것에는 전혀 관심이 없던 이 임금님은 30년 동안 3천 마리의 소가 배설한 분뇨가 그냥 쌓이도록 내버려 뒀던 것이다. 아마 엄청나게 쌓여 있었을 것이다. 청소가 끝나고 나서 품삯을 줄 때 문제가 생겼다. 오제아스는 품삯이 많다고 화를 냈다고 한다. 사실은 그만한 것은 각오했어야 했다. 전나무를 뽑아 휘두를 만한 사람에게 품삯을 아끼다니 말이 되는가.

다음에 우리의 영웅은 무슨 일을 했을까? 레르나 늪의 히드라(Hydra, 희랍신화중 지옥에서 죄있는 자를 괴롭히는 50개의 머리를 가진 괴이하게 생긴 뱀. 머리 하나를 자르면 곧 머리 두 개가 생겼다고 한다—옮긴이)를 퇴치한 것이다. 이 히드라는 레르나 늪에 살고 있는 머리가 여러 개 달린 괴물같은 뱀인데 그 일대를 휩쓸고 다녔다. 늪가의 큰 부들숲이 나무기둥에 맞은 것처럼 술렁거리는 것을 발견하면 사람들은 일제히 몸을 숨겼다. 히드라가 먹이를 찾아 다니고 있는 것이다. 풀섶의 여기저기서 흉칙한 대가리가 고개를 내민다. 턱이 독주머니로 불룩하고 불 같은 세 겹의 혓바닥을 날름거리고 있다. 히드라의 손이 닿는 범위에 있던 사람은 순식간에 끌려들어가 박살이 난 후, 독한 침이 줄줄 흐르는 입안으로 사라진다.

이 괴물과 맞서 싸워보려 해도 소용이 없었다. 기적적으로 그 머리 하나를 베어 버렸다 해도 그 벤 자리를 바로 불로 지져 놓지 않으면 그 자리에서 금세 여러 개의 머리가 새로 돋아났다. 즉시 불로 지진다지만 그게 쉬운 일이 아니고 여간 간보가 크지 않고는 할 수 없는 일이었다. 히드라는 이런 변화를 여러 번 겪어서 힘이 더욱 세어진 모양이다. 왜냐하면 헤라클레스가 그 나라를 히드라로부터 구해냈을 때, 히드라의 머리가 일곱 개였다느니 아홉 개였다느니 또는 쉰 개나 됐다느니 하는 등 후세의 기록은 전하고 있기 때문이다. 헤라클레스가 히드라의 목을 치고 피가 흐르는 그 상처를 불로 지져버렸기 때문에 괴물의 머리는 다시는 돋아나지 않았다고 한다.

이런 이야기를 믿을 수 있을까? 아마 사실이 아니었을 것이다. 레르나 늪에 뱀이 너무 많아서 죽여도 죽여도 자꾸만 번식하는 것을 헤라클레스가 늪가의 갈대숲에 불을 질러서 뱀들을 퇴치하고 나라 안을 깨끗하게 했다는 얘기를 하고 싶었을 뿐일 것이다.

하지만 이런 중대한 문제에 대해 우리들이 함부로 결론을 내릴 수는 없다. 나는 다만 현실의 히드라에 관해 이야기하기 전에 누구나 어린 시절에 들어 왔을 신화 속의 히드라를 상기시키려고 했을 뿐이다.

신화가 말하는 터무니없는 갖가지 얘기들을 충분히 알지 못하면서 어떻게 집안 식구들을 위해, 내 고향과 조국을 위해 좋은 일을 할 수 있겠는가. 여왕 오파레의 발밑에서 실을 타는 헤라클레스를 모른다면, 그리고 마이더스 왕의 귀는 당나귀 귀라는 비밀을 흙구덩이 속에 대고 밝힌 이발사의 얘기를 모른다면 그의 장래는 위태롭다는 것이다.

내가 말하고 싶은 것은 사물의 현재 모습이 너무 웅장하고 아름답기 때문에 대부분의 사람들은 눈을 크게 뜨고 직시하려 해도 직시하지 못한다는 것이다. 그러나 교육에서는 사실도 또한 신화만큼은 중요하지 않나 하는 것을 말하고 싶은 것이다. 사실 나는 라틴어의 어미변화나 헤라클레스의 위업 몇 가지를 외우던, 별로 그립지도 않은 그 시절에 신화 속에 나오는 히드라보다는 현실의 히드라에 훨씬 더 흥미를 느꼈다. 너희들도 아마 그럴 것이다. 아뭏든 시험해보기로 하자.

실제의 히드라

실제의 히드라는 그 불가사의한 점에서 결코 신화 속의 히드라 못지 않다. 그 현실의 히드라는 누구나 직접 볼 수 있고 물컵 속에서도 기를 수 있다. 조금도 무섭지 않다. 퇴치하는 데도 헤라클레스의 몽둥이같은 것은 필요없다. 두 손가락으로 집어서 누르면 된다. 그것도 너무 세게 누르면 터져버리는 연약한 작은 동물이다. 몸길이는 2cm이고 전체가 녹색의 젤리 상태로 되어 있다.

못이나 수렁 같은 데 살고 있는데 부초가 카페트처럼 깔려 있는 고여 있는 물에 많이 산다. 가늘고 긴 조그마한 주머니를 상상해보자. 그 한쪽 끝은 수생식물에 붙어 있고 또 한쪽에는 어느 방향으로나 유연하게 움직이는 팔이 달려 있다. 이것이 생물학자가 말하는 히드라이다.

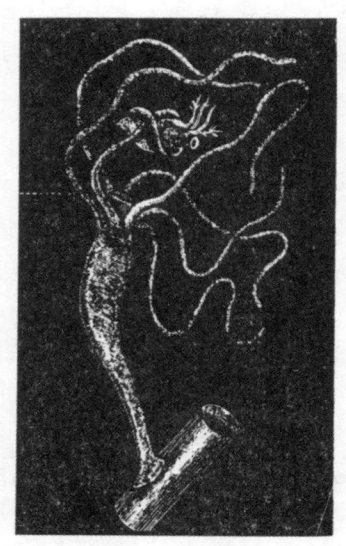

히드라

팔은 촉수(觸手)라고도 불리며 주머니의 내부, 즉 먹은 것을 소화하는 원통부로 통하는 입 둘레에 둥그렇게 붙어 있다. 이 입에는 두 가지 기능이 있다. 여느 동물 같으면 절대로 양립할 수 없는 기능이다.

즉, 이 입은 촉수가 잡은 먹이를 삼키는 한편 자양분으로 흡수되지 않은 찌꺼기를 뱉어낸다. 입인 동시에 배설구…… 알겠지? 먹이를 구하기 위해 이 작은 동물은 물 속에 팔을 벌리고 매복하듯 조용히 기다린다. 작은 먹이가 지나가면 가까운 촉수로 휘감아서 입으로 가져가는 것이다.

휴일날, 호기심이 많고 덤벙대기 좋아하는 나는 교과서와는 전혀 관계없는 책에 씌어 있는 것을 믿고, 조그만 웅덩이의 부초를 헤치며 히드라를 찾았다. 그리고 다행히도 히드라를 한 타스나 발견했다. 집에 돌아온 나는 이 포로들을 한 마리씩 수초와 함께 물컵 속에 넣었다. 히드라들은 이 강제 이주에 크게 기분을 상한 것 같지는 않았다. 두어

시간 지나니까 벌써 자기가 태어난 고향 늪의 일은 잊어버린 것 같았다. 그리고 주머니의 끝을 컵의 벽에 붙이고 몸을 유연하게 뻗고는 지나가는 먹이를 여덟 개의 촉수로 잡아 챌 자세를 취했다.

그러나 내가 보고 싶었던 것은 그것이 아니었다. 책에 이끌린 나는 터무니없는 계획을 생각하고 있었다.

헤라클레스의 위업 한두 가지를 암송하라고 내게 엄숙하게 명령하던 그 훌륭한 분들에게 그 사실을 귀뜸해 드린다면 바보 같은 짓 하지 말라며 내 귀를 잡아당겼을 것이다. 사실 나는 그분들이 숭앙하는 영웅의 흉내를 내서 계속해 돋아나는 대가리를 잘라보려고 했던 것이다. 몸통으로부터 더욱 강하게 재생하는 괴물과 싸워보려고 했던 것이다.

마침내 그때가 왔다. 전나무 몽둥이, 무쇠 같은 주먹, 어떤 시련에도 굴하지 않는 용기, 그 모든 것들이 이번에는 내 차례인 것이다. 레르나 늪의 뱀이 거기 있다. 서리서리 튼 몸뚱이를 더욱 구부리고 있다. 침착하라! 위험은 대단치 않다. 까짓 것 컵 속에 들어 있는 히드라가 아닌가. 무기는 끝이 뾰죽한 가위 하나로 충분하다…… 싹뚝! 마침내 해냈다. 괴물은 두 동강이가 났다. 뭐라고? 불쌍한 작은 동물을 두동강내면서 그걸 대단한 무용담이라고 한다고? 어떤 점이 레르나 늪의 히드라와 같냐고?

너무 빈정대지 말라. 죄없는 동물을 가위질 한 번으로 암살하는 것을 너희들에게 보여주려는 것은 아니다. 좀 기다려라. 책에는 진짜 얘기가 씌어 있으니까.

이것이 한가운데를 자른 히드라다. 원통부 한 쪽에 주머니가 있고 다른 한 쪽에 팔이 있다. 죽었다고 너희들은 생각했겠지? 하지만 천만의 말씀. 그 이름에 부끄럽지 않게 히드라는 이 정도로는 죽지 않는다. 기사(騎士) 얘기에 어깨에서 발뒤꿈치까지 칼을 맞고도 죽지 않고 치유되는 용사들이 나온다. 그들의 향유(香油) 처방은 이미 잊혀졌지만 용사의 상처는 아물고 히드라의 상처는 아물지 않을 까닭이 없다. 히드라는 상처를 아물게 하는 것 이상의 행동을 보여준다.

히드라가 자기에게 가해지는 폭력에 저항하지 않는 것은 아니다. 두 개의 원통부는 경련하면서 시들어간다. 그야 아픔 정도는 느낄 것이다. 그러나 다음날에는 이미 모든 것이 치유돼간다. 팔은 몸통(동체)을 잃은 아픔에서 벗어나서 아무일도 없었다는 듯이 촉수를 뻗어 먹이를 좇고 있다. 몸통은 없어진 팔을 단념하고는 평소의 자기 습관대로 조용히 소화작업을 시작한다.

이렇게 하루가 지나간다. 그리고 또 하루 다시 하루…… 그쯤해서 컵 속을 들여다 보라구. 어때? 자기 눈으로 직접 보지 않고는 믿어지지 않겠지. 컵 속에는 한 마리가 아니라 두 마리의 히드라가 꿈틀대고 있지 않은가. 가위로 두 동강을 내기 이전의 완전한 모습, 기운 넘치는 두 마리의 히드라가 말이다. 소화주머니의 원통부에는 입과 8개의 촉수가 생겨나 있고, 촉수의 원통부에는 소화주머니가 생겨나 있다. 거기 있는 것은 조그만 결함도 없는 동물, 독자적으로 먹이를 찾고 독자적으로 소화하는 동물이다.

한 동물의 반 조각에서 탄생한 두 자매. 전에는 한 몸이었으나 지금은 서로 상대방을 모르는 이방인끼리다. 정 굶주리면 서로 잡아 먹기라도 할 것이다. 시정(詩情) 넘치는 이야기 속의 늠름한 편력 기사(遍歷騎士) 여러분, 당신들은 어깨에 마법의 향유를 발랐지만 이 가냘픈 작은 동물 쪽이 당신들보다 훨씬 더 대단하지 않은가. 향유 같은 것 없이도 반쪽 몸뚱이가 각기 자기에게 부족한 다른 반쪽을 만들어내는 것이다.

장황하게 헤라클레스의 무용담을 들려준 신화학자님들, 당신들은 분명히 히드라의 머리가 다시 돋아난다고 말씀하셨다. 하지만 어느 누구도 잘려진 히드라의 머리 하나 하나가 새로운 히드라로 재생한다고는 말씀하지 않았다. 그런 일은 있을 수 없다고 생각하셨을 것이다. 그런데 말입니다. 당신들의 자유분방한 상상력이, 그 환상적 생물에 대해서도 생각할 수 없었던 현상이 눈앞에 놓인 컵 속에서 지금 일어나고 있는 것이다. 현실의 경이로움은 우화 속의 경이를 능가한다는 실증이다.

 진실과 우화의 차이가 워낙 크기 때문에 너희들은 내 말을 의심할지도 모른다. 그래서 이번에는 너희들 가까이에서 볼 수 있는 얘기를 해야겠다. 너희들의 이해를 돕기 위해서가 아니다. 원래 이 얘기는 이해가 불가능하니까. 다만 너희들이 내 얘기를 믿어줄 것을 바라서이다.

가재 다리의 재생능력

 너희들은 가재를 알겠지? 어떻게 잡는가도 알 것이다. 조그만 그물 속에 고기 덩어리를 넣어 개울가의 나무 밑둥 같은 데 잠겨 놓는다. 그러면 고기 냄새에 끌린 가재들이 모여 들어 그물 중앙의 식탁 둘레에 자리를 잡는다. 함께 식사를 할 분들이 꽤 모였다 싶으면 그물을 들어 올린다. 너희들만한 나이 때는 가재잡이는 즐거운 소일거리지?
 이 가재잡이를 즐기는 아이들은 가재의 두 개의 집게—펜치 같은 위력이 있는 두 개의 다리—의 크기가 반드시 같지 않다는 것을 발견했을 것이다. 한 쪽은 굵고 튼튼한데 한 쪽은 가늘고 여리다는 식으로. 한 동물에 나이가 다른 두 종류의 다리가 붙어 있는 것이다. 물론 여린 쪽이 젊고 굵은 쪽이 나이가 든 것이다.
 이렇게 나이가 다른 것은 가재가 잘려나간 다리를 재생시키는 능력을 갖고 있기 때문이다. 죽은 개구리가 누구의 것인가를 다투는 가재끼리의 권투시합에서 다리 한 쪽을 잃는 수가 있다. 그러나 가재에게는 그게 별로 큰 사고가 아니다. 곧 새로운 다리가 돋아나서 그것을 대신하게 되기 때문이다. 처음에는 빈약하지만 얼마 후면 전쟁터에 버리고 온 무기만큼 튼튼한 것이 된다.
 가지를 잘린 관목이 새 가지를 돋우는 것도 이만큼 간단하지는 않다. 축복받은 동물은 그 요령을 잘 알고 있다. 그래서 어쩌다가 돌같은 데 치여 다리가 망가지면 자연히 치유되는 것을 기다리지 않고 차라리 떼어내버린다. 자연 치유될 경우는 약간은 불구가 되지만 아주 떼어내 버리면 전과 꼭같은 완전한 새 집게가 돋아나는 것이다. 가재의 이 상처 치유법은 저 용감한 샤를르마뉴나 로랑의 검객들도 미처 알지 못했던 간단한 방법이다.

집게발가락에 난 조그만 상처의 아픔을 가라앉히기 위해서도 가재는 그 다리를 밑둥부터 잘라내버리는 치유법을 쓴다. 다만 다리가 재생되는 모양을 머리털이 자라듯이 가까이서 볼 수는 없다. 새로 재생한다는 이 귀중한 능력은 가재 몸뚱이의 어느 부분에나 있는 것이 아니고 집게에만 갖추어져 있는 능력이다. 다른 부위에서는 상처가 가벼우면 아물기는 하지만 절단된 기관이 재생되지는 않는다.

가재는 잘려나간 집게를 다시 돋게는 하지만 떨어져 나간 집게는 그대로 썩어 없어진다. 이 점에서 히드라 쪽이 더 유능하다고 할 수 있다. 이것이 이 두 동물의 커다란 차이점이다. 히드라는 동강이 난 몸뚱이가 두 마리의 개체로 재생한다.

하지만 우리들 인간은 두 개의 팔을 가지고 있고 그중 하나라도 잃으면 큰 병신이 된다. 두 팔을 다 잃으면 차라리 죽는 편이 낫다고 생각하는 사람까지 있을 것이다. 우리에게도 몇 개의 여분이 있으면 좋으련만.

그러나 히드라처럼 되기는 바라지 말아야 한다. 히드라처럼 돼서는 너무 번거롭기 때문이다. 잘려나간 머리털이나 손톱들이 각기 사람으로 재생해서 '아버지!' 하고 부른다면 골치아픈 일이 아닌가. 부양가족이 너무 많아서 치어 죽을 지경이 될지도 모른다. 히드라는 그만두고 가재 정도면 어떨까—라고 나는 말하고 싶다.

하지만 우리는 그 특성이 우리들에게 없다고 불평해야 할까? 아니다. 인간의 메카니즘은 너무나 오묘하고 완벽해서 큰 수리는 어차피 불가능한 것이다. 가재의 특성은 열등한 자의 표지(標識)이다. 그것은 생명의 가장 낮은 단계에 있는 동물의 종류에서나 볼 수 있는 것이기 때문이다.

기계의 정밀도가 높으면 높을수록 손상된 톱니바퀴를 갈아끼우기가 어려운 것은 당연하다. 걸작품을 다시 손볼 도리는 없지 않은가. 재생하는 팔다리를 바라는 것은 히드라나 가재의 수준으로 전락하고 싶다는 얘기가 되는 것이다. 우리는 한 번 잃으면 다시는 생겨나지 않는 두 개의 팔다리를 더욱 소중히 간직하자. 잘리면 다시 돋아나는 집게를 가진 가재보다 우리가 훨씬 더 고등동물인 것이다.

생명은 비할 데 없는 마술사

히드라를 기르고 있는 컵으로 돌아가자. 고대로부터 전해 내려오는 이상한 이야기에 카드모스(Kadmos)의 모험이라는 것이 있다. 어린이들이 골치아파 하는 ABCD라는 글자를 최초로 사용한 그 유명한 카드모스 말이다.

이 학식있는 전사(戰士)가 어떤 도시를 건설하게 됐다. 보통 같으면 석공에게 부탁할 일이지만 카드모스는 그 일을 그 지방의 공포의 대상인 무서운 용을 이용했다. 그는 우선 칼로 용을 베었다. 다음에 그 이빨을 뽑았다. 이빨은 그릇 두 개에 가득찼다. 그리고 그 괴물의 이빨을 특별히 갈아놓은 밭에 우리들이 누에콩을 심듯이 조심스럽게 뿌렸다. 이윽고 땅이 입을 벌리고 창과 검으로 된 무쇠의 잔디가 나타났다. 그것은 보름 동안 성장해서 머리에는 투구를 쓰고 손에는 창을 든 전투복 차림의 용감한 병정 한 무리가 됐다. 밭에서 그런 작물이 싹을 틔운 일은 일찍이 없었다. 이 용의 자식들은 태어나자마자 수염에 묻은 흙을 털어낼 사이도 없이 서로 광폭한 살륙전을 벌였다. 그리고 가장 강한 6명만이 마지막에 남았다. 절구통 같은 이빨을 가진 용의 자식들이었을 것이다. 이 사나이들의 도움으로 카드모스는 그의 도시를 건설했던 것이다.

그런데 말이다. 내 컵 속에서 자라고 있는 용은 카드모스의 괴물보다 낫다. 컵 속의 괴물의 이빨에서는 용맹한 병사가 아니라 자기를 꼭 닮은 괴물밖에 생겨나지 않지만……. 나는 손에 잡은 히드라를 가위로 6토막으로, 12토막으로, 20토막으로, 자르고 싶은 대로 토막냈다. 다음에 나는 카드모스가 된 기분으로 좁쌀알처럼 토막낸 히드라의 쪼가리들을 물속에 뿌려두었다. 짓눌려서 터뜨리지 않았다면 이 히드라의 씨앗들은 싹을 틔울 것이다. 아, 정말 그것들은 녹색의 싹을 틔우고 있었다. 모든 쪼가리가 각각 소화 주머니와 8개의 포획용 촉수를 갖추고 있었던 것이다. 가위 하나로 나는 컵 속에 히드라의 대군을 만들어낸 것이다. 사랑하는 아이들아. 생명은 그 무엇과도 비교할 수 없는 마법사이다. 용의 이빨을 넣은 그릇을 가진 카드모스보다도 훨씬 더 교묘한 마법사란다.

제 2 장
동물의 싹과 식물의 싹

식물과 동물은 형제
산호와 그 주민
폴립 무리를 닮은 식물

제 2 장 동물의 싹과 식물의 싹

식물과 동물은 형제

　히드라를 토막낸 쪼가리를 물 속에 뿌려 두면 쪼가리 수만큼의 히드라가 생긴다. 이것은 적어도 카드모스의 용의 이빨 이야기만큼 불가사의한 이야기이다.
　너희들은 내가 히드라의 얘기에서 무엇을 말하려는지 궁금할 것이다. 나는 너희들에게 약속한 '나무 이야기'를 하려고 하는 것이다. 벌써 그 얘기가 시작되고 있다.
　식물과 동물은 형제간이다. 식물을 이해하기 위해서는 동물을 참고로 하는 것이 좋다. 마찬가지로 동물을 분명히 알려면 식물이 가르쳐 주는 것을 경시해서는 안된다.
　그런 뜻에서 히드라에 관한 얘기를 좀더 하겠다. 결코 나무 이야기를 잊어버린 것은 아니다. 시간은 아직 충분하다. 그러니까 좀 돌아가더라도 사람들이 별로 다니려 하지 않는 오솔길을 쉬엄 쉬엄 걸어가기로 하자.
　큰 길이 반드시 쾌적한 것도 아니며 그 지방 지방의 풍토를 잘 보여주는 것도 아니다. 사람 통행이 많은 대로의 후덥지근한 먼지는 다른 사람들에게 양보하고 우리는 오솔길의 푸른 숲 속을 더듬어 가자. 그편이 얼마나 더 쾌적한가? 길가의 나무들에게 얘기도 시켜보자. 자 출

히드라와 그 눈

발하자. 우리들의 히드라는 어떤 상태에 있을까.

수초를 넣은 물컵 속에서 훌륭한 체격을 가진 히드라를 쉬게 하자. 몇 주일, 계절에 따라 몇 달이 지나면 이 조그만 동물의 주머니 아래쪽에는 두 개 또는 서너 개의 조그만 혹 같은 돌기가 나타난다. 그것이 점점 커지고 부풀어서 8개의 조그만 젖꼭지 모양의 돌기가 생긴다. 이 돌기는 하루하루 커져서 마침내 꽃봉우리가 터지 듯이 꽃을 피운다. 너희들은 동물의 이 기묘한 꽃이 무엇인지 알겠니? 뜻밖에도 그것은 소화 주머니와 8개의 팔을 갖춘 조그만 히드라, 마치 나무 줄기의 조그만 눈에서 나무가지가 생겨나듯 모체에 뿌리를 둔 조그만 새끼 히드라인 것이다.

그래서 아까 '나무'가 멀지 않다고 한 것이다. 그것은 엄마의 딸들, 조그만 혹 모양의 돌기에서 태어난 딸들이다. 지금부터는 이 돌기를 눈이라고 부르겠다. 나무 줄기에 붙은 눈에서 가지가 뻗어 나오는 것과 마찬가지로 이 눈은 모체인 동물과 똑같은 동물을 돋아나게 하니까. 이제 '나무'가 가까와지는 것을 느끼겠지? 사실 히드라는 동물이다. 왜냐하면 가고 싶은 곳으로 움직여서 갈 수 있고, 아픔에 민감하며, 먹이를 쫓고 잡아서 먹기 때문이다. 하지만 지금까지 히드라는 식물처럼 행세해 왔다. 자기와 똑같은 생물을 눈틔우고 식물의 줄기에서 가지가 돋아나는 것처럼 새끼 히드라를 낳고 있기 때문에. 자, '나무'까지는 얼마 남지 않았다.

딸을 움트게 했으니까 그만이라고 해서는 안된다. 낳았으면 길러야 한다. 딸들은 세상 일에 아직 경험이 부족하고 자기 힘으로 먹이를 잡아 살아가기에는 아직 어리다. 엄마는 이 어려움에 대비해서 미리 손을 써놓고 있다. 엄마 히드라의 소화 주머니를 새끼 히드라의 내부에 연결해 놓고 있는 것이다.

말하자면 엄마의 위와 아기의 위가 통해 있는 것이다. 엄마가 먹이를 잡아서 먹고 소화한다. 흡수하기 좋을 만하게 소화된 죽 모양의 영양분이 위의 연결로를 통해 모체에서 아기에게로 흘러 들어간다. 아기 히드라는 아무것도 먹지 않았는데도 배가 부르다. 입으로 아무것도 안 먹어도 맛있는 저녁식사를 하게 되니 얼마나 재미있는 방법인가. 기지가 넘치는 동물들을 상대하다 보니 묘한 것을 다 배우게 된다. 특출하게 유능한 사람이 동물들과 어울려서 일생을 보내는 일이 이제 너희들에게 이상하지 않겠지?

마침내 자기의 딸들이 홀로 살아갈 만큼 굳세어졌다고 느끼고 엄마가 자기의 몸과 재산을 분리해야겠다고 생각할 때가 됐다. 모성애로서는 차마 못할 일이지만 생명의 엄숙한 계율이 그것을 요구한다. 헤어져야 한다. 엄마 한 사람의 사냥으로는 도저히 여러 아기들을 먹여 살릴 수 없으니 깨끗하게 젖을 떼버려야 하는 것이다. 엄마의 위와 아기의 위의 연결로가 닫혀지고 그 접합점이 조여진다. 성인이 된 젊은 히드라는 독립된 생활을 영위하고 장차 자기의 새끼를 낳기 위해 떠나는 것이다.

산호와 그 주민

산호

왼쪽의 그림을 보자. 꽃이 핀 관목처럼 보이지만 이것은 식물이 아니다. 한 그루의 산호다. 목걸이를 만드는 빨간 예쁜 구슬을 알지? 그것이 산호라고 배운 적이 있을 것이다. 그것은 맞다.,하지만 사람의 손에 의해 구슬로 다듬어지기 전의 산호는 줄기와 가지가 있는 빨간 관목 모양이다. 다만 그 관목은 나무는 아니다. 대리석 만큼이나 딱딱한 석질(石質)이다.

그렇지만 이 돌은 바다 밑에서 작고 우아한 꽃을 함빡 피운다. 돌의 나무 가지에 피는 이 꽃은 실은 그 하나 하나가 동물이다. 산호는 그 동물들의 공동주택이며 버팀대인 것이다. 이 동물을 폴립(polyp)이라고 하며 그 몸의 구조는 히드라와 비슷하다.

여덟 개의 엷은 조각이 술처럼 입둘레에 붙어 있는 조그만 주머니는 젤라틴질이고 공 모양을 하고 있으며 그 속은 비어 있다. 꽃잎처럼 펼쳐지는 촉수를 생각해주기 바란다. 이것이 산호의 주민(住民)이다. 형태는 조금 다르지만 폴립은 히드라와 비슷한 데가 있다. 역시 아랫도리는 고정되고 위에는 포획용 팔이 여덟 개 붙어 있는 소화 주머니가 있다.

산호는 바다 속에 있을 때는 부드러운 피막(皮膜)으로 싸여 있다. 이 피막에는 한 쪽 면에 무수한 독방을 늘어 놓은 것같은 오목한 구멍이 있고 구멍 하나 하나에 폴립이 숙박하고 있다. 이 살아 있는 피막 아래에는 새빨간 석질의 버팀대가 있다. 폴립은 각자 독방에 살며 독자적인 생활을 하고 있지만 같은 그루의 산호에 사는 폴립끼리는 남남이 아니다. 서로의 위가 연결돼 있는 것이다. 하나의 폴립이 소화한 영양분이 전원에게 돌아가는 것이다.

 꽃잎 모양으로 펼쳐지는 촉수를 써서 히드라가 하는 것처럼 폴립도 바다물에 실려 오는 아주 작은 먹이를 포획한다. 그러나 일정하지 않은 조수의 흐름은 모든 폴립에게 평등하게 혜택을 줄 수 없다. 많은 먹이를 잡는 놈도 있고, 단 한 번도 촉수의 그물을 닫아 보지 못하는 놈도 있다. 하지만 전혀 상관이 없다. 하루가 끝날 무렵에는 영양분은 모두에게 평등하게 분배되어 있다. 먹이를 많이 먹고 소화를 많이 한 위가 적게 한 위에게 할당분을 공급하고 있는 것이다.

 인간의 발상이 아무리 기발해도 결코 생각해내지 못한 완전한 공산주의체제라 할 수 있다. 위에서 위로 영양분이 분배되는 이 공산제(共産制)는 대체 어떻게 해서 이루어졌을까? 많이 먹은 자가 먹지 못한 자를 양육하는 이 이상한 식당은 어떻게 조직돼 있을까? 그건 이렇다.

 산호의 그루는 어느 것이든 단 하나의 폴립에서 출발한다. 알에서 태어난 폴립은 처음 물 속을 표류하지만 언젠가는 바다 밑의 바위에 붙어서 거기서 하나의 무리를 이룩한다. 정착지를 만난 폴립은 히드라가, 아니 모든 식물이 하는 것처럼 싹을 틔운다. 새로운 폴립이 앞선 폴립의 측면에서 생겨나는 것이다.

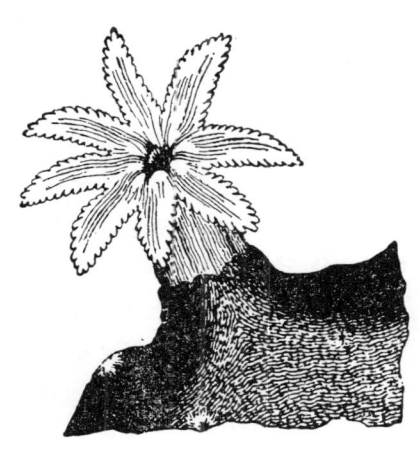

산호의 폴립

제 2 장 동물의 싹과 식물의 싹 27

처음에는 군체 폴립이 포획해서 소화한 영양분을 자급자족하지 못하는 어린 폴립에게 나눠 주기 위해 어미 폴립과 가지 폴립의 소화관이 연결돼 있어야 한다. 그 연결은 히드라와 마찬가지로 이루어진다. 다른 점은 히드라와 달리 그 줄이 언젠가는 끊어져야 할 운명에 있지 않다는 것이다. 성숙한 산호의 폴립은 군체에서 떨어져 나가 다른 곳에서 정착하는 일이 없다. 핏줄보다도 강한 위(胃)의 줄에 의해 결속되어 끝내 한 가족으로 살아가는 것이다. 이처럼 배에서 배로 연결은 끝나는 일이 없다.

자, 눈(芽)에서 생겨난 폴립 1호에는 2호 3호, 4호……로 새로운 폴립이 뒤이어 생겨난다. 아들은 손자를, 손자는 증손자를 낳는 식으로 한없이 계속되어 쌓여가는 것이다.

그런데 공동의 주거(住居)인 산호는 그 주민 전원이 내놓은 분비물의 산물이다. 달팽이가 껍질의 재료를 분비하는 것처럼 폴립이 석질(石質)을 분비하는 것이다. 새로 생겨난 폴립이 자기 할당분의 석질을 제공함으로써 산호는 가지를 자꾸만 늘리며 커간다. 이렇게 해서 폴립의 주거이며 폴립의 무리(群體)라고 불리는 산호가 만들어진다.

생성방법으로 본다면 폴립 무리에게는 필연적인 죽음은 없으며, 우연한 사건으로 말미암은 멸망밖에 없다. 동물이 언젠가는 죽듯이 늙은 폴립도 죽을 것이다. 그러나 그 이전에 수많은 새 싹을 남기고 그 새 싹은 또한 수많은 새 싹을 남기는 것이다. 그것이 계속되는 한 하나의 폴립 무리가 모조리 멸망하는 일은 없을 것이다. 독한 물질에 휩쓸려 떼죽음을 당한다든지, 피치 못할 사고가 일어나지 않는다면 폴립 무리는 새로운 세대에 의해 언제나 번영하고 끊임없이 성장하여 끝도 없이 살아남을 것이다. 개개의 꿀벌처럼 개개의 폴립은 죽지만 꿀벌의 무리와 폴립의 무리는 죽지 않는 것이다. 개체는 멸망하지만 사회는 존속하는 것이다.

홍해(紅海)에는 수많은 폴립의 큰 무리가 있으며 그 성장속도로 나이를 추산하면 3천~4천 년은 됐을 터인데, 오늘날에도 활력 넘치게 생존해 있다. 피라미드가 건조되던 시대에 태어나서 지금까지 건재한 것이다. 폴립의 집합체에서 시간은 큰 문제가 아니다. 개체는 죽어도 공동체는 항상 싱싱한 젊음 속에 수십 세기를 살아가고 있다.

자, 이제까지 우리는 동물의 꽃으로 뒤덮인 돌의 관목숲을 헤치며 해중탐사를 해왔다. 그런데 너희들은 이 여행이 곧바로 '나무 이야기'로 이끌어 준다는 것을 알아차렸을 것이다. 모든 길은 로마로 통한다고 하지 않았던가. 히드라를 관찰하기 위해 부초의 웅덩이를 찾아갔을 때, 산호를 찾아서 바다 밑을 더듬었을 때, 나는 곧바로 '식물'이라는 목적지를 향해 가고 있었던 것이다. 우선 식물의 기본적인 비밀을 너희들에게 밝혀두고 싶었던 것이다. 그 비밀은 언젠가는 그것 없이는 설명할 수 없는 많은 일들을 가르쳐줄 것이다.

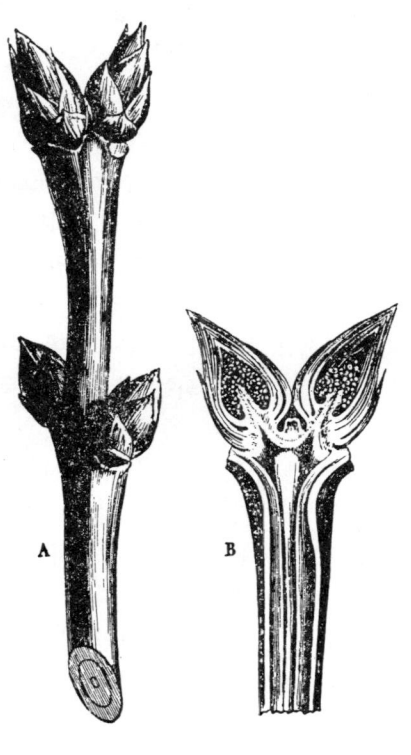

타일락의 눈

폴립 무리를 닮은 식물

식물은 폴립으로 뒤덮힌 폴립

무리에 비유할 수 있다. 식물은 하나의 생물이 아니라 집합적인 생물, 개체의 결사(結社)이다. 친족들은 모두 긴밀하게 연결되어 서로 도우면서 전체의 행복을 위해 일한다. 그것은 마치 산호와 같이 주민 전체가 공동의 생명을 가지며 대 식당에서 식사하는 일종의 살아 있는 꿀벌의 집인 것이다.

라일락(수수꽃다리) 또는 그밖의 작은 관목의 잔가지를 보자. 잎이 줄기에 붙어 있는 곳, 즉 엽액(葉腋)이라고 불리는 부분에 고동색의 비늘에 싸인 조그만 둥근 것이 보인다. 그것이 원예가들이 말하는 눈이다. 히드라의 몸에 생긴 사마귀 모양의 돌기인 새 눈이 모체에 뿌리를 둔 아기 히드라가 되는 것과 마찬가지로 작은 관목의 이 눈은 가지에 돋아나서 또하나의 가지가 되어 성장하는 것이다.

따라서 가지가 되는 이 눈은 나무 전체로 볼 때 폴립이 산호 전체에서 의미하는 것과 똑같다. 그것은 가족의 일원이며 한 개체이며 식물 둥지의 한 주민인 것이다. 하지만 그것은 신생아여서 아직 여리고 일도 못한다. 이듬해 봄이 되지 않으면 나무 전체의 활동에 참가하지 않는다. 봄까지는 가지로 성장하겠지만 그때까지는 공동체의 비용으로 양육된다. 배냇저고리에 싸인 갓난아기나 둥지 속의 새끼처럼 튼튼하게 자라나는 데만 전념하면 되는 것이다.

노동은 모두 잎이 무성한 잔가지, 즉 그 해에 자란 가지들이 맡는다. 그들이 가족의 부양을 담당하는 것이다. 이른 아침의 차가운 공기를 호흡하고 있는 나무가지의 한가로운 모습을 보고 그들이 아무것도 하지 않고 있는 것처럼 생각한다면 잘못이다. 가지들은 뿌리를 통해 땅속에서, 잎을 통해 공기 중에서 원료를 흡수하는 것이다. 그리고 이 두 경로를 통해 모은 원료를 혼합하고 배합해서 눈의 영양분이 되는 국물을 만든다. 그 많은 어린 것들에게 먹을 것, 입을 것을 공급해서 한 겨울을 탈없이 보내게 한다는 것은 여간 힘든 일이 아니다.

하지만 성실한 가지들은 정말 부지런히 일한다. 그래서 이듬해는 휴식한다. 은퇴하는 것이다. 이번에는 그 해에 싹튼 가지들이 성장해서 다음 세대의 눈이 가지가 되어 그 역할을 대신할 때까지 공동작업을 한다. 나무는 이와 같이 뒤를 이어 거듭 쌓이는 여러 세대(世代)에 의해 이루어진다. 세대는 대궁에서 마지막 잔가지까지 갖가지 가지들을 차례로 셀 수 있다. 당대(當代)는 잎이 달린 잔가지로 대표된다. 식물의 활동이 활발하게 이루어지는 곳은 이 부분이다.

눈은 그를 뒤이을 다음 세대를 준비한다. 나무는 특히 그 눈을 위해 일한다. 나무줄기·가지·그 잔가지(分枝) 그리고 잎이 붙은 가지를 포함한 모든 가지들은 각기 자기 세대를 나타낸다. 낡은 세대는 퇴역해서 일하지 않고 때로는 죽는 경우도 있다. 이들 구 세대는 말하자면 식물의 폴립 군체이며 젊은 세대를 뒷받침해주는 역할을 한다.

나무의 눈은 나무의 활동이 가장 왕성한 시절에 잔가지 여기 저기에 어떤 규칙을 가지고 만들어진다. 보통 눈 하나가 가지 끝에, 그밖의 눈은 엽액에 하나씩 생기며 드물게는 살구나무처럼 엽액에 몇 개의 눈이 붙는다. 가지 끝의 눈은 정아(頂芽), 그밖의 눈은 액아(腋芽)라고 부른다. 눈의 성장력은 일정하지 않다. 성장력이 강한 눈은 가지 위쪽에, 약한 눈은 아래쪽에 있다. 가지 아래쪽의 눈은 여간 조심해 보지 않으면 안보일 정도로 작은 경우도 있다. 이런 연약한 눈은 싹도 틔우지 못하고 사라지는 수가 많다. 라일락의 잔가지에서는 이와 같은 눈의 크기의 차이를 쉽게 식별할 수 있다.

같은 가지의 눈은 모두 형제이며 식물로서의 행복, 땅 속의 수분, 신선한 공기, 태양의 빛을 받을 권리를 평등하게 갖고 있는 것처럼 보인다. 어느 눈이나 다 같이 살아가기를, 수액(樹液)으로 배를 채우기를, 잎을 펼치기를 간절히 바라고 있다. 그러나 실은 그 속에도 강자와 약자가 있다. 어떤 눈은 훌륭하게 새 싹을 틔우지만 어떤 눈은 가까스로 빈약한 잎을 펼치고, 어떤 눈은 숫제 말라 떨어진다. 왜 그럴까? 아마도 세상사처럼 불평등을, 눈의 불평등을 피할 수 없기 때문일 것이다.

만일 너희들이 왜 우리들은 모두가 똑같이 건강하고 유복하고, 똑같은 권리를 갖지 못하는 것일까 생각한다면, 그리고 장차 어른이 돼서 그 질문을 자신에게 던지게 된다면 그때는 라일락의 가지를 기억해 주기 바란다. 모두가 똑같이 행복할 수는 없는 것이다. 그러니까 인류라는 거목(巨木)의 작은 눈인 우리는 그 이상의 것을 강요당하지 않는 한 우리들의 조촐한 잎을 다소곳이 펼치는 것으로 만족해야 할 것 같다. 그렇다고 해서 인간의 주인이시며 라일락의 주인이신 하느님의 눈으로 볼 때 우리들의 가치가 떨어지는 것은 아니다.

제 3 장
눈의 의상

사람보다 앞서 있는 눈의 옷
눈의 짐싸기
즉시 홀로 서는 눈
포도나무가 복숭아나무에게 가르쳐 준 비밀

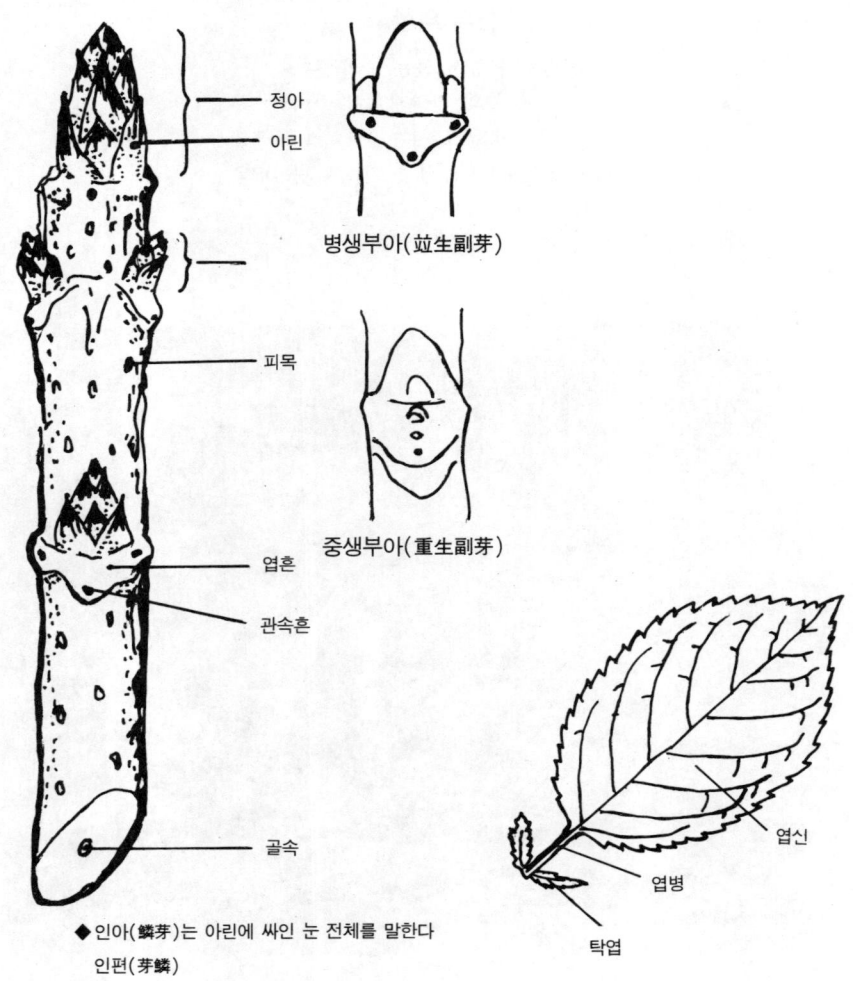

◆ 인아(鱗芽)는 아린에 싸인 눈 전체를 말한다
　인편(芽鱗)

제 3 장 눈의 의상

사람보다 앞서 있는 눈의 옷

 늦은 봄에서 초여름에 걸쳐 눈은 엽액에서 큰다. 겨울에 대비해서 힘을 기르는 것이다. 추위가 닥쳐 오면 잎은 떨어진다. 그러나 눈은 잎이 떨어진 자리 위에 있는 엽침(葉痕)이라고 부르는 나무껍질 가장자리에 붙은 채 그대로 버티고 있다.
 눈은 가지의 유년기이다. 모진 추위와 지나친 습기를 받으면 치명적인 타격을 입는 어린 시기라는 것을 잊어서는 안된다. 반드시 튼튼한 겨울옷을 준비해야 하는 것이 절대 필요한 것은 그 때문이다. 월동준비를 위해 안쪽으로 따뜻한 모피, 프란넬 같은 털이 많은 천이나 면직을 입고, 바깥에는 미끈하고 튼튼한 아린(芽鱗)의 코트를 입는다.
 장시간 추위와 비를 견뎌야 하는 여행자는 부드러운 모직천을 입고 그위에 물이 스미지 않는 고무나 방수천으로 된 코트를 걸친다. 나무의 눈은 위생적인 옷감에서 우리보다 앞서 있다. 나무의 눈은 인간이 짐승 가죽을 걸치고 추위에 떨며 숲 속을 헤매던 시절에 이미 방수 코트와 모직천의 외투를 알고 있었다. 포도나무의 눈은 언제나 털북숭이에 싸여 있었고 버드나무는 그 아린에 비단으로 된 빌로오도 안감을 대고 있었다.
 그림에 나와 있는 마로니에의 커다란 눈을 보자. 이 눈은 북풍한설

구우즈베리

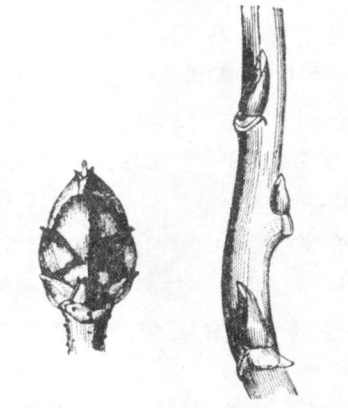

마로니에의 눈   잎이 떨어진 뒤의 콩의 눈

이 무섭지만 그만한 대비를 하고 있다. 중심부에서는 솜이 그 섬세한 작은 잎을 싸고 있고 외부는 기와장처럼 규칙적으로 늘어선 아린의 갑옷이 그 솜을 탄탄하게 감싸고 있다. 또한 습기를 막기 위해 아린의 비늘 하나 하나에 수지(樹脂)같은 밀질로 덮여 있다. 마른 니스처럼 된 이 밀질은 봄이 되면 보드랍게 변해서 눈을 싹트게 한다.

이때 서로 붙어 있던 아린은 부드러운 점착성(粘着性)이 있는데 서로 떨어지면서 약간 펼쳐진다. 그리고 아린의 요람 한가운데서 최초의 잎이 얼굴을 내민다. 봄의 움이 틀 시기에 눈이 갖고 있는 점착성이 어느 정도로 끈끈한가는 여러가지이다. 그런데 이 점착성은 수지(樹脂)의 분비물이 녹아 끈끈해진 것이다. 특히 포플라의 눈은 손가락으로 누르면 누런 풀 같은 것이 삐져 나온다. 겉보기에는 허름한 것 같지만 눈이 입고 있는 옷은 이처럼 훌륭한 제품이다. 너희들도 같은 생각일 것이다. 탄탄한 아린의 코트는 악천후에 대비하고 밀질은 습기를 막아 주고 솜털은 추위가 침입하는 것을 방어해준다.

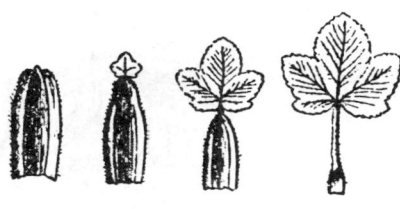

구우즈베리 눈의 아린

아린은 눈의 겨울차림에서 매우 중요한 것이다. 이 아린은 어떻게 생겨나는 것일까? 어디서 나오는 것일까? 식물에게 물어 보라. 식물은 원래 수다쟁이니까. 구우즈베리에게 한 번 물어 볼까? 하지만 나무눈님, 나무눈님, 아린은 뭘로 만드나요? 하고 물어봐야 상대는 모른 체하고 말 것이다.

누구든지 쉽게 대답할 수 있는 방법을 알아보자. 그것은 관찰과 비교이다.

바늘을 가지고 아린의 비늘을 한 장 한 장 벗겨보자. 위의 그림은 구즈베리의 눈 4쪽을 차례로 늘어 놓은 것이다. 왼쪽이 제일 바깥쪽, 오른쪽이 제일 중심에 있는 것이다. 이 중심의 것은 보통의 잎이다. 틀림없다. 그런데 엽병(葉柄, 잎자루)의 아래 부분이 조금 벌어져 있다. 아린의 시초같기도 하다. 옆의 잎이 이 예상을 증명해준다. 잎자루가 꽤 크게 벌어져 있다. 왼쪽에서 두 번째를 보면 더 의심할 여지가 없다. 엽병은 분명히 아린으로 바뀌고 잎 자체는 아주 작아져서 모습을 감추려 하고 있다. 마지막으로 왼쪽 끝의 것으로서 변형은 끝난다. 잎은 이미 없고 터무니없이 커진 엽병이 아린으로 바뀌어 있다.

장미의 갓 피어난 잎에게도 말을 걸어보자. 아래쪽의 제일 바깥편 한 쪽은 고동색을 띠고 딱딱해서 좀 거칠은 느낌을 준다. 장녀이기 때문에 동생 눈을 보호해야 했는데 자기 소임을 잘 해냈다. 화장같은

갓 피어난 장미의 눈

것은 생각도 못하고 아린 일을 착실히 해낸 것이다. 중대한 일에 전념할 때 사람들은 겉모양같은 데는 신경을 쓰지 않는 법이다.

다른 한 쪽은 조심조심 어떤 시도를 하고 있다. 잎이 되지 않고 눈을 지킨다는 임무만 없다면 자기도 다른 잎처럼 맵시를 내고 싶다, 아주 작은 것이라도 좋으니 자기도 잎이 되고 싶다고 그 한 쪽은 분명히 우리에게 말하고 있다. 하지만 실행은 못할 것이 분명하다.

이 한 쪽은 아린으로서의 책임을 지고 있다. 항의할 권리는 있으니까 조금 항의해 보는 것뿐이지 도리없이 아린으로 남고 말 것이다. 다음의 두 쪽에게는 그처럼 엄한 의무는 없다. 이 두 장은 두텁게 눈을 보호해야 하지만 그 임무를 게을리하지 않으면서도 잎이 되고 싶다는 소원을 얼마만큼 만족시킬 수 있다.

반잎 아린인 이 녀석들은 상부의 혜택받은 훌륭한 잎과 하부의 노고에 찌든 튼튼한 아린과의 중간적 존재이다. 눈의 아린 이외에도 이 세상에는 가련한 꽃받침 같은 존재가 얼마나 많은가. 아린 신세의 노동자는 커다란 잎인 자매들의 옷감을 만들기 위해 비단을 짜지만 모처럼의 축제일이 와도 자신은 화장할 엄두를 내지 못한다. 그 좋은 솜씨로 짜낸 리본 한 가닥도 보닛(여자나 아이들이 쓰는 모자의 일종—옮긴이)에 장식하지 못한다.

내가 말한 것처럼 눈들은 많은 얘기를 해주었다. 눈은 비로소 그 비밀을 너희들에게 밝힌 것이다. 다시 말해서 아린은 다른 용도를 위해 수정(修正)된 잎이라는 것, 그리고 눈은 겨울 의상을 갖추기 위해 젊은 눈의 아래쪽 잎을 아린으로 바꾼다는 것을 우리에게 가르쳐주었다.

눈 가운데는 잎 전체를 아린으로 변화시키는 것도 있다. 라일락이 그 한 예이다. 또한 잎자루를 사용하는 것, 잎자루의 밑부분만을 사용하는 것도 있다. 장미나 구우즈베리의 경우가 그렇다. 요컨대 추위를 견디기 위해 사용하는 방법은 어느 식물이나 마찬가지지만 세세한 점에서는 식물의 종이 각기 유행을 달리하기 때문에 그 습관과 습성에 따라서 변화하는 것이다.

눈 중앙의 심을 이루는 다음 잎은 보통의 모양을 하고 있다. 모두가 작고 여리며 되도록 많은 자리를 차지하지 않게끔 절묘하게 배치돼 있다. 수많은 조각들이 있음에도 불구하고 그 좁은 요람 속에 모든 것이 들어가 있다.

눈의 짐싸기

우리는 여행할 때 여행가방를 사용한다. 가방이 너무 크면 번거로워서 좋지 않다. 그러나 가방에 넣어야 할 물건은 많다. 그래서 여행자가 필수품들을 가방에 챙길 때는 약간의 작업이 필요하다. 여러가지 짜임을 생각해본다. 넣었다 꺼냈다. 다시 정리해서 넣기를 거듭한다. 과연 전부 들어갈 수 있을까? 여행자는 중얼거린다.

이게 아닌데, 처음부터 다시 챙겨보자. 이 구석엔 손수건을 저쪽 구

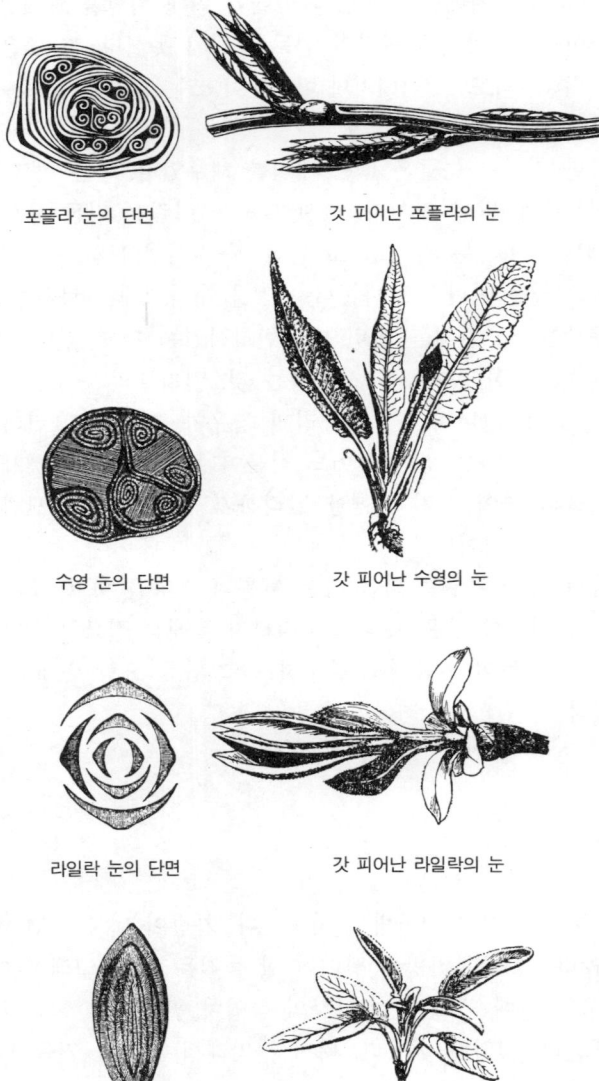

포플라 눈의 단면   갓 피어난 포플라의 눈

수영 눈의 단면   갓 피어난 수영의 눈

라일락 눈의 단면   갓 피어난 라일락의 눈

사루비아 눈의 단면   갓 피어난 사루비아의 눈

석에는 양말을, ……됐다. 여기에는 와이셔츠 저기에는 타올……좋아. 그 위에 저고리를 한 벌, 두 벌, 세 벌. 겨울 바지 하나 여름 바지 하나. 아직도 남았구나. 무릎으로 눌러보자. 옳지, 슬리퍼를 넣을 자리가 생겼다. 이 빈 곳에는 책을 끼워야지. 아이구, 가방이 터져버리겠다. 넥타이, 조끼, 이것 저것 남은 것을 어디다 넣는다? 에이, 다시 한 번 챙겨봐야지……

이렇게 해서 모든 것을 요령있게 챙기는 데는 몇 번을 되풀이하게 마련이다. 이런 점에서는 나무의 눈 쪽이 훨씬 더 익숙하다. 그들은 가방 챙기는 법을 잘 터득하고 있기 때문이다.

그런데 아린의 주머니 속에 들어가 있는 모든 것을 상상하는 것은 불가능하다. 주머니의 공간은 우리들 같으면 삼(麻)씨 한 개를 집어 넣기도 어려울 만큼 작은 경우도 있다. 그런 속에 자그마치 수십 장의 잎과 꽃잎이 전부 들어 있는 것이다. 라일락의 눈에 싸여 있는 방 하나에는 1백 개 이상의 꽃잎이 들어 있다.

그 모든 것이 아주 좁다란 가방 속에 들어가 있는 것이다. 하나도 파손되든가 못쓰게 되는 수가 없다. 만일 눈 속에 들어 있는 부품들을 하나하나 꺼내 놓는다면, 이를테면 가방의 입이 벌어져 내용물이 쏟아져 버린다면 아무리 재주좋은 사람이라도 그것들을 다시 가방 속에 챙겨 넣을 수는 없을 것이다.

잎은 어떻게든지 자리를 차지하지 않으려고 온갖 자세를 취한다. 각형(角形)으로도 되고 소용돌이 모양으로도 된다. 소용돌이 모양은 한쪽 끝이 말려 있는 것도 있고 양 끝이 말려 있는 것도 있다. 세로로 휘거나 가로로 휘기도 한다. 둥글게 되기도 하고 주름이 잡히기도 하고 부채꼴로 접히기도 한다. 봄에 막 움트려 하는 눈을 관찰해보라. 나중에 여행가방을 챙길 때 많은 도움이 될 것이다.

봄에 싹트기 시작한 눈은 초여름에 힘을 기른 후 한때 휴식하다가 겨울에는 깊은 잠을 잔다. 이듬해 봄이 되면 잠에서 깨어나서 잔가지로 성장한다. 여름의 불볕 더위와 겨울의 눈어름에 견뎌야 하는 휴면

아(休眠芽; 쉬고 있는 눈)는 태양볕과 추위에 다치거나 상하는 일이 없도록 몸을 싸고 있어야 한다.

사실 쉬고 있는 눈은 모두 아린의 코트를 입고 있기 때문에 린아(鱗芽)이라고도 부른다. 라일락·마로니에·배·사과·벚꽃·포플라 등의 눈이 그렇다. 느긋하게 버티고 있는 돈많고 귀티나는 나무들은 일년 내내 값비싼 돈을 들여 눈에 옷을 입힌다.

즉시 홀로 서는 눈

하지만 시간을 금으로 여기는 가난한 식물도 많이 있다. 이 친구들은 한 해밖에 살지 못하기 때문에 1년생 식물이라고 부른다. 감자·당근·호박 등이 그것이다. 이들은 몇 달 또는 며칠 동안에 빨리 그 눈을 키워야 한다.

이 조숙한 아이는 일찍 자기를 부양해주던 가족들의 손을 떠나 자기가 생활비를 벌어서 집안의 생계까지 도와야 한다. 아린으로 단장하는 일이 결코 없는 눈을 나아(裸芽; 벌거숭이 눈)라고 한다. 곧 자립해야 할 아이에게 배냇저고리가 무슨 소용인가. 태어나면서 곧 일을 시작하여 성장하고 잎을 뻗어서 전체 노동에 참가하는 잔가지가 된다.

그리고 곧 그 엽액(잎 겨드랑이)에 새로운 눈이 나타나 앞의 아이와 같은 길을 걷는다. 어물거릴 사이도 없이 자라서 잔가지가 되고 곧 자기 뒤를 이을 눈을 틔우는 것이다. 겨울이 이처럼 세대를 거듭하는 일에 종지부를 찍게 하고 그 식물 전체를 죽게 할 때까지 이 작업은 계속된다.

따라서 1년생 식물은 발빠르게 가지를 뻗는다. 한 해 동안에 가지는 차례차례 몇 세대를 낳는다. 세대의 수는 종(種)에 따라, 그리고 얼마나 성장력이 크냐에 따라 많게도, 또는 적게도 된다. 즉각 발육해야 하는 이들 눈은 언제나 벌거숭이다. 여기에 비해 수명이 긴 나무는 천천히 가지를 뻗고 한 해에 한 세대의 가지밖에 만들지 않는다. 그리고 겨울을 나는 그 눈은 두터운 아린에 싸여 있는 것이다.

발명정신이 풍부한 어떤 종류의 식물은 린아와 나아, 두 가지를 결합할 줄도 안다. 린아는 겨울의 추위에도 지지 않고 년년세세 가계를 이어가며, 벌거숭이 눈은 재빨리 노동자 동아리에 가입한다.

도토리가 달리는 참나무는 1년에 한 번밖에 눈을 틔우지 않는다. 그것으로 충분한 것이다. 그 일은 그리 급하지도 않고 또 많은 일을 해야 하는 것도 아니다. 산돼지나 좋아할 도토리 몇 되를 위해 분주하게 활동할 필요는 없는 것이다.

하지만 귀중한 과일을 만드는 포도나무는 그렇게 느긋하게 있을 수가 없다. 제조업을 영위하고 있는 이상 당연한 일이지만 신속하게, 뭔가가 싸게 먹히게 일을 해야 한다. 그러기 위해서는 많은 노동력이 필요하다. 뿐만 아니라 겨울 휴업 중에도 종업원이 즉시 작업을 재개할 수 있도록 준비를 하고 있어야 한다.

포도나무가 복숭아나무에게 가르쳐 준 비밀

오이처럼 봄마다 한 알의 씨앗에서 새로운 공장을 발족시켜야 한다면 포도나무는 곤란한 일이다. 그런 까닭에 포도나무는 꽃받침 눈과 벌거숭이 눈, 두 가지가 모두 필요했던 것이다. 이것은 상당히 어려운 과제였지만 머리가 좋은 포도나무는 별로 힘들이지 않고 해결했다. 뿐만 아니라 마음이 넓은 포도나무는 이웃의 복숭아나무에게도 그 비밀(노하우)을 가르쳐 준 모양이다. 아뭏든 복숭아나무도 이 두 종류의 눈을 사용하는 교묘한 방법을 사용하고 있다.

포도나무가 가르쳐 주지 않았다면 복숭아나무는 그런 발상을 어디서 얻었을까? 아뭏든 겨울이 끝날 무렵 포도나무의 어린 가지는 털북숭이 안감을, 복숭아 나무의 가지는 니스를 칠한 아린을 착용한다. 양쪽이 다 휴면아의 부류에 속하며 겨울 동안은 아린 울타리 속에서 잠을 잔다. 겨울이 풀리면 공동의 법칙에 따라 가지를 뻗치지만 그와 함께 엽액에 보호외피가 없는 다른 눈이 나타나서 곧 일꾼인 잔가지로 성장한다.

이처럼 포도도 복숭아도 1년에 두 세대를 키운다. 겨울을 넘긴 아린에서 생겨난 제1세대와 봄이 와 원예가들이 속성아(速成芽)라고 부르는 벌거숭이 눈에서 생겨나는 제2세대이다. 이 속성아에서 생기는 잔가지가 겨울에 잠을 자는 린아를 탄생시켜 이듬해에 다시 같은 일을 되풀이 한다.

규칙에는 모두 예외가 있다. 겨울을 나야만 하는 대부분의 눈은 아린을 걸치고 있지만 이 방식이 어디에나 해당되는 것은 아니다. 가막살나무나 작살나무 같은 것은 자기 눈에 아무 옷도 입히지 않은 채 눈얼음 속에 버려 두고 있다. 눈이 오든 찬 바람이 불든 이 두 가지 관목은 불쌍한 눈에게 엷은 셔츠 한 장 입힐 생각을 않는다. 이 엄격한 훈련은 무엇 때문일까? 검소해서일까? 그렇다면 너무 인색한 일이다.

나는 그들이 자신의 눈을 벌거벗긴 채 찬 눈바람 속에 버려두는 것은 강건한 체질을 만들기 위해서라고 생각한다. 정신과 육체를 단련시키기 위해 어린아이를 얼음구덩이 속에 집어 넣는 민족의 예는 얼마라도 있으니까. 엄동설한에도 가막살나무와 작살나무의 눈이 감기 한 번 걸리지 않는 것을 보면 이런 엄격한 가풍이 강한 껍질을 만들어 내는 것을 알 수 있다.

가지 끝의 눈도, 가지 겨드랑이의 눈도, 린아도, 벌거숭이 눈도, 눈은 어느 것이나 잎만을, 또는 꽃만을, 또는 잎과 꽃을 동시에 싸고 있을 수가 있다. 잎만인 경우는 엽아(葉芽)라고 부르며, 잎과 꽃 또는 꽃만인 경우는 화아(花芽)나 꽃눈이라고 한다. 엽아는 가늘고 길며 화아는 둥근 양감(量感)을 지니고 있다.

제4장
이주자

산호공화국의 정치
백합의 가족
식물은 절약가
히야신스의 가정교육

제 4 장 이주자

산호공화국의 정치

　앞서 얘기한 것처럼 엄마 히드라는 눈(芽)으로 덮혀 있고 이 눈은 엄마 히드라에 뿌리박고 길러져서 마침내 어린 히드라는 성숙하면 엄마에게서 떨어져 죽음의 위험을 무릅쓰고 다른 장소로 이주한다. 엄마 곁을 떠나 넓은 세상으로 나아가는 것은 갓 어른이 된 눈에게는 대단히 위험한 일이다. 늪이라는 넓은 세상에는 덫도 많고 옆을 지나가기만 하면 집어삼키려는 무법자 율모기도 있다. 그래도 히드라는 집을 떠나간다.
　해방된 기쁨으로 머리가 들떠 있는 것이다. 머리가? 히드라에게는 머리가 없는데…… 그럼 심장이? 그런데 히드라에게는 심장도 없다. 그럼 위가? 그래, 위는 있다. 머리도 없고 심장도 없다면 위가 주인일 수밖에 없다. 너희들도 아다시피 히드라에게는 위가 있다. 그것도 아주 강력한 위가. 위 하나가 몸뚱이의 절반 크기나 되며 8개의 팔이 쉴새없이 식량보급에 열을 올리고 있다.
　히드라의 위는 폭군이다. 이 주인이 한 번 명령을 내리면 히드라는 동물기계 전체가 폭군을 위해서 분기한다. 식량의 배당량이 점점 적어질 무렵에 젊은 히드라가 옛집을 떠나 독립해 나가는 것은 아마도 이 주인의 명령 때문이라고 나는 생각한다.

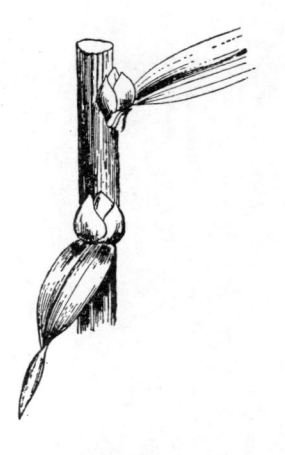
백합의 주아

히드라의 젊은 싹과는 달리 산호의 폴립은 옛집에서 밀려나는 일이 없다. 그들은 이주하는 일이 없기 때문이다. 산호 전체가 공동체이며 그 수입을 현명하게 관리하기 때문에 전원의 수요를 충족시킬 수 있다. 성장한 젊은 이는 자신을 위해서 또 일족을 위해서 사냥을 하고 그것을 소화한다. 소화 주머니가 서로 연결돼 있기 때문이다.

더구나 식량은 충분하고 공정하게 분배되기 때문에 위라는 주인은 아무도 독립할 생각을 할 필요가 없게 한다. 노새가 서로 싸우지 않게 하려면 사료를 끊이지 않고 주면 된다. 인간의 정치는 이 원리를 무시하는 수가 많지만 산호의 세계는 절대로 이 원리를 벗어나는 일이 없다. 산호의 합중국에서는 분열을 피하기 위해 폴립들의 정부가 모든 구성원에게 식량을 충분히 공급하도록 신경을 쓰고 있다. 여기에 산호공화제(共和制)가 장수하는 비결이 있다.

식물에서도 히드라 형과 산호 형의 정치원리가 그대로 발견된다. 히드라 형은 눈(芽)이 어느 정도 힘을 쓰게 되면 어머니를 떠나 이주해서 스스로의 운명을 시험해본다. 즉, 눈은 이미 자기를 부양할 힘이 없어진 가지를 떠나 땅 위로 떨어져서 뿌리를 내리고 자기 힘으로 땅 속의 영양분을 흡수한다.

한 쪽에서는 히드라를 흉내내면서 산호 형을 따르는 눈이 있는데 이 경우가 훨씬 많다. 이 경우에는 눈은 움튼 가지에 그대로 머물러 뿌리를 내린다. 너희들도 짐작하겠지만 움튼 그 자리에서 그대로 엄마의 비호하에 자라는 눈과 달리 만사를 자력으로 개척해가야 하는 외로운 눈은 똑같은 구조일 수 없는 것이다.

   집을 나설 때는 우선 당장 필요한 물건들을 챙긴 주머니를 메고 간다. 그렇지 않으면 당장 곤란에 부딪친다. 일단 땅 속에 뿌리를 내리고 나면 그런대로 어려움을 극복해낼 수 있겠지만 거기까지는 상당한 시간이 필요하다. 그때까지 연명해야 한다. 그래서 이주하는 눈은 모두 저축한 것을 가져가야 한다. 절대적으로.

백합의 가족

   정원에 흔히 재배되는 예쁘고 조그마한, 고산(高山)에 사는 백합이 있다. 오렌지색의 꽃을 피우는 백합이다. 48페이지의 그림은 엽액에 구슬 모양의 눈인 주아(珠芽)를 단 백합 줄기의 일부이다. 이 눈(주아)은 겨울을 나고 이듬해 봄에 발육하는데, 겨울용 의복을 위해 탄탄한 인편은 갖고 있지 않지만 대단히 두껍고 연한 살집을 가진 인편을 갖고 있다. 백합의 눈은 악천후에 눈을 보호하는 역할 밖에 못하는 말라빠진 인편이 아니라 백합의 눈을 보호하면서 눈에 영양분까지 공급하는 꽃받침을 갖고 있는 것이다. 이 눈은 추위도 굶주림도 무섭지 않다. 조그만 놈이 오동통하게 살쪄 있지 않은가.

   인편의 주머니를 이렇게 채우는 데는 이유가 있다. 이 눈은 머잖아 이주를 해야 하기 때문이다. 여름이 끝날 무렵 이 눈은 엄마 식물에게 작별을 고한다. 아주 약한 바람만 불어도 눈은 그대로 모체를 떠나 간다. 스스로 땅에 흩어지고 떨어져서 그 다음부터는 자기 힘으로 만사를 해결하는 것이다.

   여행길을 너무 서둘러서 아직 엽액에 붙어 있는 동안에도 벌써 한두 개의 가냘픈 뿌리를 내리고 어서 빨리 땅 위로 내려 가고 싶다는 듯이 공중에 매달려 있기도 한다. 눈이 모두 떨어질 무렵이면 초가을이 돼

 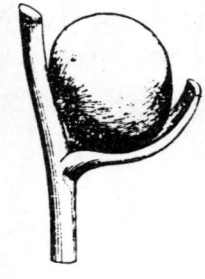 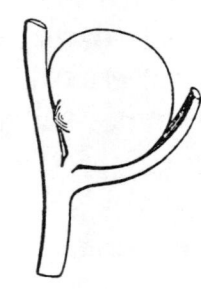

　　　　피케일　　　　　　　피케일의 눈　　　세로로 자른 피케일의 눈

서 엄마 식물은 말라 죽는다. 서둘러서 엄마를 떠난 데에는 까닭이 있었던 것이다. 그대로 엄마에게 붙어 있었으면 같이 말라 죽었을 것이다.

　눈은 아직 땅 위에 있다. 그러나 곧 가을바람과 가을비가 부식토를 덮어줄 것이다. 그 은거지에서 눈은 다소곳이 시기를 기다린다. 식량 준비도 되어 있다. 눈은 자신의 인편에 들어 있는 국물을 마시고 튼튼하게 살찌면서 조금씩 땅 속에 뿌리를 내린다. 그리고 봄과 함께 최초의 파란 잎을 펼친다. 눈은 더욱 성장을 계속하고 마침내 훌륭한 백합이 되는 것이다.

　다음은 저축을 잘하는 다른 예를 보자. 그림은 피케일의 눈이다. 금빛 꽃과 무화과나무 비슷한 윤기있는 잎을 가진 아름다운 봄철 식물이다. 습한 땅을 좋아한다. 처음엔 집안이 화목하고 가업(家業)도 순조롭게 돼 나갔다. 태양은 따스하고 땅은 적당히 습했다. 눈은 내일을 걱정할 일도 없이 천진하게 엽액에서 쉬고 있다. "좋은 애가 되겠어요. 절대로 엄마곁을 떠나지 않겠어"하고 엄마 식물에게 약속한 듯했다. 가출 같은 것은 못할 정직한 애라고 생각하기 쉽다.

그러던 어느날, 흙이 마르고 가업이 위태로워지고 파탄이 다가왔다. 이런 때 장난꾸러기들은 생각한다. "에라, 내가 떠난 뒤에 어떻게 되든 알 게 뭐야." 그리고 열 사람 몫의 식욕을 발휘해서 마지막 재산까지 먹어 없앤다. 엄마 피케일은 힘이 다 빠져 일어서지도 못한다. 그래도 눈은 전혀 개의치 않는다. 그까짓 것 아무려면 대수냐. 배는 불렀고 기름끼도 넉넉하다. 저축도 충분하다. 차라리 집을 나가 어디 좋은 자리를 찾아 뿌리를 내려보자……. 믿기 어려운 일이지만 인간의 가정에서도 이런 성격을 가진 자식이 종종 있게 마련이다. 자기가 살찌기 위해서 어버이를 파멸로 몰아 넣는 경우까지도.

엄마 식물의 줄기에서 독립해서 생장하는 포동포동 살찐 눈을 주아(珠芽)라고 한다. 구슬모양의 눈이라는 뜻이다. 백합이나 피케일의 주아를 보지 못한 사람에게는 좀더 친숙한 예가 있다. 마늘을 보자. 겉에는 하얗게 말라 붙은 외피가 있다. 그것을 까내면 그 아래 한 덩어리의 새 눈이 있다.

이 새 눈은 손쉽게 한 조각씩 분리된다. 이 새 눈의 안쪽에 또다시 하얀 외피가 나타나고 다시 그 안에 새 눈이 있다. 마늘 한 개 전체는 새 눈과 그 사이에 있는 외피가 하나의 보퉁이가 돼 있는 것이다. 이들 외피는 이 식물의 낡은 잎꼭지가 말라서 남아 있는 것이다. 땅 속에 들어가 있던 부분의 흰 잎은 아직 남아 있으나 땅 표면에 나와 있던 녹색 잎은 지금은 없어졌다.

이들 잎의 엽액에 보통 식물과 마찬가지로 눈이 형성돼 있다. 다만 눈은 혼자서 자라야 하기 때문에 대응책을 강구한다. 앞으로를 대비해서 절약해서 두터운 인편 속에 식량을 저장하는 것이다. 유달리 뚱뚱해 보이는 것은 그 때문이다. 만일 이 눈이 말라 죽었다 해도 그것은 굶어 죽은 것은 아니다. 눈의 주머니 속에는 아직도 많은 영양이 들어 있으니까.

주머니 하나를 세로로 쪼개보자. 딱딱한 껍질 아래 거의 새 눈 한 개분에 해당되는, 살이 두툼한 커다란 덩어리 하나가 들어 있을 것이

백합의 주아

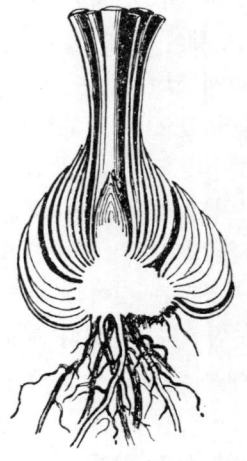

주아를 세로로 자른 면

다. 이것이 식량 주머니다. 맛이 강렬한 것은 그것이 이 식물의 기호에 맞기 때문일 것이다. 마늘의 새 눈은 감자나 밀의 전분질을 별로 좋은 음식이라 보지 않는다. 그런 것보다는 목을 자극하고 위를 태우는 것 같은 강한 소스를 즐기는 것이다. 기호의 문제니까 취미에 대해 논해봐야 부질없는 일이다. 더구나 마늘이나 양파를 상대로 따져봐야 무슨 소용인가.

아뭏든 그것은 말하자면 생존을 위한 주머니인 것이다. 이 정도 저축했으면 남의 도움 없이도 해나갈 수 있다. 사실 마늘을 재배할 때는 씨앗을 뿌리지 않는다. 눈을 사용하는 것이다. 마늘 한 톨을 구성하고 있는 새 눈 한 쪽 한 쪽을 떼어서 흙 속에 심는 것이다. 저축해 둔 식량의 영양을 취한 새 눈은 각기 잎과 뿌리를 뻗어 완전한 한 톨의 마늘이 된다.

식물은 절약가

식물은 대개 극단적인 절약가

이다. 몸의 일부분을 보통 이상으로 발육시키려 할 때는 다른 부분으로 그 일에 필요한 것을 보충할 정도로 현명하며 그렇게 해서 균형을 유지한다. 마늘은 자신의 새 눈의 장래를 보장해주기 위해 건전한 교육을 시키는 데 힘쓴다.

그 의지는 칭찬할 만하다. 인간들도 본받아야 한다. 그런데 교육비가 엄청나다. 여섯 쪽의 마늘 한 톨을 교육시키기 위해 얼마나 비싼 교육비를 투입하는지 너희들은 상상도 못할 것이다. 매사에 신중한 마늘은 어떻게 대처하고 있을까? 마늘은 들어가는 비용을 줄기를 절약함으로써 염출하는 것이다. 그런 까닭으로 마늘의 줄기는 빈약한 인편이 돼버린다.

낭비가 심한 귀리처럼 많은 하인을 거느리고 줄기를 멀쑥하게 키우면서 식구들을 충분히 양육할 수 있을까? 그건 불가능하다고 귀리는 말하고 있다. 왜냐하면 줄기의 과소비 때문에 눈에 대한 교육이 소홀해지기 때문이다.

철학자인 식물학자는 식물이 어떤 부분에서 절약한 것 이상을 다른 부분에서 지출하는 일이 없다는 규칙을 '기관(器官)의 균형'라고 이름 붙였다. 이 규칙이 파산의 불명예로부터 그들을 지켜주는 것이다. 아뭏든 우리는 마늘들의 학교를 다니는 편이 나을 것 같다.

주아와 인경(鱗莖), 마늘과 양파는 비슷한 점이 많다. 양파를 세로로 쪼개 보자 겹겹이 붙어 있는 살찐 비늘조각(인편)이 대단히 짧은 줄기와, 마늘과 비슷한 꼭지를 기둥으로 하고 있는 것을 볼 수 있을 것이다. 이들 인편 중앙에는 보통의 모습을 하고 있고 빛깔이 녹색인 또 하나의 잎이 있다.

즉, 양파도 또한 바깥쪽의 잎이 듬뿍 영양이 들어 있는 두꺼운 인편으로 바뀌어 식량창고가 돼서 독립생활을 해나갈 수 있게 돼 있는 것이다. 둥근 그 모양 때문에 구경(둥근 줄기)이라고 불린다. 주아는 그 일종인데 크기가 작다. 따라서 주아와 구경의 차이는 작고 크다는 것뿐이다.

더 말할 것도 없이 양파가 두툼한 것은 요리사의 솜씨를 돕기 위해서가 아니다. 사람을 의심할 줄 모르는 양파는 전골냄비가 자기를 기다리고 있다는 생각조차 않고 있다. 양파가 살찌우는 목적은 자기의 저축에 의지해서 추운 겨울을 이겨나가기 위해서이다.

부엌 벽에 매달려 있으면서도 따뜻한 방 공기에 눈을 뜬 양파는 적갈색의 인편 끝에서 녹색의 귀여운 싹을 틔운다. 밖에서는 설한풍이 맹위를 떨치고 있지만 양파는 두려울 것이 없다. 부엌 구석은 따뜻하고 저축은 몇 달은 지탱할 만큼 충분하다. 양파에게 그 이상의 행복이 더 있겠는가. 만일 요리사가 양파싹이 튼 것을 발견하지만 않는다면……

당분간 양파는 봄이 다가오는 것을 기다리면서 창가에 기대앉아 느긋하게 싹을 틔운다. 성장함에 따라 두둑한 인편에는 주름이 생겨 부들부들해지고 마침내는 썩어버린다. 제아무리 저장을 많이 했다 해도 언젠가는 바닥이 나기 마련이니까. 이 새 눈은 땅속에 묻어 주지 않으면 결국은 말라 죽는다. 양파에게 하루빨리 땅 속에 묻힐 행운을 빌어 주면서 다음은 같은 백합과 친구인 파로 옮겨 보자.

파도 양파와 마찬가지로 겹겹으로 된 엽각군(葉脚群)으로 이루어져 있다. 살이 두꺼운 잎이 눈의 중심을 피막처럼 싸고 있다 해서 이런식의 구경(球莖)을 피막구경이라고 부른다. 이 친구들 중에는 구경 주위를 한 바퀴 두를 만큼은 못되는 폭이 좁은 잎, 또는 인편이 기와장처럼 겹쳐 있는 것도 있다. 이런 구경을 인경(鱗莖)이라고 한다. 보통의 백합뿌리가 그 대표이다.

히야신스의 가정교육

구근식물(球根植物)이라고도 하는 인경식물 가운데는 아주 쉬운 재배법으로 멋진 꽃을 피울 수 있는 것이 있다. 히야신스도 그 한 가지이다. 히야신스의 구근을 쪼개면 오른쪽 그림과 같다. 뿌리를 내리는 꼭지와 두꺼운 겹겹의 인편으로 된 인경의 내부를 잘 볼 수 있을 것이다. 인편 중앙에는 벌써 알모양의 꽃술을 단 보통의 잎이 보인다.

　히야신스는 보통 방법, 즉 흙속에 묻어 재배하면 봄이 돼서 꽃이 핀다. 그런데 겨울철 난방이 된 방안에서도 키울 수 있고 꽃을 피울 수 있다. 히야신스의 구근을 물을 가득 채운 물병이나 물기를 먹음은 이끼를 채운 접시 위에 놓는다. 그것만으로도 방안의 공기가 따뜻하기 때문에 구근이 성장한다. 하얗고 가는 뿌리를 내리고 잎을 벌려 마침내 아름다운 꽃술을 펼친다. 북풍한설이 창문을 두드려도 히야신스의 꽃은 따사로운 봄의 미소를 보내고 있다.

　엄동에 이 우아한 식물로 하여금 꽃을 피우는 조촐한 기적을 낳게 한 것은 무엇일까? 소량의 물이라고 생각해서는 안된다. 구근 자체가 그 체내에 영양분을 간직하고 있었기 때문이다. 우리

히야신스의 구근

세로로 자른 면

가로로 자른 면

감자

감자의 괴경

는 히야신스가 자랄 자리를 제공하고 방안의 따듯한 공기를 나눠줘서 환대했을 뿐이다. 그 보답으로 히야신스는 자신의 저축으로 자신을 키우면서 때아닌 때에 꽃을 피워줬을 뿐이다.

독립은 했지만 위험에 직면하는 눈도 있다. 이런 눈들은 엄마 식물에게서 떨어져 나가기 전에 살아 나가는 데 필요한 물건들을 미리 장만해 놓지 않은 시원찮은 것들이다. 주아나 구근 같은 몹시 조심스러운 눈이 이주한 후에 부딪칠 뜻하지 않은 불운에 대해 어떻게 대비하는가를 몸소 보여줘도 효과가 없다.

그런 일에는 전혀 무관심해서 인편으로 몸을 감싸려하지 않는다. 만일 그 눈을 양육하고 있는 가지가 손수 눈을 위해 저축을 해주지 않는다면 그 부주의한 눈은 멸망해 버릴 것이다.

가지는 눈을 위해 자기를 희생한다. 그래, 희생이라는 말이 이 경우에는 어울린다. 눈의 앞날을 위해 자신은 우아하게 사는 것을 단념해 버리는 것이다. 그리고 자신이 어둡고 괴로운 노동을 자청하는 것이다. 대기 속에서 마음대로 잎을 펼치고 꽃을 피우는 식물의 다시 없는 기쁨을 외면하고 노동 이외에는 아무런 즐거움도 없는 지하에 머무른다. 그리고 단념한 잎의 최후의 잔해인 갈색의 초라한 인편을 입고 쉴 새없이 저축에 힘쓰다가 급기야 흉한 모습으로 변형한다.

너무 못생겼기 때문에 식물학자들은 그것을 가지(枝)라고 부르지 않고 인경(鱗莖)이라고 부른다. 비축이 끝나면 인경은 엄마 식물에서 떨어져 나간다. 인경에 붙어 있는 눈은 이주할 때가 돼서야 인경 속의 풍부한 식량을 발견한다. 인경이란 양육해야 할 눈을 위해 영양분을 꽉 채우고 있는 지하의 가지인 것이다.

감자가 바로 그 괴경의 대표적 예이다. 즉, 감자는 너희들이 흔히 생각하는 것처럼 뿌리가 아니라 가지란다. 가지라지만 괴경이 되기 위해 이 정도로 부풀어버리면 도무지 가지같지 않지만 그래도 틀림없는 가지이지 뿌리가 아니다. 너무 부자가 되려다가 그런 꼴이 돼 버린 것인데, 사람도 마찬가지로 지나치게 돈에 집착하면 보기 흉하게 변형되는

제4장 이주자 57

수가 있단다.

감자가 보기싫은 모양을 하고 땅 속에 숨어 있지만 틀림없는 가지라는 것을 증명해 보이겠다. 우선 뿌리는 절대로 잎을 달지 않으며 잎 때문에 생기는 인편 같은 것도 갖고 있지 않다. 또한 식물로서 생명의 위험에 부딪치는 아주 예외적인 경우가 아니면 뿌리는 눈을 틔우지 않는다. 눈을 틔우는 것은 뿌리의 역할이 아닌 것이다.

그러면 감자의 표면에 보이는 움푹 들어간 곳에 점점이 있는 눈은 무엇인가? 분명히 눈을 갖고 있는 것이다. 이 눈은 조건만 맞으면 싹이 트고 성장해서 잔가지가 된다. 낡은 괴경에 붙어 있는 눈이 때늦게 싹을 틔우는 것을 볼 수 있다. 이 새 싹이 줄기가 되는 데는 아주 조금만 빛이 있으면 된다.

땅 위의 가지 일부가 괴경이 된 감자

감자를 재배하는 사람은 감자의 성질을 잘 알고 있어서 괴경을 몇 조각으로 자른다. 그 조각을 땅에 심으면 적어도 눈이 하나라도 있으면 조각은 하나 하나 새로운 그루를 이룬다. 눈이 없으면 그대로 썩어 버린다. 감자를 캐내기 전에는 눈은 조그만 인편 겨드랑이에 숨어 있기 때문에 그 표면을 조심스럽게 관찰하지 않으면 쉽게 떨어져 나가는 인편을 발견할 수 없다. 이들 인편은 지하생활에 적합하도록 변화한 잎인 것이다. 인편은 눈의 견고한 덮개와 같이 잎인 것이다. 이처럼 잎과 눈이 있으니까 감자는 뿌리가 아니라 가지이다.

이 결론에 의문이 남는다면 또 한마디를 보태겠다. 감자 그루 둘레에 흙을 북돋아 주면 흙 속에 묻힌 새 싹을 괴경으로 변화시킬 수 있으며 비가 많고, 볕이 적은 해에는 땅 위의 가지 중 몇 개가 대기 중에서 두터워져서 거의 완전한 괴경이 돼 버리는 예도 볼 수 있는 것이다. 결론은 이제 분명하다. 감자는 가지인 것이다.

그런데 돼지감자의 괴경은 그것이 원래 가지라는 것을 구태여 숨기려 하지 않는다. 솔직하고 시원스런 이 감자는 자신의 신상을 누구에게나 비밀로 하려 하지 않는다. 눈이 마디(節) 위에 서로 마주보고 두 개씩 전후 좌우에 배치된다. 돼지감자씨, 이젠 됐다. 너희들이 눈을 대칭으로 내어서 무엇을 말하려는지 알겠다. 즉, 너희들은 가지란 말이 아닌가.

다시 한번 되풀이한다. 괴경이라는 사실을 알 수 있는 것은 잎의 잔해인 인편에 싸여 있는 눈이 있기 때문이다. 그 특징이 없다면 그것은 지상의 가지가 아니라 뿌리다. 오른쪽 그림에 있는 것은 다알리아의 지하에 있는 부분이다.

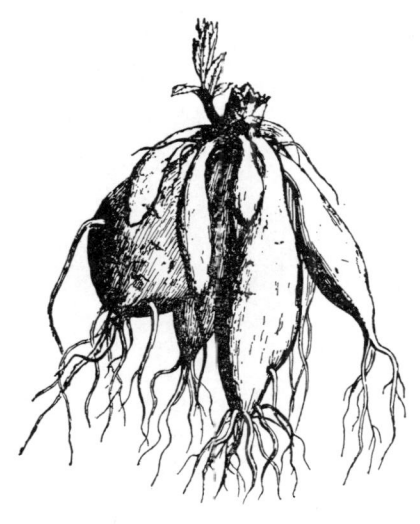

다알리아의 뿌리

이 덩어리들은 얼핏보면 감자와 비슷하다. 그러나 다알리아에는 인편도 눈도 없는 데 주목하자. 그러니까 그림에서 통통한 감자처럼 보이는 부분은 괴경이 아니라 다알리아의 뿌리인 것이다.

제 5 장
밤(栗)의 고문서(古文書)

눈들의 공동수도
나무의 고문서(古文書)
밤나무의 고백

제 5 장 밤(栗)의 고문서(古文書)

눈들의 공동수도

　식물은 영양을 대기와 흙에서 취한다. 대기로부터는 잎을 통해, 흙에선 뿌리를 통해서. 그러나 흙에서 얻는 물질과 대기 중에서 취하는 물질은 같은 것이 아니기 때문에 서로 대용할 수가 없다. 두 가지 식량은 똑같이 필요하며 서로 보완하고 있다. 그래서 땅 속에 묻혀 있는 눈도 나무 꼭대기의 대기 속에 살고 있는 눈도 모두 일을 시작할 시기가 되면 두 개의 영양분 창고와 연락하기 위해 잎과 뿌리를 내야 한다.

　괴경의 눈과 주아, 인경 그리고 일반적으로 엄마 식물에서 떨어져나와 이주하는 눈은 모두 뿌리를 내리는 데 최적의 조건을 갖추고 있다. 왜냐하면 이들은 땅 위, 또는 이미 땅 속에 있기 때문에 뿌리를 내리기만 하면 되는 것이다. 거기엔 흙이 있어 즉시 뿌리를 받아 준다.

　하지만 어릴 때는 누구나 좀 신중하지 못한 법이다. 눈 가운데는 미처 줄기에서 떨어지기를 기다리지 않고 자리를 마련하려드는 덤벙쟁이도 있다. 아직 엽액에 붙어 있는 시기인데도 서둘러서 조그만 뿌리를 내미는 백합의 주아를 너희들은 기억하고 있을 것이다. 젊은 만용은 좀 삼가는 것이 좋겠다. 반드시 후회하게 되니까. 내리 쬐는 햇볕을 조심해야지. 하지만 저희들의 문제니까 너무 잔소리는 말기로 하자.

아뭏든 이런 혜택받은 눈에게는 뿌리를 내리는 것쯤 아무 것도 아니다. 흙이 바로 손닿는 곳에 있으니까.
 그런데 주거(住居)가 고정돼 있는 눈이나 가지에서 떨어지는 일이 없는 눈에게는 뿌리내리기가 여간 까다로운 일이 아니다. 참나무나 포플라처럼 수십 미터나 되는 높은 나무 꼭대기에 붙어 있는 눈이 어떻게 땅 속에 뿌리를 내리는가? 이것은 그들에게 정말 큰 사업이 아닐 수 없다.
 만일 나무의 눈들이 높은 가지에서 뿌리를 땅 속에 뻗게 하는 특별한 방법을 모른다면 눈들은 엄두조차 못낼 일이다. 그러나 다행히 눈들은 단결의 힘을 알고 있다. 혼자서는 못할 일도 열 명, 백 명이 힘을 합치면 가능해진다. 마음이 좁은 인간들이 잊기 쉬운 이 원리를 나무들은 알고 있는 것이다. 눈들은 집단노동에 의해 자기들의 힘을 한데 모아 땅에서 엄청난 거리에 있는 데도 땅 속에 묻혀 있는 구근만큼도 힘을 쓰지 않고 뿌리를 내리는 데 성공하는 것이다.
 물을 채운 병에 꽂은 히야신스의 구경을 생각해 보자. 이 눈은 혼자서 성장하지만 오동통하게 살이 오른다. 그 인편의 주머니 속에는 식량이 가득하다. 자칫하면 절약을 생각지 않고 제멋대로 낭비하기 쉽다. 아래쪽에서 실낱같은 하얀 뿌리다발이 기세좋게 뻗어 나간다. 그것이 조금씩 물속에 잠기고 마침내는 병 속을 가득 채운다. 땅 속에서도 하는 짓은 마찬가지다.
 하지만 수목의 눈에는 그런 낭비가 허용되지 않는다. 워낙 말라깽이고 있는 자리가 너무 높다. 히야신스를 흉내내서 눈들이 제각기 땅까지 도달하려고 뿌리를 내린다면 누구하나 목적을 달성하지 못할 것이다. 그럼 나무는 어떻게 하는가?
 공동경비로 나무 꼭대기에서 나무 줄기 아래로 통하는 수도(水道)를 건설하는 것이다. 각기 추렴을 해서 오직 하나의, 그러나 거대한 뿌리를 생산하는 것이다. 이 뿌리는 나무 줄기와 껍질 사이를 통해 모든 가지로 통하고 있으며 모든 눈에게 흙에서 올라온 영양액을 골고루 분배해서 가지·잔가지, 그리고 잎에 식량을 공급한다. 이 집합수도가 나무 뿌리에 도달하면 이번에는 땅 속에 뻗어 있는 보통 뿌리로 갈라져 간다.

로마황제 네로는 전제군주의 어리석음이 극에 달해 송진을 칠한 인간햇불을 밝히고 4두마차를 달리게 했다. 그런가 하면 로마 시내 여기저기에 불을 지르게 하여 타오르는 불을 구경하면서 트로이의 노래를 부르기도 했다. 그러던 어느날, 네로는 코린트 해협에 운하를 열기 위해 최초의 곡괭이질을 했다. 기사들이 바친 금으로 만든 곡괭이를 들어 대 황제는 어수(御手)로 아주 조금 땅을 팠다.

그리고 나서 친위대에게 간단한 연설을 한 뒤 나팔소리를 신호로 대역사가 시작됐다. 네로의 계획은 당시의 배들이 페로포네소스 반도를 우회하지 않아도 되도록 코린트 바다와 사로니아 바다를 운하로 연결하는 일이었다. 네로는 당시 세계를 지배하고 있었지만 얼마 후 자금난 때문에 그 공사를 중단했다.

코린트 바다는 지금도 운하 개척의 손을 기다리고 있다. 오늘날에는 레세프스의 구상에 따라 유럽의 배들이 아프리카를 돌지 않고 인도에 이를 수 있도록 수에즈 운하가 만들어져 있다. 황제가 그 대수롭지 않은 사업에 실패한 것은 황제 개인의 재산밖에 이용하지 못했기 때문이다.

물병에 앉아 멋진 뿌리를 병 가득히 채운 히야신스를 지상 1m 높이에 갖다 놓고 지상에 뿌리를 내리라고 했다면 어떻게 되었을까? 히야신스는 노력은 해보았겠지만 자금 부족으로 마침내 공사를 중단하고 말았을 것이다.

네로와 마찬가지로 히야신스는 가진 재산이라고는 굵은 구경이라는 개인재산밖에 없는 것이다. 그러나 키가 수십 미터에 이르는 전나무의 조그만 눈에게 흙과 연결해 보라고 하면 전나무는 그것을 해낼 것이다. 전나무는 단결해서 큰 자금을 동원할 수 있는 능력을 갖고 있다. 개개인의 조그만 재산도 모아보면 엄청난 부자가 되는 것이다.

대 수도(水道)의 건설작업을 시작할 시기가 되면 이 식물의 벌집은 흥분의 도가니가 된다. 전원이 달려 드는 것이다. 가진 자도, 가난한 자도, 강한 자도, 약한 자도, 큰 가지에 붙은 자도, 작은 가지에 붙은 자도 눈이라는 눈은 모조리 나서서 모두에게 요긴한 수도공사에 자재와 부역을 제공한다.

눈들은 자기가 갖고 있는 것 중 가장 질좋은 것을 한 방울 껍질 밑으로 흘려 보내준다. 그 한 방울을 제공함으로써 눈들은 공동수도의 이익에 참여할 권리를 얻는다. 눈 전원에 의해 제공된 무수한 작은 물방울이 나무의 줄기와 껍질 사이에 활력 넘치는 수액(樹液)의 흐름을 낳아 그것이 서서히 꼭대기에서 뿌리로 흘러 가서 점차 진해진다.

나무의 고문서(古文書)

그리고 끝내는 나무의 한 나이테가 돼서 그때까지 해마다 만들어진 테 위에 겹친다. 봄부터 가을에 걸쳐 수액이 흐르는 시기가 되면 사람들은 나무가 싱싱하다고 말한다. 그때엔 나무 껍질이 그 밑을 흐르는 수액 때문에 부드러워져서 줄기에서 아주 쉽게 벗겨진다. 너희들이 잘 아는 것처럼 봄이 되어 수액이 흐르면 버들피리를 만드는 데 적당한 상태가 되는 것이다.

이 시기에 수목의 줄기에서 껍질을 한 조각 떼어내고, 줄기가 마르는 것을 방지하기 위해 그 상처에 유리판을 씌워 놓으면, 떼어낸 상처의 위쪽 가장자리에 고무상태의 끈끈한 액이 점점이 스며 나온다. 얼마 후엔 액의 양이 많아지고 서로 혼합되어 껍질을 떼어낸 부위 표면을 빈틈없이 도배질하는 것을 볼 수 있다. 이것이 바로 공동수도를 만들기 위해 그 해의 눈들에 의해 활용된 건축자재이다. 즉, 눈 전부를 흙과 연결시켜주는 나무의 층이다.

이 고무상태의 액체를 하강수액(下降樹液)이라고 한다. 눈에서 가지로, 가지에서 줄기로, 줄기에서 뿌리로 하강하기 때문이다. 이것은 액체성의 재질이며 시간이 흐르면 응고되어 진짜 나무의 재(材)가 된다.

우리는 아주 간단한 실험에 의해 이 수액이 내려오는 것을 확인할 수 있다. 줄기에 껍질을 도려내어 커다란 상처를 낸다. 그러면 줄기 아래 위의 연결이 끊어져 수액 통로에 넘을 수 없는 장애가 생긴다. 그러면 눈으로부터 나무 위쪽에서 쉴새없이 보내지는 수액은 마치 흐르는 물이 방죽 위쪽에 고이는 것처럼 상처의 위 가장자리에 고인다. 거기서 수액은 형태를 이루며 재(材)가 되어 두꺼운 나무혹을 형성한다. 상처 아래쪽 가장자리에는 그런 혹이 생기지 않는다.

위쪽에 생긴 나무혹의 내부구조는 구부러져 얽힌 섬유의 퇴적이다. 본능적이라고도 할 의지에 끌려서 형성작업을 한 재의 재료가 어떻게든지 통로를 찾아서 하강을 계속하려고 갖가지 노력을 해본 것이다. 그러나 성공하지 못했다. 장애를 뛰어 넘지는 못한 것이다. 이 상태대로라면 이 나무는 말라 죽을 것이다. 가지와 흙을 연결하는 수도공사는 이제 계속할 수 없다. 한동안 눈은 기운을 잃고 시름에 잠길 것이다. 그리고 얼마 후 후계자를 남기지 못하고 말라 죽고 말 것이다.

줄기를 강하게 졸라매었을 때도 같은 사태가 벌어진다. 졸라맨 위쪽에만 융기가 생기고 나무는 쇠약해간다. 이 경우에도 압박 때문에 수액이 아래로 내려가는 것을 방해받거나 또는 수액이 끊어진다. 그래서 눈은 그 수도를 땅까지 연결하지 못하고 식물공동체는 굶어 죽게 되는 것이다. 그러나 껍질을 벗겨내거나 졸라맨 곳이 줄기의 일부분일 때는 수액은 그 장애물을 피해서 간다. 해를 입지 않은 곳에 활로를 열어 그곳을 통해 하강을 계속하는 것이다. 이런 때 나무는 죽지는 않지만 쇠약해진다.

이처럼 눈 전체는 땅과 연결을 맺기 위해 진짜 뿌리는 아니지만 공동경비로 준비한 액체를 내려보내 그것이 껍질 아래를 지나가면서 층을 이루게 한다. 그리고 전년에 생긴 층 위에 겹쳐서 재(材)의 층, 즉 나이테를 만든다. 이 나무층이 눈과 땅을 연결하는 것이다. 이 층이 뿌

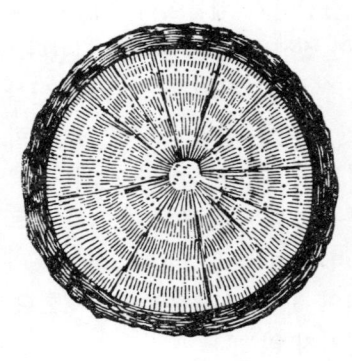

6년 된 참나무의 줄기를 가로로 자른 면

리에 도달하면 이미 형성돼 있는 뿌리에 연결된다. 그러나 더러는 땅 속에서 가지를 뻗어 새로운 뿌리를 만드는 경우도 있다.

이런 일이 눈의 한 세대마다, 즉 해마다 되풀이된다. 나무의 늙은 층은 안쪽에, 새로운 층은 바깥에 차례차례 둥글게 겹쳐져서 목질층이 연속적으로 만들어진다. 이것이 나이테(연륜)이다. 가지 하나 하나에는 그 나이와 같은 수의 목질층(나이테)이 있고 식물공동체의 원조인 나무 줄기에는 모든 층의 나이테가 있다. 해마다의 층을 분간할 수 있으니까 나무의 역사는 이 줄기의 기록(층) 속에 적혀 있을 것이다. 절단된 줄기가 있으면 그 나무의 생애의 주된 내력을 해를 따라 간단하게 더듬어 볼 수 있다. 우리들은 그 실제를 더듬어 보려 하는데, 그에 앞서 해마다 새로운 목질층이 형성돼 가는 모양을 몇가지 예를 가지고 살펴보겠다.

수액이 흐르는 시기에 둥글게 테모양으로 나무껍질을 벗겨낸다. 그리고 벗긴 상처에 얇은 금속판을 두른 뒤 그 위에 껍질을 다시 그전처럼 붙이고 나서 상처가 아물도록 동여매 놓는다. 10년이 경과했다고 가정하자. 벗겨냈던 곳의 껍질을 떼어내 본다. 금속판이 보이지 않는다. 금속판을 보기 위해서는 나무를 얼마만큼 파봐야 한다. 그리고 금속판이 나타나는 데까지 파들어간 목질층을 세어보면 꼭 10층이 될 것이다.

다음과 같은 관찰 예는 많이 있다. 삼림감시인들이 나무껍질에 1750년이라고 새겨져 있는 너도밤나무를 베었다. 같은 각자(刻字)를 나무의 내부에서도 볼 수 있었는데 거기까지 도달하는 데 아무 것도 새겨 있지 않은 층은 55개나 거쳐야 했다. 1750에 55를 보태면 꼭 나무를 베어 버린 1805년이라는 해수가 나온다. 그때로부터 55년의 세월이 흘러 지난 해수와 같은 수의 나이테가 만들어져 있었던 것이다. 증명은 이것으로 충분하다. 프랑스의 기후에서는 수목은 매년 한 층의 목질층을 형성하는 것이다.

어린 참나무의 줄기를 자른 단면이 68페이지에 있다. 중심에 있는 심에서 껍질까지 6개의 테가 있다. 즉, 이 나무는 여섯 살이다. 눈의 6세대가 나무를 이루는데 협력하고 각 세대가 각기 목질층의 하나로 나타나 있다. 가장 최신의 것이 바깥쪽 층에, 가장 오래된(最古) 것이 중앙의 층에 나타나 있다. 목질층의 테는 나무의 생애가 기록돼 있는 페이지이다. 이 나무의 고문서(古文書)를 읽는 것은 어렵지 않다. 너희들을 납득시키기 위해 며칠 전, 한 밤나무가 내게 들려준 얘기를 소개하겠다.

밤나무의 고백

밭에서 돌아오는 길에 커다란 밤나무 한 그루가 그날 아침 나무꾼의 도끼에 찍혀서 땅 위에 쓰러져 있는 것을 보았다. 훌륭한 거목이었다. 가지가 약 4천 평방미터나 되는 면적을 덮고 있는 당당한 나무가 무참히 쓰러져 있는 꼴을 보고는 그 최후를 한탄하지 않을 수 없었다. 조의를 표하기 위해 다가갔다. 밤나무는 대화를 하기 전에 이러쿵 저러쿵 번거로운 인사말을 늘어 놓을 필요가 없어서 좋았다. 빈사의 밤나무는 곧 나를 믿어 주었다. 나무가 한 얘기를 인간의 말로 번역해 보면 이렇다.

"나는 금세기에 태어났습니다. 1800년생입니다. 그것을 증명하는 출생증명서의 초본이 내 지갑 속에 들어 있습니다. 그러니까 올해 70세가 되지요. 당신들에게는 꽤 많은 나이가 되겠지만 우리 밤나무에게는

잘려 넘어진 밤나무의 나이를 세고 있다

대단한 것이 아닙니다. 우리 일족은 모두 장수하니까요. 수백 년도 별 것 아닙니다. 나도 그대로 있으면 5, 6백년은 살았을 겁니다. 그 원수 같은 나무꾼의 도끼만 없었다면 적어도 2천4백년경까지는 걱정없이 살았을 것이라고 생각합니다. 늙어 찌부러지는 일도 없이 기운차게 많은 열매를 맺으며 말입니다."

여기서 밤나무는 잠시 숨을 돌렸다. 껍질에서 눈물이 주르르 흘렀다. 나는 할말을 찾지 못했다. 이런 억울한 일에 무슨 위안의 말이 있겠는가. 밤나무는 말을 이었다.

"나를 심어 준 사람은 좋은 자리를 골라 주었습니다. 몇 해 동안은 그 효과가 뚜렷했습니다. 꼿꼿하고 균형잡힌 몸매로 자랐고 주위의 땅도 아주 좋아서 정말 복받았다고 할 만했지요. 하지만 몇 해 지나고부터는 지난 날의 그 멋진 모습대로 줄기를 유지할 수 없게 됐습니다. 근처에 식량이 없어서 뿌리를 아주 먼 곳까지 뻗어야 했습니다.

그런데 내 왼쪽은 돌밭이어서 뿌리를 뻗을 수가 없었습니다. 내 몸의 한 쪽을 굶주리게 하는 그 장애를 극복하기 위해 별의 별짓을 다 해봤습니다. 위로 또는 옆으로 돌아가 보려고 했으나 소용없었습니다. 돌밭의 장벽을 넘을 도리가 없었지요. 그러저러하는 사이에 내 왼쪽 절반은 영양실조가 돼서 노랗게 변색했습니다. 우리들 식물은 그렇게 만들어져 있는 것입니다. 몸뚱이 절반 또는 3할, 4할이 건재해도 나머지가 죽어버리는 수가 있는 것입니다.

거의 말라 죽을 각오를 하고 있는 터에 가까스로 구원을 받아 목숨은 건졌으나 원래의 모습으로 되돌아 가지는 못했습니다. 지금 제 왼쪽 옆구리를 보면 그때 오랫동안 굶주렸던 흔적이 남아 있습니다.

주인 아저씨가 제 어려운 사정을 눈치챘습니다. 흙을 파고 돌을 치워줘서 저는 살아났던 것입니다. 간신히 전과 같은 기운을 되찾았는데 이때 내 오른쪽에 있던 짓궂은 참나무가 싸움을 걸어 왔습니다. 구역 다툼이지요. 특히 하늘에 관한 자리다툼이 촛점이었습니다. 밤하늘을 바라본다는 것은 밤나무에게는 큰 기쁨입니다.

제 5 장 밤(栗)의 고문서(古文書) 71

우리는 뿌리를 가지고도 다퉜습니다. 윤택한 흙층을 차지하기 위해 서로 누르고 조이고 하며 다퉜던 것입니다. 결국 제가 졌습니다. 오른쪽 배에 그 패배의 흔적이 남아 있습니다. 그런데 뜻하지 않은 태풍이 이 성가신 이웃을 제거해 주었습니다. 참나무는 뿌리채 쓰러졌습니다. 저는 간신히 그 장소의 주인이 될 수 있었습니다. 이 무렵까지 저는 태양을 향해 잎을 펼치고 밤이 되면 찾아 오는 까마귀들과 정담을 나누는 것으로 만족하며 한가롭게 세월을 보내고 있었습니다.

그런 저에게 야망이 생겼습니다. 밤알을 만들어 보겠다는 생각을 한 것입니다. 수확을 얻게 된 주인 아저씨는 대만족이었지만, 저는 열매를 맺는 일이 얼마나 많은 희생을 필요로 하는가를 뼈저리게 느꼈습니다. 불쌍한 저의 줄기는 그해 종이 한 장만큼도 살이 오르지 않았습니다. 힘을 쓰려면 재(材)를 절약해야 합니다. 최초의 수확이 제게는 너무나 희생이 컸기 때문에 이듬 해에는 열매를 맺을 것인가 말 것인가 오랫동안 망설였습니다.

하지만 밤을 만든다는 것이 밤나무의 역할이기 때문에 그 의무 앞에 마음을 너무 약하게 먹을 수도 없어 저는 타협안을 생각해냈습니다. 1년 열매를 맺고 나면 3년을 휴식하며 재를 튼튼히 한다는 것입니다. 그 후로는 뜻하지 않은 일로 차질이 생기지 않는 한 그 방식을 지켜왔습니다. 그런데 불의의 사태는 얼마라도 일어납니다. 어떤 해에는 큰 가뭄이 들어 땅속에 있는 수액의 샘이 말라버렸고, 어떤 해는 겨울이 너무 추워서 아직 연한 재를 다치게 했습니다.

저는 특별히 추위를 타는 체질은 아니지만 몇 해의 혹독한 추위는 심한 타격을 주었습니다. 제 기록부를 읽어봐 주십시오. 1829년과 1858년의 겨울이 어땠는지 아실 것입니다. 심지어 얼어붙은 까마귀의 시체가 제 가지 위에 떨어진 일도 있습니다. 그것이 얼어붙어 몇 주일을 가지에 매달려 있는 일까지 있었습니다. 제 기록으로는 제 개인적인 일밖에 모릅니다. 인간들 얘기를 좀 할까요. 흙에 발을 데었는지 절대로 뿌리를 내리는 일없이 여기저기 떠돌아다니기 좋아하는 불쌍한 어린이들의 얘기 말입니다. 솔직히 말해서 이건 잘하는 일이 아니지요."

이놈은 예의를 모르는 밤나무가 아닌가 하는 생각이 들었다. 이런 나쁜 상대인지는 몰랐다. 나는 꾸벅 인사하고 그 자리를 떠났다. 하지만 밤나무는 결코 독설가가 아니다. 우리들 인간에게 욕을 좀 했다 해도 양해해줘야 한다. 원래 성미가 좀 까다로운 작자인 데다 방금 사람이 베어 쓰러뜨린 터이니까 감정이 좋을 까닭이 없다. 그런데 밤나무가 말해준 내력을 나이테라는 기록부로 확인해 보니까 전부가 사실이었다. 만일 너희들이 나무가 하는 말에 귀를 기울이려고 한다면 이런 식으로 확인해보면 된다.

나이테가 150층 있으면 그 나무가 150살이라는 것을 의미한다. 목질층 하나가 1년에 해당하니까 그 수가 바로 나무의 나이다. 이렇게 해서 그 나무를 벌채한 해를 알면 그 나무가 생긴 해를 소급해서 알아낼 수 있다. 밤나무는 내게 언제 무슨 일이 있어났는지를 스스럼없이 말해줬다. 가령 나이테의 두께는 일정하질 않다. 좁은 것도 있고 넓은 것도 있다. 좁은 해는 밤을 많이 열게 한 해이고, 넓은 해는 밤이 적게 열었거나 숫제 열지 않은 해이다. 간단하지?

마늘의 경제원칙, 즉 기관의 균형을 유지하는 일은 어느 식물이나 하고 있는 것이다. 열매를 위해 갖고 있는 자원의 대부분을 소비할 경우 나무는 형성중인 재에서 양분을 깎아와야 한다. 그 양분을 그대로 재를 형성하는 데 투입한다면 열매에 쓰이는 분량은 아주 적어질 수밖에 없다. 그래서 밤나무의 기록 중 열매를 맺는 해는 나이테를 좁게 기록해 놓고 있는 것이다.

많은 열매를 맺는 나무 또는 비교적 큰 열매를 맺는 나무도 해마다 생기는 나이테로 보면 어떤 일을 겪었는지 알 수 있다. 사과나무나 참나무가 어느 해에 유독히 많은 사과나 도토리를 열게 했을 때는 균형을 유지하기 위해 그 해는 줄기가 거의 자라지 않는다. 즉, 나이테가 극히 좁아질 수밖에 없다. 과일의 번영은 재의 긍핍으로 직결된다.

줄기의 기력을 회복하기 위해 나무는 일정 기간 열매맺는 것을 어느 정도 삼간다. 프랑스의 과일나무는 거의 전부 풍작과 풍작 사이에 일정한 간격을 두고 있다. 참나무와 밤나무는 2, 3년 정도, 너도밤나무는 5, 6년이다. 반대로 열매(씨앗)가 작아 별로 많은 양분을 요구하지 않는 나무는 해마다 열매를 맺으면서도 거의 같은 두께의 나이테를 만든다. 버드나무나 포플라가 그렇다.

목질부의 두께가 해에 따라 다른 것은 다른 데에도 이유가 있다. 식물에게는 일반적인 결핍의 해라는 것이 있다. 그것은 가뭄이다. 뿌리가 흡수할 것을 땅 속에서 거의 발견할 수 없기 때문에 그 해의 새로운 재는 그 영향을 받아 빈약한 나이테밖에 만들지 못하는 것이다. 반대로 폭넓은 테는 땅이 적당한 습기를 머금은 상태였다는 것을 말해주고 있다.

넓은 폭의, 또는 가늘지만 건전한 테 사이에 갈색을 띤 반쯤 일그러지거나 벌레먹은 것같은 테가 끼어 있는 경우가 있다. 이것은 예외적으로 혹독한 겨울을 지낸 나이테이다. 그 겨울, 줄기 바깥 쪽에 위치했던 그 해의 재가 몇 군데 동상으로 죽은 흔적이다. 그 상처입은 테가 이듬 해 이후 건전한 층에 의해 덮혀 있는 것이다. 바깥 쪽으로부터 세어서 그 이지러진 층의 해를 소급해 보면 이상 한파가 닥쳤던 해를 알 수 있다. 앞서 본 밤나무는 이런 사정으로 그 줄기에 1829년과 1858년의 겨울이라는 기념할 만한 해를 새겨놓고 있는 것이다.

나이테의 두께가 전체적으로 고른 경우는 규칙적으로 성장했다는 것을 말해준다. 그 해에는 흙 속에도, 대기 속에도 나무의 성장을 방해할 아무 것도 없었던 것이다. 뿌리도, 가지도 자유롭게 뻗고 영양분은 어디에나 균등하게 흘렀다. 나이테 두께가 고르게 겹쳐 있는 것은 이런 양호한 상태가 여러해 계속됐다는 증거이다. 밤나무가 "처음 몇해는 좋았다. 가지도 꼿꼿이 뻗을 수 있었고 줄기도 착실하게 자랐다."고 말한 것은 이런 상태였던 것이다.

한 쪽이 좁고 한 쪽이 넓은 불균형한 나이테는 부분적으로 성장조건이 달랐던 것을 말한다. 좁은 쪽은 뿌리가 바위나 나쁜 흙에 부딪쳤든가 이웃 나무에 의해 가지가 자유롭게 뻗는 것을 방해받았든가 또는 그늘 때문에 잎이 제대로 자라지 못했던가 해서 나두가 고통받은 까닭이다.

  이 밤나무는 얼마 동안 지하의 돌밭을 만나 굶주렸고 이웃의 참나무가 자기를 밀어내려 했다고 나한테 말했는데 그 말은 옳았던 것이다. 불균형한 테가 사라지고 고른 테가 나타난 것은 질서를 되찾았기 때문이다. 장애를 극복하고 뿌리는 다시 뻗기 시작했다. 옆의 나무가 쓰러져 그늘에 시달리던 밤나무잎은 활기를 되찾았다. 그런 기록들이 잘 남아 있었던 것이다. 나무에 관한 특별한 사건들은 모두 그 원줄기, 즉 밑둥의 페이지에 적혀 있는 것이다. 그런데 밤나무는 적어도 5, 6백년은 살 생각이었다고 했는데, 그건 내가 어수룩하게 남의 말을 잘 믿을 것 같아서 내뱉는 말일까? 한번 조사해 보기로 하자.

제 6 장
나무의 나이

나이테
세계에서 가장 굵은 나무
세계에서 가장 오래된 나무

제6장 나무의 나이

나이테

　한 그루의 나무는 중첩된 나이테로 이루어져 있다. 가지에는 그 나이에 따라 원줄기보다는 적은 수의 나이테가 있고 원줄기(원대 ; 즉 밑둥)에는 그 나무의 나이 전부와 같은 수의 나이테가 있다. 하나 하나의 나이테는 한 세대마다의 눈의 산물이며, 재에 흘러든 뿌리의 활동의 전체를 나타내고 있다.
　지금 세대의 나이테가 되는 층은 껍질의 바로 아래, 줄기나 가지의 제일 바깥쪽에 자리잡고 있다. 지난 세대는 내부에 위치하며 중심에 가까울수록 옛날 세대가 된다. 미래의 눈은 해마다 재의 층(나이테)을 낳으며 더 오래된 층 위에 하나씩 하나씩 겹쳐진다. 맨 바깥에 있는 층도 앞으로 새로운 층에 덮혀 줄기 속에 포함돼 갈 것이다.
　이렇게 서로 나이가 다른 재의 층 중에서 현재 가장 필요한 것은 물론 제일 바깥 층이다. 이것이 현재 활동하고 있는 눈을 땅과 연결시키고 있기 때문이다. 이 층이 파괴되면 나무의 공동운명체 전체가 죽음에 이르게 된다. 지금은 안쪽에 있는 층도 일찍이 표면에 있을 때는 그 동시대의 잔가지들을 위해 같은 역할을 했다. 그러나 지금 그 잔가지들은 커다란 가지가 되어 현재의 활동에서 물러나고 다음 층에게 그 역할을 인계했다. 나이테의 안쪽 층은 부차적인 기능만 하든가 또는 아무 일도 않고 있다.

　표면에 가까운 층은 아직 얼마간 일할 능력이 남아 있어 올해의 층이 흙의 액을 잔가지로 운반하는 것을 돕는 등 할 수 있는 일은 하고 있다. 그러나 중심부의 층이 되면 늙고 둔화되어 활동은 이미 지난 옛날의 꿈이다. 이들 층이 싱싱한 새 가지였던 젊은 시절에는 그들도 노력을 아끼지 않았다.

　지금은 갈색을 띠고 수액은 말라 재는 굳고 물기를 잃어 무기화(無機化)해 버렸다. 노경에 이르러 무엇에도 관계하지 않고 있다. 겨우 그 점착성있는 재에 의해 나무 전체를 탄탄하게 하고 있는 정도이다. 이처럼 나무의 활동력은 표면에서 중심으로 가면서 감소해간다. 표면은 젊음과 힘, 노동이며, 중앙은 늙음과, 쇠퇴와, 무위(無爲)이다.

　즉, 나무의 재(목질띠)는 생명활동이 거의 끝난 중심부와 정도의 차이는 있으나 생명을 유지하고 있는 주변부, 두 가지로 나뉜다. 이 두 개의 부분은 해묵은 나무 줄기의 절단면에 나타나는 빛깔의 차이에 의해 구분된다. 중심부는 갈색을 띠며 심재(心材)또는 완재(完材)라고 불리우고, 주변부는 빛깔이 희며 변재(邊材)라고 불린다. 변재의 재는 연하며 수액을 많이 머금고 있다. 살아 있는 재인 것이다. 심재의 재는 색이 진하며 탄탄하고 건조하다. 죽은 재나 다름없다.

　노쇠는 완성과는 다르다. 그런데 왜 줄기의 중심부를 완재라고 부르는가? 사실은 불완재라고 해야 할 것이다. 분명히 나무로 볼 때는 재의 심은 나무에 아무런 양분도 공급해주지 않으니까 불완전한 것이다. 하지만 우리 인간에게 소용되는 점에서는 그것은 완전한 것이다.

　청춘이 모든 장점을 독차지하고 있는 것은 아니며 노년에게도 매우 존경할 만한 점이 있다. 가구를 만드는 데는 결이 치밀하고 색상이 풍부한 재가 필요하다. 그런 질은 변재에서는 발견할 수 없다. 완재에는 그것이 있다. 그처럼 탄탄하고 그처럼 검은 흑단(黑檀)이나 붉은 색을 띤 결이 섬세한 자단(紫檀)을 얻을 수 있는 나무에서도 변재는 색이 엷고 탄탄하질 못하다. 물론 붉은 물감의 소재가 되는 백단과 록우드처럼 색이 엷은 변재에 포함돼 있는 경우도 있다.

쇠와 같이 견고하다고 해서 철목이라고 불리는 나무가 있는데, 이 나무의 변재는 아무 쓸모가 없다. 참나무·호도·배나무 등의 심재와 변재의 색깔과 굳기의 차이는 누구나 알고 있을 것이다. 변재는 물감의 자료나 고급 가구재로는 거의 쓰이지 않는다. 물감의 원료나 탄탄한 재질은 거의가 심재에서만 구할 수 있다.

심재도 처음에는 변재상태에서 생겨난다. 현재 변재로 있는 부위도 나이를 먹어 새로운 목질층에 덮혀감에 따라 점차 심재가 되어간다. 연하고 흰 새로운 층이 주변에 형성되는 한편 색깔과 견고함은 중심에서 주변으로 넓혀진다. 변재가 견고한 재로 변하는 것은 나무에 따라서 아주 불완전한 형태로 이루어진다. 심재가 경화되기 보다는 부식되기 쉽기 때문인데 이런 것을 백재(白材)라고 불린다. 버드나무나 포플라가 그런 예이다. 백재는 질이 나쁘고 단단하지 못해서 쉽게 썩어버린다.

특히 심재가 단단하지 않은 나무에서는 나이가 들면 그 줄기에 빈 곳이 생기는 공동화(空洞化)현상을 자주 볼 수 있다. 내부의 목질층(木質層)은 짧은 시간 안에 부패가 심해져서 부식토로 변하고 줄기는 공동화한다. 하지만 그렇더라도 가지나 잎은 여전히 무성하다.

가령 버드나무의 고목이 곤충의 애벌레에게 잠식되고 썩어서 속이 비어버리는 피해를 입으면서도 잎은 무성하게 자라고 있는 광경은 좀 묘한 느낌을 준다. 부패한 시체를 체내에 지닌 채 표면상으로는 넘치는 생기를 즐기고 있는 것이다.

중심부의 층이 이미 나무의 생명에 무용지물인 것을 알면 이 기묘한 현상을 설명할 수 있다. 지난 세대의 낡은 유물은 부패해버려도 상관이 없다. 바깥 층이 건재하는 한, 나무의 나머지 부분이 그 부패 때문에 고통받는 일은 없다. 생명력은 바깥 층에만 존재하기 때문이다.

나이를 먹어 중심부가 파괴돼도 새로운 세대에 의해 해마다 되젊어지면서 나무는 죽는 일없이 수백 년을 살아간다. 나무는 모순된 성격

버드나무의 고목 곤충의 애벌레에게 피해를 입어 속이 텅텅 비어도 잎은 무성하게 자라고 있다

을 갖고 있다. 나무는 젊어 있는 동시에 늙어 있고, 죽는 동시에 살아 있는 것이다. 세월이 식물도시에 사는 초기의 주민들을 흙으로 만들더라도 새 세대가 나와서 나무는 풍부한 장래를 유지하는 것이다.

파라오와 동시대에 태어났던 홍해의 폴립 모체에 대해서는 앞서 얘기했지만 나무 중에는 그들과 수명을 겨루며 폴립 모체보다 오히려 장수하는 예도 있다. 식물계의 그런 장로(長老)를 몇가지 소개하겠다.

썬셀에는 나무 둘레가 4.22m가 되는 밤나무가 있다. 아무리 적게 잡아도 나이(樹齡)가 3, 4백 년은 될 것이다. 더 큰 밤나무도 있다. 가령 제네바 호반의 누브 셀에 있는 것이나, 몬테리말 근처의 에사우에 있는 나무같은 것이 그렇다. 누브 셀의 고목은 밑둥의 둘레가 13m인데, 전설에 의하면 1408년에는 한 수도사가 그 속에서 살고 있었다고 한다. 그후 4세기를 겪으면서 몇 번이나 벼락을 맞았다. 하지만 그런 일에도 끄떡없이 여전히 무성한 잎을 과시하고 있다.

에사우의 나무는 장엄한 폐허이다. 높은 가지들은 많은 손상을 입고 둘레 11m의 밑둥에는 늙은 주름인 홈이 여러 줄 패어 있다. 이 두 그루의 거목은 그 나이를 알 수 없다. 아마도 천 년 단위로 계산해야 할 것 같지만 그래도 여전히 열매를 맺으며 죽을 기미를 전혀 보이지 않는다. 아까 자신의 심경을 얘기해 준 밤나무는 사실을 말하고 있었던 것이다. 과장이 아니라 그 밤나무는 5, 6백 년은 살 수 있었던 것이다.

세계에서 가장 굵은 나무

세계에서 가장 굵은 나무는 시칠리아 섬의 에트나 산 중턱에 있는 밤나무이다. 아라공의 여왕 잔느가 어느 화산을 방문하다가 태풍을 만나 1백 명의 호위병과 함께 이 나무 밑에서 난을 피했다 해서 '말(馬) 백 마리의 나무'라고도 부르고 있다. 백 마리의 말과 사람이 그 무성한 가지 밑에서 몸을 피할 수 있었던 것이다.

이 거목의 둘레는 사람 30명이 팔을 이어 둘러도 모자란다. 원의 둘레가 50m를 넘는다. 그 양감이 무슨 요새나 탑같은 느낌을 준다. 두 대의 마차가 나란히 지나갈 수 있을 만한 큰 구멍이 뿌리 근처를 관통하고 있어 밤을 주으러 오는 사람들이 그 구멍 속에서 숙박하기도 한다. 이 고목은 지금도 여전히 싱싱한 수액을 분비하며 밤이 열리지 않는 해가 드물다. 이처럼 거대한 나무의 밑둥은 아마도 몇 그루의 나무가 모여서 한 나무를 형성하고 있는 것으로 생각되기 때문에 그 연령을 추정할 수 없다.

독일의 부르덴베르크의 노이슈다트에 보리자 나무 한 그루가 있다. 해마다 무성히 자라서 너무 무거워진 그 가지를 지탱하기 위해 돌로 만든 1백 개가량의 지주(支柱)로 받혀져 있다. 가지 하나의 길이가 40m나 되고 전체적으로 사방 140m의 지면을 뒤덮고 있다. 1229년 당시의 기록에 '보리자 나무의 거목'이라고 적혀 있는 것으로 봐서 그때 이미 상당한 노령이었던 모양이다. 지금 그 나무의 나이는 아마도 7백~8백 년은 됐을 것이다.

19세기초 프랑스에는 이 독일 고목의 선배가 있었다. 1804년, 도우세블의 메르 가까운 샤이에 성(城)에 허리 둘레 15m의 보리자 나무가 있었다. 이 나무에는 각각 여러 개의 지주로 떠받쳐 있는 6개의 큰 가지가 있었다. 이 나무가 현재까지 살아 있다면 그 나이는 1천1백년(11세기)을 넘을 것이다.

옛날 로렌의 성(聖) 니콜라 성에는 이어붙이지 않은 통판 한 장의 호도나무 널판자로 만든 가로 세로 8m가 넘는 테이블이 있었다. 전해 내려오는 얘기에 따르면 1472년 황제 프레데릭 3세가 이 테이블에서 호화판 식사를 했다고 한다. 일반적으로 호도나무가 자라는 것을 감안하면 이런 거대한 가구를 만들 수 있는 재목이 되기 위해서는 9백 년 이상이 걸렸을 것이라고 한다.

크림반도의 바라크라바 근처엔 커다란 호도나무가 있는데, 한 해에 10만 개의 호도가 열렸다고 책에 씌어 있다. 다섯 가구가 이 나무를

카나리아 제도의 오로타바에는 나이가 6천 년에 가까운 웅혈수(龍血樹)가 있다.

공유하고 있었는데, 수령이 2천 년정도라고 추정하고 있다.

　노르망디의 알빌 묘지에는 프랑스의 참나무 한 그루가 그늘을 드리우고 있다. 흙으로 돌아 간 나무의 영(靈)들이 거기 뿌리를 내리고 있는 이 나무에게 특별한 활력을 주고 있는 것 같다. 이 나무의 위를 쳐다보면 울창한 가지 사이에 조그만 종각까지 딸린 은자의 기도소가 보인다. 뿌리 가까운 곳에 있는 동굴 같은 공동(空洞)은 1696년이래 노트르담 드 라뻬에 바쳐진 예배당이 됐다.

　당시의 고명한 인사들은 이 질박한 예배당에서 기도했다. 그리고 많은 묘소가 열리고 닫히는 것을 그 눈으로 봤을 수령 1천 년의 이 나무 그늘에서 명상하는 것을 명예로 알았다. 크기로 봐서 이 참나무의 나이는 9백 년은 됐을 것으로 보인다. 이 나무를 낳은 도토리는 적어도 서기 1천 년 이전에 싹을 틔웠을 것이라는 계산이 된다.

　지금도 이 늙은 참나무는 대수롭잖게 그 거대한 가지를 벌리고 봄마다 발랄한 잎 속에 묻힌다. 인간들의 찬미를 받으며, 그리고 더러는 벼락을 맞으면서 이 노목은 유연하게 세월의 흐름을 바라보고 있다. 앞길에도 아마 과거와 같은 미래가 기다리고 있을 것이다.

　그보다 더 오래된 참나무도 알려져 있다. 1824년 아르덴느의 나무꾼 한 사람이 어마어마하게 큰 참나무를 쓰러뜨렸는데 그 밑둥 속에서 고대의 메달조각과 신에게 바친 항아리를 발견했다. 식물학자들의 계산으로는 이 거목은 야만족이 침입했던 시대까지 거슬러 올라가 적어도 15~16세기는 살았을 것이라고 한다.

　일반 묘지의 참나무에 이어 그밖에도 죽은 사람들의 반려가 된 나무 몇 개를 들어보겠다. 묘지와 같은 영원한 휴식처에서는 그 자리의 신성함 때문에 사람들이 나무에게 해를 끼치지 않아서 나무가 고령에 이를 수 있다. 그 중에서도 위르 지방의 드 루트 묘지에 있는 두 그루의 주목은 대단하다. 1852년 현재 이 주목들은 아직 큰 탈없이 묘지 전역과 교회의 일부에 짙은 녹음을 드리우고 있다.

　어느날 심한 바람이 불어 가지의 일부가 꺾였지만 그 상처에도 불구하고 두 나무는 지금도 장중한 노목으로 위용을 보이고 있다. 속이 거의 비어버린 나무의 밑둥은 양쪽 모두 둘레 9미터, 나이는 1천4백년으로 추정된다.

그러나 이것은 같은 종류의 다른 나무가 만든 기록에는 반도 미치지 않는다. 스코틀랜드의 퍼랜갈 묘지에 있는 주목은 둘레가 20m이며, 나이는 2천 5백년으로 추정된다. 켄트 주 브레번 묘지에 있는 두 그루의 주목은 1660년에 나라 안에서 큰 화제가 될 정도로 엄청난 거목이었는데 추정 나이가 2천 9백년이다. 만일 현재까지 건재했다면 유럽의 나무 가운데서는 가장 장수하는 나무로서 30세기의 세월을 거치고 있는 셈이다.

식물계에서 가장 큰 '초거인'은 방백목를 닮은 세코이아 라는 침엽수다. 이것은 아주 최근에 과학적으로 알려지게 됐다. 캘리포니아 주의 세라 네바다 산맥에는 반경 1.3km의 지역에 80~90그루의 세코이아의 군락(群落)이 있다. 둥근 기둥처럼 꼿꼿하게 1백 미터의 키로 자라서 주변의 거목들을 내려다 보고 있다. 이웃집 포플라가 정원의 관목들을 울타리너머로 내려다 보고 있는 격이다. 작은 것이라도 밑둥의 둘레가 10m, 큰 것은 30m에 이른다.

에트나 산의 밤나무는 굵기는 그 갑절이 되지만 키는 어림도 없다. 이 캘리포니아의 거목의 발치에서는 이 밤나무마저도 관목의 숲 정도로 보일 것이다. '말 1백 마리의 나무(百騎栗)'는 분명히 몇 그루가 모여서 형성된 거목이지만 캘리포니아의 거목은 하나 하나가 멋지게 균형잡힌 독립된 나무이다.

이 거목 일족은 금광을 찾아 헤매는 사람들에게는 관심밖이었다. 몇 그루는 베어 넘어뜨렸는데, 땅에 누은 원줄기 위에 오르기 위해 기다란 사다리를 걸쳐야 했다. 원줄기의 직경이 9m나 됐으니까. 그 껍질을 벗겨 방을 꾸몄는데 그 속에 융단을 깔았더니 피아노를 놓고도 40인분의 의자를 들여 놓을 수 있었다. 어느날 숨바꼭질을 하기 위해 애들이 모였는데 1백 40명이 들어가도 나무껍질은 넉넉했다.

세계에서 가장 오래된 나무

 이 거목은 몇 살이었을까? 답은 의심할 여지가 없었다. 중심부에 이르기까지 조금도 상한 데가 없는 이 나무는 뚜렷하게 3천 년의 나이테를 보인 것이다. 적어도 3천 살 이상이었던 것이다. 대단한 나이다. 구약성서에 나오는 삼손이 페리시테 사람들이 수확해서 쌓아 놓은 곡식 속으로 꼬리에 횃불을 매단 여우의 무리를 몰아 넣은 것이 그 무렵이었다.
 멕시코에서는 더욱 거슬러 올라갈 수 있다. 거기에는 홍수를 만났던 구약성서의 노아와 동시대의 나무가 있는 것이다. 인디안들에게 숭앙받고 있는 방백목의 일종이다. 그것은 오아쿠사카에서 10km쯤 떨어진 산타 마리아 드 테스라 묘지에 있는데, 멕시코의 정복자 코르테스가 그 나무 그늘에서 1개 소대의 병정을 쉬게 했다는 이야기가 있다. 식물학자의 계산으로는 그 나이가 4천 살이 된다고 한다.
 세네감비아의 베르데 곶(岬) 근처에는 거대한 아욱 비슷한 기묘한 나무가 있는데 아단소니아라고 하며 그 나이가 코르테스의 방백목을 능가한다. 키는 4~5m 정도지만 나무 밑둥의 둘레가 25~30m나 된다. 그 튼튼한 밑둥도 너비 둘레 2백 미터나 되는 가지와 잎의 집더미를 지탱하는 데는 굵다고 할 수 없다. 마로니에의 잎 같은 모양을 한 잎은 크고 잔 털이 있으며 꽃은 접시꽃을 닮았으나 훨씬 크다. 열매는 갈색으로 호박 비슷하며 15개의 주머니로 나뉘어져 있다. 토인들은 이 아단소니아에 '천년나무'라는 뜻의 '바오밥'이라는 이름을 붙이고 있으나 이 이상 그럴듯한 이름은 없다. 사실 아단소니아의 노목 가운데 몇 그루는 그 나이가 자그마치 6천 년을 넘고 있다는 것이 프랑스의 식물학자 아단슨에 의해 밝혀졌다. 이 정도가 되면 그 추론이 확실히 증명되지 않는 한 믿기지 않을 것이다.
 1749년 아단슨(Adanson)은 베르데 곶 가까운 마들렌느 제도에서, 그보다 3세기 전에 영국 여행자가 방문한 일이 있는 '바오밥'을 관찰하

바오밥나무 나이가 6천 년이나 된다.

고 있었다. 영국 여행자들은 한 나무의 줄기에 글씨를 새겨 놓았는데 그 글씨가 3백 층의 나이테에 덮힌 상태로 아단슨에 의해 발견된 것이다.

또한 관찰한 3백 층 전부의 두께에서 한 층의 평균 두께를 추산할 수가 있었다. 그것을 알면 원줄기 전체의 두께와 비교해서 나무의 나이를 쉽게 추산해 낼 수 있다. 아단슨이 그것을 해보았다. 그 초보적 계산의 결과로 몇 그루의 '바오밥'은 나이가 6천 년이라는 것을 밝혀냈던 것이다. 한 나무의 일생이 인류의 역사 전체와 같은 것이다.

세계의 여명을 알고 있을 장로(長老)들 몸에 그후 세월의 녹이 슬어 시들어가는 날이 있을까? 그런 낌새는 전혀 없다. 그 껍질엔 여전히 녹색의 윤이 흐르고 조그만 상처가 나도 풍부한 수액이 분출된다. 젊은이의 싱싱함이다. 적어도 앞으로 몇 세기의 긴 장래가 있는 것이다.

제 7 장
기본기관(基本器官)

정의(定義)를 배우는 불쌍한 아이들
세포의 단장

제 7 장 기본기관(基本器官)

정의(定義)를 배우는 불쌍한 아이들

　기본기관——이 말만 가지고는 무엇을 말하려는지 모를 것이다. 서둘러서 정의(定義)하기로 한다. 기본기관이란…… 아니야, 이렇게 정의를 가지고 말하면 더욱 알기 어렵게 된다. 험담하는 것은 아니지만 정의하는 것이 우리들에게 무언가를 가르쳐 주는 경우는 아주 드물다. 이해력이 떨어지면 몇 마디 말에 응집된 일반 개념과 친숙해지기가 어렵다. 이해하고 있는 일에 대해서는 정의는 나름대로 가치를 갖겠지만 알지 못하는 일에 대해서는 정의의 가치는 의심스럽다.

　이런 이야기를 하다보면 나는 시시한 책 몇 권을 끈으로 묶어 들고 학교를 다니던 시절이 생각난다. 그런 책 가운데 이런 정의로 시작되는 한 권의 책이 있었다. '문법은 정확하게 말하고 쓰기 위한 방법이다.' 이 책을 너희들에게 권해 볼까? 이 책은 또한 'U는 flute에서는 장음이고 culbute에서는 단음이다' 라고 가르치고 있다.

　이밖에도 으레 정의로 시작되는 책이 있었다. '수학은 숫자의 과학이다'라고. 6더하기 9는 15 ,5를 남기고 1이 올라간다——라고 가르쳤다. 양심을 걸고 말하지만 지금도 나는 이 두 가지 정의를 잘 이해하지 못한다. 정확히 말하고 또한 쓰도록 가르쳐 주신 선생님들, 제발 저희들에게 자유롭게 말하고 쓰게 해 주십시오. 선생님들이 좋아하시는 정의는 우리들이 좀더 성숙할 때까지 기다려 주십시오. 셈을 가르치고 싶은 분은 필요할 때 손가락으로 계산하도록 해 주십시오. 당신들의 과학의 까다로운 정의는 좀 더 나중에 해 주십시오.

불쌍한 아이들은 '이름씨(名詞)라는 것은 실제의, 또는 우리들이 그에 대해 만들어내는 개념에 의해 생겨난, 어떤 사물의 개념을 정신으로 하여 이루어지는 언어이다' 라고 괴로운 목소리로 외운다. 이런 것은 너희들도 알 수 없고 그것을 쓴 사람도, 나도 이해하지 못한다. 이런 고통스러운 염불을 외워야 하는 가엾은 아이들이여, 이럴 때는 '이름씨……'의 고통을 잊게 하려고 간식을 준비하고 기다려 주는 너희들의 어머니를 생각하고 있으면 된다. 이제 겨우 알아들었는가? 너희들에게 무엇을 가르치는 데는 정의 같은 것보다 우선 이해하고 흥미를 갖게 하는 것이 중요하다.,

그런 까닭으로 나는 어려운 정의는 피한다. 이제 너희들도 그 이유를 알겠지? 여기서 길을 좀 돌아가서 식물의 기본기관(基本器官)이 어떤 것인가를 이해 할 수 있는 예를 들어 보이겠다.

모직의 천을 주의깊게 살펴보자. 이 천은 세로와 가로로 뻗어간 실이 서로 교차해서 된 직물이라는 것을 알 것이다. 핀으로 천을 해체하여 천을 구성하고 있는 실을 한올한올 떼어 보자. 천은 이미 천이 아니고 한 움큼의 실이 돼버린다. 그런데 이 실오라기도 다시 해체할 수 있다. 실오라기를 하나 들어 보자.

그것은 가는 섬유가 겹치고 꼬여서 이루어진 것이다. 그 실을 풀어 보자. 꼬여 있는 가는 한가닥한가닥은 양모의 섬유, 즉 양의 털이다. 이것으로 해체는 끝내자. 털은 그 이상 분리되지 않는다. 즉, 양모의 섬유는 모직천의 기본기관이라고 할 수 있다. 양털은 물질로서는 언제나 같으며 굵기도 거의 같다. 그것이 여러 개 합쳐서 우선 실이 되고 그 실로 천을 짜는 것이다.

식물도 마찬가지로 한겹한겹 해체돼서 양모의 섬유처럼 단순한 것, 그 이상은 해체될 수 없는 것으로 된다. 마침내 기본기관에 도달하는 것이다. 기본기관이 충분한 수만큼 모이면 전체, 즉 잎과 꽃, 씨앗과 열매, 껍질과 재 무엇이든 만들어진다. 이 최종의 작은 조각은 어떤 식물에서도 또 식물의 어떤 부문에서도 같은 물질이며 형태와 크기까지도 거의 비슷하다.

식물을 구성하고 있는 요소(要素)의 이 균일성은 식물의 다양성을 생각하면 이상할지 모르지만 놀랄 만한 일은 아니다. 양털도 모두 균일하지만 프란넬, 메리노, 두꺼운 멜턴(melton), 가벼운 모직천 등 대단히 다양한 천들을 만들어내고 있다. 방직공보다도, 양복을 만들어 내는 사람보다도 식물은 훨씬 교묘하다. 변함없는 자신의 섬유를 가지고 희망하는 모든 것을 만들어내고 있다.

그런데 식물의 기본기관은 아주 작은 세포이다. 1타스를 모아도 바늘 끝만한 크기가 될 정도로 미세하다. 현미경이 없으면 분간할 수 없다는 말이다. 이 세포는 폐쇄된 섬세한 막(膜)으로 돼 있다. 프랑스말로 셀윌(Cellule). 참 예쁜 이름이다. 자주 만나고 싶은 이름이다. 학자 여러분은 그리스어에서 유래하는 이름을 붙일 법도 했는데 다행히도 그렇게는 하지 않았다. 모두가 이해할 수 있는 말을 쓴다는 것은 학자들에게는 무척 힘든 일인 모양이다.

세포는 식물이라는 건축물에서 일종의 벽돌이다. 왜냐하면 세포가 일정한 질서에 따라 여러 개 쌓여서 식물의 갖가지 부분을 형성하기 때문이다. 식물은 모든 부품을 수액으로 만든다.

벽돌공은 필요한 하루 일과가 끝나면 그것으로 만족하고 쉬지만 세포는 24시간 안에 수백만의 세포를 만들지 않으면 시간을 낭비한 것이 된다. 식물이 세포를 만들고 구조물을 쌓는 속도는 눈이 어지러울 정도다. 성장기에 있는 강남콩의 잎 한장한장은 1시간에 적어도 2천 개의 세포를 만든다. 또 즉석에서 그것을 차곡차곡 배치하지 않으면 그 잎은 꽤 게으른 편이 된다. 호박은 하루에 1kg 이상씩 무게가 느는데, 대체 얼마나 많은 세포를 만드는 것일까? 세포 1kg을 상상해 보라. 눈에 보이지 않는 점이 모여서 1kg이 되는 것이다.

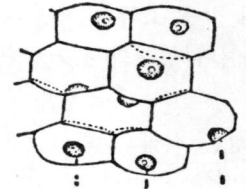
핵을 가지고 있는 어린 세포

  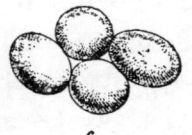 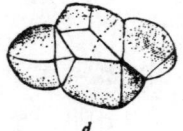

a, b, c는 정상적인 모양의 세포   d는 서로 밀어서 변형한 세포

    수를 알고 싶으면 가르쳐 주겠다. 독일의 식물학자 융은 개암나무 열매만한 것이 단 하루밤에 표주박 크기로 자라는 버섯에 관해서 보고한 적이 있다. 원래 버섯은 그 신속한 건축술에서 이름있는 명인이다.
    세포는 투명한 막으로 된 폐쇄된 조그만 주머니다. 원칙적으로 그 모양은 둥글거나 타원형이다. 그러나 반 나절에 수백 만 개의 세포가 생기다 보면 다른 세포에게 자리를 비어주기 위해 좁혀 앉을 필요도 있다. 그래서 옆의 것에 밀려서 변형되기도 하고 서로 공간을 차지하려고 다투다가 자신의 표면을 깎아버리기도 한다. 이런 아귀다툼 속에서 원형을 유지하기는 어렵다. 면은 면과 겹치고 튀어나온 모서리가 오목한 곳으로 끼어버리기도 한다. 하나의 세포의 불균형이 다른 세포의 불균형 사이에 교묘하게 들어맞는다. 인간사회에서도 다른 사람의 권리 앞에서 이처럼 꺾기기도 해야 한다. 무슨 수를 써서라도 양보할 줄 모르는 사람을 다스리기 위해 법률상의 몇몇 조항이 준비되기도 한다.

세포의 단장

　대개의 경우 세포는 우리들이 양복에 안감을 대는 것처럼 처음 만든 세포벽 안쪽에 새로운 막을 쳐서 겹으로 만든다. 이 제2의 막이 다시 그 안쪽에 제3, 제4의 막을 더 치는 경우도 있다. 그 결과 새로운 층이 생길 때마다 세포벽은 두꺼워지고 중앙은 그만큼 좁아진다.
　세포가 너무 사치를 한다는 비난을 나는 들은 적이 없다. 그렇다고 해서 세포가 미용술에 전혀 무관심하다고 생각하면 잘못이다. 아름다움은 자연의 법칙이다. 세포라 해서 그것을 모를 까닭이 없으니 그 법칙에 따른다. 세포는 우리들에게 옛날 왕조시대의 유형을 가르쳐 주고 있는 것이다. 아뭏든 몇 겹으로 된 세포벽으로 주름이 잡힌 반바지 차림을 하고 있다.
　98페이지의 그림을 보아주기 바란다. 고리 형의 선, 용수철 형의 선, 등 멋진 디자인까지 들어 있다. 신사용 조끼에 멋진 레이스를 단 것처럼 보이는 것도 있다. 어떤 때는 세포는 둥근 반점이나 짧은 가로줄에 덮힌다. 전자를 반문(班紋), 후자를 줄무늬라고 부른다. 고리 형의 띠를 두른 세포도 있는데 그것을 환문세포(環紋細胞)라고 한다. 용수철 형의 실로 안을 댄 것은 나선무늬의 세포라고 부른다. 또는 그물무늬 비슷한 불규칙한 선을 걸치고 있는 것도 있는데 이것은 망문세포(網紋細胞)라고 한다. 이상이 세포의 옷맵시에 붙여진 이름들이다. 외우기 쉬운 이름이니까 너희들에게 들려준 것이다.
　세포는 자기가 담당한 기능에 적응하기 위해 자주 원래의 달걀형을 잃고 매우 갸름한 모양이 된다. 그게 아니면 몇 개의 세포가 끝과 끝을 이어서 하나의 긴 파이프 모양이 된다. 이렇게 해서 새로운 장르의 기본기관이 두 개 등장한다. 즉, 섬유와 도관(導管)이다.
　섬유는 실타래(방추)처럼 끝이 가늘어지는 길다란 세포이다. 재(材)의 대부분을 구성하는 세포다. 섬유의 유별난 특징은 안쪽을 향해 막이 한 층 한 층씩 자꾸만 겹쳐 쌓여가는 것이다. 이 작업은 급속히 이

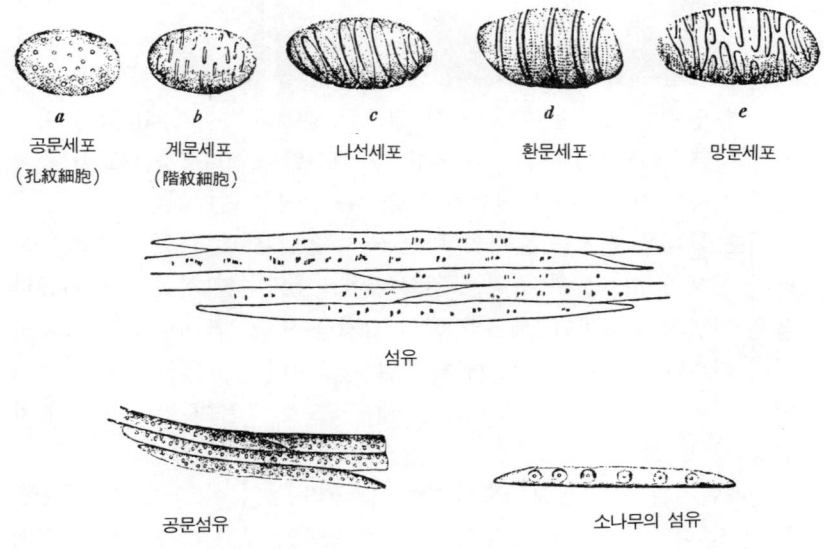

루어지기 때문에 쌓인 층이 곧 중앙의 공간을 메워버린다. 이것은 곤란하다. 이렇게 비만해서는 죽기 십상이기 때문이다. 살기 위해서는 섬유도 세포와 마찬가지로 위(胃)를 비워 놓아야 한다. 다시 말해서 수액이 스며들어 섬유를 적셔 활력을 넣어줄 공간이 필요한 것이다. 이 위에 해당되는 공간이 어떤 물질에 의해 막혀버리면 머잖아 죽음이 찾아오는 것이다.

섬유로 볼 때는 세포벽을 몇 겹으로 뒷받침해서 두껍게 만들어도 그것으로 충분히 만족한다고는 할 수 없다. 좀더 노력해서 색소를 침착(沈着)시켜 광물을 굳게 하고 그 위에 목질(리그닌)이라는 강력한 물질을 스며들게 한다.

너희들은 질이 나쁜 배의 과육 속에 있는 딱딱한 부분을 기억하고 있을 것이다. 그리고 칼도 잘 들어가지 않는 복숭아의 씨도, 실은 이 딱딱한 것은 모두 순수한 목질인 것이다.

그런데 나무로부터 이제 더 일을 하지 않아도 된다는 말을 들은 이

섬유 다발을 가로로 자른 면
몇 층으로 되어 있다는
것을 알 수 있다

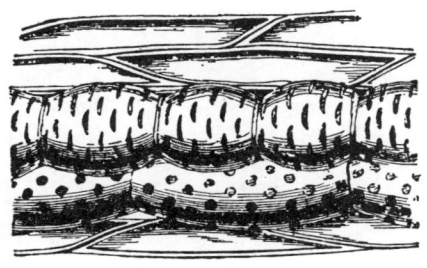

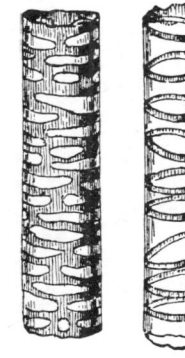

그림2 망문도관(왼쪽)과 환문도관

그림1 계문도관과 공문도관

들 섬유는 우리들에게 큰 소용이 되는 것이다. 섬유의 내부공간이 비어 있는 동안은 변재에 지나지 않지만 그 공간이 꽉 차고 섬유가 죽어 버리면 참나무·호도·흑단·마호가니와 같은 심재가 되는 것이다. 즉, 우리들이 긴요하게 사용하는 굳은 목재가 되는 것이다.

섬유로 꽉 찬 목질이 재를 탄탄하게 하고 분해하기 어렵게 만들기 때문에 심재는 땔감으로도 양질의 것이 된다. 연재(軟材)보다는 경재(硬材), 변재보다는 심재쪽이 목질의 비율이 높으니까 땔감으로는 버드나무보다 참나무가 좋고 목공 세공용으로는 변재보다 심재가 좋은 것이다.

우리가 지하수를 끌어 올리기 위해서는 어느 정도 긴 파이프를 몇 개 이어서 사용한다. 이것은 식물의 흉내를 내고 있는 것이다. 식물은 땅속의 수분을 눈에까지 끌어 올리기 위해 세포를 이어서 파이프를 만든다. 이 파이프를 식물학에서는 도관이라고 부른다. 원래 세포는 폐쇄돼 있기 때문에 도관 형성에 참여할 때는 수로를 열기 위해 끝을 연

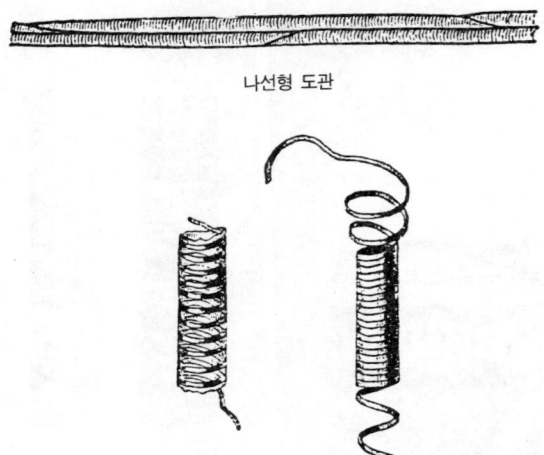

나선형 도관

나선형 도관이 파괴되어 나선 모양의 띠가 늘어나 있다

다. 99페이지의 그림 1은 몇 개의 섬유로 싸인 두 가닥의 도관 일부분이다. 어느 정도 간격을 두고 가늘어진 잘룩한 곳에서 이 두 개의 도관이 세포를 이어서 만들었다는 것을 알 수 있다. 두 가닥 중 하나에는 줄무늬가 또 하나에는 반문(班紋)이 있다. 보통의 세포 모양과 같다.

  그러나 때에 따라서는 잘룩한 곳이 모두 사라지고 도관의 굵기가 어디나 똑같아서 도관을 형성한 세포끼리의 경계를 찾아 볼 수 없는 경우도 있다. 그림2의 도관 두 개는 그런 것이다. 한쪽은 그물 눈으로 뒷받침돼 있는 망문도관(網紋道管)이고 한쪽은 일정 간격이 고리 형의 띠로 보강돼 있는 환문도관(環紋道管)이다. 이 두 가지 무늬는 보통 세포에서 볼 수 있는 것과 같다. 도관은 세포에서 파생되는 것이니까 당연한 얘기다.

  뿌리에서 잎으로 곧장 뻗어 있다. 길이는 일정하지 않지만 그 직경은 일반적으로 눈으로 간신히 보일까말까 하는 정도다. 그러나 재의 종류에 따라서는 그 수로가 육안으로 분명하게 보이는 것도 있다. 가령 딱 잘라낸 참나무 가지에는, 특히 재에 인접한 두 개의 띠의 결합선 가까이에서는 수많은 미세한 구멍을 볼 수 있다. 그 구멍의 수만큼 도관의 입(口)이 있는 것이다. 충분히 마른 포도나무의 가지에서는 더욱 간단하게 관찰할 수 있다. 포도의 새 가지는 구멍투성이이며 그 입으로 말의 꼬리털 정도는 쉽게 들어간다.

  기본기관의 얘기를 마무리하면서 마지막으로 용수철 모양의 도관에 대해 언급해야 하겠다. 이것은 내부가 스프링 형으로 감긴 띠로 만들어진 관이다. 나선형 도관은 재의 심 가까이에서는 몰라도 재 가운데서는 발견할 수 없다. 그러나 잎이나 꽃 속에서는 아주 많이 볼 수 있다. 장미의 잎을 조심스럽게 쪼개 보자. 쪼갠 가장자리에는 섬세하기가 거미줄보다 더한 가는 실이 보인다. 이것은 잎을 쪼갤 때 손가락의 힘으로 파괴된 나선무늬 도관을 뒷받침하고 있던 나선상의 띠가 늘어난 것이다.

제 8 장
세포의 속

종이와 셀룰로스
식물의 과학과 인간의 과학

제 8 장 세포의 속

종이와 셀룰로스

잠깐 동안 '나무 얘기'를 잊어버려도 된다면 너희들에게 종이 만드는 법을 이야기 하는 것이 유익할 것 같다. 간단히 마칠 수 있는 이야기고 '나무'와 관계없는 이야기가 아니니까.

우선 형편없이 부스러진 넝마 쪼가리를 모아본다(지은이는 식물성 섬유로 된 넝마를 이야기하고 있다─옮긴이). 길바닥의 휴지통에서 주은 것도 있고 어떻게 할 수 없을 만큼 더러운 것도 있을 테지. 그래서 우선 분류를 해본다. 이것은 좋은 종이용으로, 저것은 휴지용으로라는 식으로. 다음에 그 넝마를 잘 씻는다. 씻지 않고는 도무지 쓸 수가 없으니까, 하지만 다음부터는 기계가 맡아 준다.

강철의 갈퀴가 넝마를 째고 부수고 해서 조각조각으로 만든다. 다음은 활차가 맡아서 넝마 부스러기를 물 속에서 으깨서 곤죽을 만든다. 죽이 된 넝마는 회색이다. 표백해야 한다. 닥치는 대로 무엇이든 하얗게 만드는 강렬한 약품이 들어가자 순식간에 눈처럼 새하얘진다. 이렇게 해서 적당히 정화된 풀 모양이 된다. 다른 기계가 그것을 체 위에 펴서 얇은 층으로 만든다. 물이 빠지면서 넝마 죽은 넓은 펠트 상태로 굳는다. 그것을 롤러가 눌러서 펴고, 다른 기계가 건조시켜 광택을 낸다. 그것으로 종이가 완성된다.

종이가 되기 전의 원료는 넝마였다. 넝마 자신의 전신인 천으로 쓸 수 없는 물건이었다. 버려질 때까지 이 천들은 쓰일 대로 쓰인 후 몹시 거칠게 취급받았다. 빨래할 때는 잿물이나 비누의 자극을 받았고 방망이로 얻어 맞고 햇볕에 그슬리고 비를 맞았다. 비누·태양·비의 심한 압력을 견디어온 이 종이 원료의 정체는 무엇일까? 부패의 와중에서도 지지 않았으며 제지기계와 혹독한 약품에도 굴하지 않고 마침내 부드럽고 깨끗한 종이가 되어 준 그 물건은 무엇일까? 다름아니라 식물 세포의 주머니를 형성하고 있는 그것이다.

세포·섬유·도관은 어떤 식물에서도 같은 물질로 이루어져 있다. 과학은 이 세포(라틴어로 세루라)에 경의를 표하면서 셀룰로스(Cellulose)라고 이름붙였다. 옳은 이름이다. 섬유와 도관이 이 말에 대해 기분나빠 하면 큰 실례가 된다. 모두가 세포 상태로 세상에 태어났으니까. 물론 그런 생각들은 안하겠지만 자신의 뿌리를 부정하는 것이 아니라면 자신의 원래 부모를 생각케 하는 셀룰로스라는 아름다운 이름으로 불리는 것을 인정해야 한다.

솜이나 삼·아마의 섬유다발도 셀룰로스다. 다만 약간 이질적인 물질이 섞여 있어서 셀룰로스의 아름다운 백색이 가리워져 있다. 이 솜뭉치와 섬유가 방적공의 손을 거쳐 직물이 된다. 그후 천이 낡으면 마지막 변신을 하여 종이가 될 수도 있다. 그 과정에서 셀룰로스는 깨끗하게 순화돼서 군더더기 물질이 제거된다. 따라서 종이는 순수한 셀룰로스라는 말이 된다. 내가 말하고 싶은 것은 세포의 벽은 나중에 제지공장에서 처리되면 종이가 되는 것과 같은 물질의 얇은 층으로 이루어져 있다는 것이다. 이것이 세포의 주머니. 107페이지에 있는 그림 속을 들여다 보기로 하자.

도관은 물과 공기밖에 포함하지 않고 있다. 흙의 수분을 눈까지 운반하는 임무를 띠고 있는 도관은 재가 변질해버려도 막히는 것은 가장 마지막 단계가 돼서이다. 식물이 살아가는 데 이미 쓸모없게 된 완재는 아직 물을 통하게 하는 도관을 가지고 있다. 그럼 그런 도관은

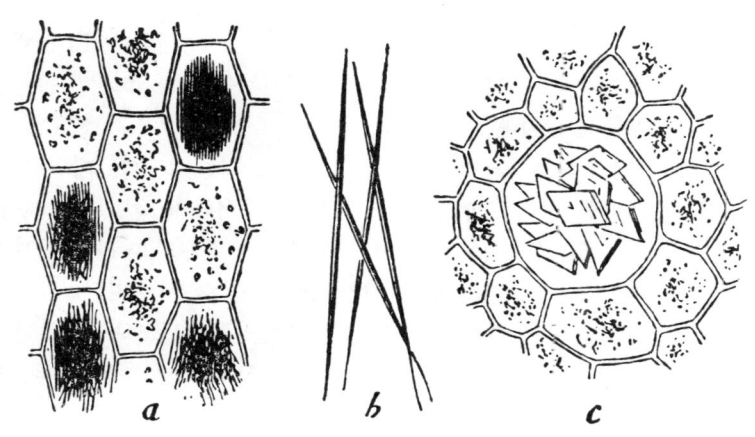

a는 천남성의 세포 바늘 다발같은 결정(結晶)이 들어가 있다   b는 a를 확대한 것
c는 사탕무우의 세포 중앙세포에 판 모양의 결정이 있다

무엇을 하고 있는가? 그것을 말하기는 어렵다. 나이를 먹어도 활력이 쇠퇴하지 않고 노익장을 과시하는 노인처럼 도관도 아마 본격적인 일은 아니지만 적어도 일이 있는 것처럼 가장해서 이웃 기관들이 일을 포기하는 것에 저항하고 있는 것일 것이다. 거기서 그들은 자기가 할 수 있는 일을 한다. 모범을 보이고 있는 것이다. 나무가 오늘의 번영을 이루게 한 후 아직 조락(凋落)과 싸우고 있는 도관에 대해서 더 무엇을 바랄 것인가.

그리고 섬유는 다른 역할도 하고 있다. 식물체라는 건축물을 강화(強化)하는 일이다. 섬유는 그 역할을 게을리하지 않는다. 앞서 목질이라는 이름으로 이야기한 강인한 시멘트를 일찍부터 세포벽에 발라서 벽을 굳힌다. 그것이 없으면 어떻게 단단한 덩어리가 형성되겠는가.

세포의 어떤 종류, 가령 딱총나무(접골목)의 늙은 껍질의 세포는 공기밖에 머금고 있지 않다. 또한 다른 어떤 종류는 맑은 물과 거의 다름없는 액체로 차 있다. 소나무는 니스 같은, 벚나무는 고무 같은, 청

포도는 떫은 액을, 무화과의 껍질은 유액(乳液)을, 무화과의 열매는 벌꿀 같은 시럽을, 감자는 녹말을, 오렌지나무의 껍질은 향료를, 호도와 올리브의 열매는 기름방울을, 버섯의 어떤 종류는 무서운 독을 머금고 있다. 그리고 모든 잎은 녹색의 과립을, 모든 꽃은 빨강, 노랑, 파랑 등의 색소를 머금고 있다.

개중에는 결정(結晶)을 보여주는 것도 있다. 이들 결정은 대단히 섬세하며 바늘 다발 같이 모여 있기도 하고, 무질서하게 쌓여 널판지 같은 모양을 하고 있기도 하고 번쩍번쩍 빛나는 모란채의 머리같이 모여 있는 것도 있다. 성분도 성질도 가지가지인 이들 물질은 지금 생긴 상태로 외부에서 들어온 것이 아니다. 세포막을 통해서 스며든 수액에 의해 세포내부에서 만들어진 것이다. 당분, 산, 수지, 기름, 고무, 가루, 독 등 모두가 이 액체에서 생겨난 것이다.

세포의 주머니 속에서 만들어진 물질 중에서 가장 걸작은 녹말이다.

긴 항해 중 승무원이 신경을 쓰는 것 중 하나는 부패하기 쉬운 식품을 보관하는 문제이다. 그래서 특별히 딱딱하고 얇은 비스켓을 빵 대용으로 한다. 선원들의 비스켓하고 과자점에서 파는 비스켓을 같은 것으로 생각하면 잘못이다. 선원들의 튼튼한 위는 아이들이 좋아하는 단 것으로 만족하지 않는다.

고기는 소금에 절이거나 훈제로 한다. 야채는 말리고 압축해서 양철통에 넣고 밀봉한다. 그래도 조만간 비스켓에는 곰팡이가 슬고 베이컨은 악취를 풍기고 고기와 야채도 변질한다. 불량한 음식 때문에 선원들은 병을 얻어 쓰러진다. 식품보존문제를 대하는 선원과 식물의 태도는 다르다. 선원은 언젠가는 새 방법이 개발되겠지 하는 막연한 기대를 걸고 있지만 식물은 재빨리 직감으로 이 문제를 해결하고 있다.

눈(芽)은 이주한다. 눈은 새로운 주거를 마련할 때까지 긴 여행을 한다. 그러기 위해서는 괴경(塊莖), 구경(球莖)에 저장식품이 필요한데 이 식품은 변질돼서는 안된다. 곰팡이가 슬지 않고, 썩지 않고, 벌레를 끌어들이지 말아야 하며, 습기와 건조, 더위와 추위에 견디어야만 한다.

식물의 과학과 인간의 과학

 식물의 과학은 이 문제들을 훌륭하게 해결했다. 벌레를 피하기 위해 냄새도 맛도 없는 식품을 개발했고, 더욱 효과를 높이기 위해 때로는 쓴 액을 넣기도 했다. 독을 사용할 때도 있다. 곰팡이를 방지하기 위해서 습기에 대한 강한 저항력을 기르게 하고, 부패를 방지하기 위해서 그 식품을 공기의 작용에 반응하지 않게 했다.
 그 식품은 녹말(전분)이다. 풀을 쑤는 데 사용하는 새하얀 가루를 알고 있니? 이 가루는 정제 녹말이다. 정제 녹말은 곡물의 낟알을 가공해서 추출한 순도 1백%의 녹말이다. 녹말을 조금 혓바닥에 올려 놓아 보자. 아무런 맛도 없다. 냉수에 잠시 담가 놓아보자. 아무런 변화도 없다. 아무 맛도 없는 이런 가루가 눈의 식량원이라니 참 안됐다고 너희들은 생각하겠지.
 맞는 말이다. 그런데 녹말은 그대로는 식품이 되지 않는다. 녹말은 이상한 특권을 가지고 있다. 불가사의하게 변신해서 아무것도 얻지도 잃지도 않고 조금만 가공하면 무엇인가가 된다. 당분(糖)이 되는 것이다. 벌꿀 비슷한 당분이 된다. 너희들은 사탕과자를 좋아하지? 그것은 당분과 녹말가루를 갠 것이다. 사탕 속에 들어 있는 아몬드 얘기가 아니다. 아몬드는 지금 얘기와 관계없다. 어때? 녹말이 꿀을 바른 빵이 돼서 나온다면 눈도 입맛을 다실 게 아니냐.
 갖가지 방법으로 식물과 동물을 음식으로 활용하고 있는 인간이 이 놀라운 변신을 이용하지 않을 리 없다. 녹말을 물에 삶으면 물에 녹는 물질인 풀이 된다. 그런데 풀이 끓고 있을 때 진한 황산액을 조금 넣으면 풀은 시럽이 되고 당분이 된다. 사탕과자의 당분은 이렇게 만들어지는 것이다. 물론 당분이 된 후 그 독한 황산은 제거한다.

마가목의 열매를 따러 온 개똥지빠귀

 녹말을 바꾸는 데는 이 방법만 있는 것이 아니다. 생감자는 먹지 못한다. 몸에도 좋지 않을 것이다. 왜냐하면 자신의 비축식량을 벌레가 갉아먹는 것을 막기 위해 아릿한 맛이 나는 독약으로 간을 했기 때문이다. 길가는 사람들이 길옆의 포도밭에 손을 대지 않도록 석회를 뿌려 놓는 거나 마찬가지다.
 감자는 찌면 아주 맛있다. 무슨 변화가 있었을까? 열이 감자 속에 있는 소량의 유독물을 파괴해버렸을 뿐만 아니라 열이 녹말의 일부를 당분으로 바꾸었기 때문이다. 감자의 괴경은 사탕과자처럼 가루와 시럽이 섞인 것으로 변했다. 밤의 경우도 마찬가지다. 날 것은 아주 맛있다고는 할 수 없지만 먹기 좋은 편이다. 자신의 녹말에 독물을 집어넣는 이기적인 예방책을 쓰지 않았기 때문이다. 그래서 벌레들도 감자 쪽은 멀리하지만 밤은 즐겨 갉아 먹는다. 밤이 너무 호인이라고 비난하지는 말자. 모두가 감자처럼 무장을 갖추고 있다면 유독물질을 제거하는 방법을 모르는 벌레들은 무엇을 먹고 산단 말인가. 감자밭에는 나중에 다시 들르기로 하자. 감자의 악랄한 호신술을 알고 나면 밤이 무척 존경스럽게 여겨질지도 모른다.

식량이 충분히 있는데도 손해를 보지 않으려고 항상 신경을 쓰고 있는 사람을 나는 좋아하지 않는다. 이런 사람들은 앞 뜰의 배나무의 배가 하나라도 없어질까봐 높은 담장을 두르고 그 위에 유리병 깨진 것을 늘어놓는다. 마가목의 열매를 따라 온 개똥지빠귀를 총 한 방으로 맞이한다. 곡물창고의 밀 한 움큼을 지키려고 신이 만드신 어린 새의 목을 비틀기도 한다. 유혈극을 벌이고 마는 것이다.

그만하고 밤에 대한 이야기로 돌아가자. 날 것으로도 먹을 수 있지만 군밤은 정말 맛있다. 이 또한 열에 의해 녹말이 당으로 변했기 때문이다. 그러나 식물은 인간들이 사용하는 이 두 가지 방법을 사용하지 않는다. 식물이 어떻게 불이나 황산으로 요리를 하겠는가. 식물은 그런 난폭한 처방보다 좀더 나은 방법을 알고 있다.

보리를 접시 위에 놓고 물을 주어보자. 며칠 후면 보리는 싹을 틔울 것이다. 새 싹이 파릇파릇 돋아날 즈음에 보리 알을 손으로 만져보면 아주 연해진 것을 알 수 있다. 손가락으로 누르면 단맛이 나는 젖 같은 즙이 나온다. 작은 식물에게 젖을 주기 위해 녹말이 당분이 된 것이다. 불도 황산도 없이 어떻게 그런 일이 일어났는가?

나는 모른다. 진실한 과학이라면 겸허하게 말할 것이다—나는 모른다고. 너희들이 나중에 커서 더 좋은 이유를 발견한다면 내게도 가르쳐주기 바란다. 기다리고 있을 테니까.

자기 힘으로 성장하도록 운명지어진 눈을 위해서는 녹말이라는 저장식품이 있다. 곡물의 낟알에, 주아에, 구근에, 괴경에 녹말이 들어 있다. 눈이 싹틀 때 이 녹말은 당분으로 바뀌어 영양분이 된다. 이 당분으로 세포가 형성되고 섬유와 도관도 만들어진다.

셀룰로스였던 것을 녹말로 바꾸고 녹말이었던 것을 마지막에 당분으로 바꾸는 데는 약간만 손을 빌려 주면 된다. 역방향으로 손을 빌려주면 거꾸로 변신하게 될 것이다. 필요하다면 당분은 녹말이 된다. 더

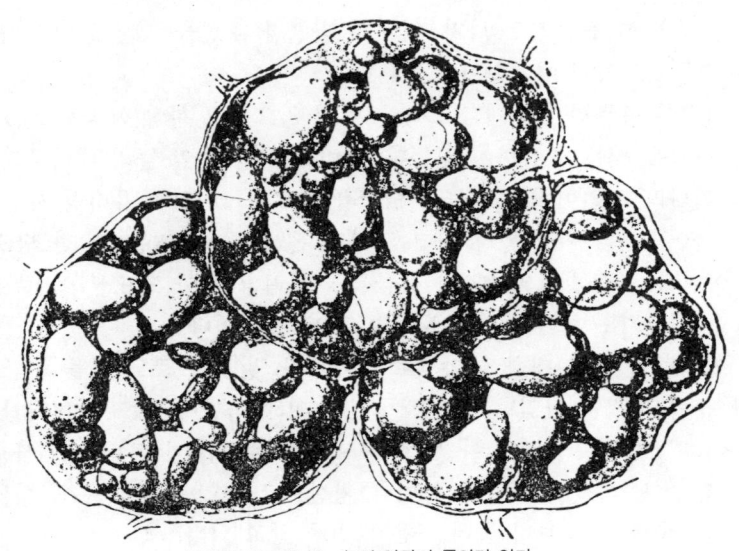
감자의 세포 세 개 녹말 입자가 들어가 있다

서둔다면 셀룰로스나 재(材)가 될 것이다.

잊어버릴 뻔했던 일을 여기에 보충해 놓겠다. 저장된 녹말은 벌레가 오는 것을 막기 위해 독을 갖는 수가 있다고 말했다. 가령 감자와 천남성의 괴경이나 타피오카의 뿌리 같은 것이 그렇다.

이 타피오카에 대해서는 얘기를 들은 일이 있을 것이다. 녹말질인 그 뿌리는 사람에게 맹독이 있지만 아메리카 대륙에서는 이 뿌리로 맛있는 빵을 만든다. 껍질을 벗긴 뿌리를 강판으로 갈아서 쥐어짠다. 이때 흘러 내린 즙이 독을 가지고 가는 것이다. 나머지는 녹말질이 풍부하고 빵을 만드는데 적당한 무해물질이다. 그런데 타피오카의 눈은 자기의 저장식품에 들어 있는 독에 신경을 쓸 필요가 없다. 녹말이 필요한 시기가 되면 유독물질이 전혀 해롭지 않은 것으로 바뀌어 영양분이 되는 것이다.

독을 식품으로 바꾸는 것쯤 식물에게는 아무 것도 아니다. 우리는 감자에게서 그것을 보았다. 식물은 필요에 따라 우리가 열을 사용해서 변질시키는 일을 식물 나름의 방법으로 해내는 것이다.

동물에게는 독이 되는 것이 식물에게는 독이 아닐 수도 있다. 꽤 많은 식물이 사람을 즉사시키는 무서운 물질을 체내에 지니고 있다. 그럼에도 식물은 해를 입지 않는다. 독을 즐기고 있다고 말할 수 있을 만큼 독을 만든다. 그러니까 독을 가진 세포에 의해 보급을 받는 눈으로서는 걱정할 필요가 없다. 식물 자신을 해치는 일없이 동물을 죽일 수 있는 이 조합물을 조심해야 하는 것은 우리들 인간인 것이다.

녹말은 수많은 조그만 입자 형태로 세포 안에 축적돼 있다. 오른쪽 그림은 세 개의 세포 속을 들여다 본 것이다. 세포의 저장고는 어떤 모양을 하고 있을까? 식량은 차 있을까?

감자의 녹말을 추출해보기로 한다. 우선 괴경(이 경우는 감자)을 강판으로 간다. 강판으로 간 괴경을 넣고 물을 조금씩 부으며 저은 후 커다란 컵 위에 천을 걸치고 그것을 붓는다. 부서진 세포에서 튀어나온 녹말입자는 물

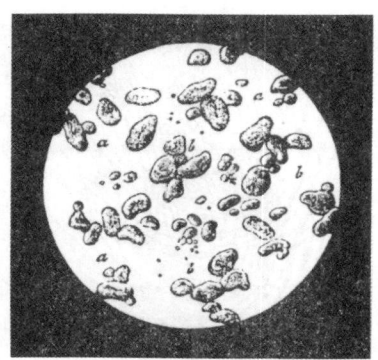
완두콩의 녹말 입자

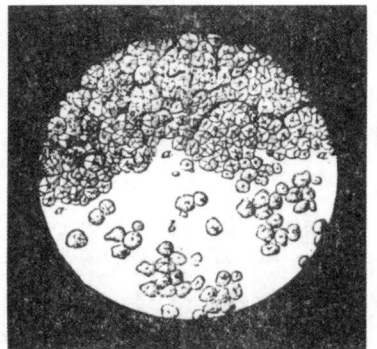
옥수수의 녹말 입자

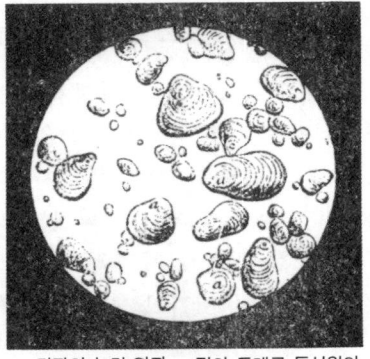
감자의 녹말 입자 a점의 둘레를 동심원의 띠 모양으로 겹싸고 있다

감자의 녹말 입자를 구성하는
작은 잎이 벌어져 있는 모습

과 함께 천을 거쳐 아래로 떨어지고 굵은 것은 천의 필터에 남는다. 컵 속에는 혼탁한 물이 가득 고여 있다. 자세히 보자. 하얀 광택이 있는 많은 입자가 눈처럼 컵 바닥에 떨어져 고인다. 조금 있으면 바닥의 입자층이 안정되어 가라앉으니까 위의 물을 버린다. 바닥에는 하얗게 빛나는 분말상태의 물질이 남아 있다. 이것이 녹말이다.

녹말 입자는 아주 작다. 그 중에서 제일 굵은 것이 감자의 녹말 입자다. 1㎣을 채우는 데 1백 50개 정도의 입자가 필요하다. 밀의 입자는 훨씬 작아서 1㎣에 약 1만 개의 입자가 들어간다. 옥수수 녹말은 같은 용적에 6만 4천 개, 사탕무우는 자그마치 1천 만 개나 된다.

앞 페이지의 아래 그림은 감자의 녹말 입자를 현미경으로 본 것이다. 그러니까 실물보다 훨씬 확대된 것이라는 것을 잊지 말기 바란다. 미세한 입자지만 내부는 매우 복잡하다. 입자의 핵이 되는 점을 한 장의 물질이 둘러 싸고 그 위를 두 장, 세 장, 무한정 겹싸고 있다. 성숙한 입자는 서로 겹치듯이 중첩된 주머니로 구성돼 있다. 그림에서 보면 입자의 물질은 동심원의 띠 모양으로 배치돼 있는 것 같다. 그렇게 보이는 것은 주머니가 차례차례 쌓여 있기 때문이다. 미묘한 조작을 함으로써 입자를 구성하는 작은 잎이 잎을 벌리는 것처럼 현미경 아래서 녹말의 입자를 파열시킬 수 있다. 그러면 위의 그림같은 표정이 나타난다. 진력이 나지 않는다면 벌리고 있는 작은 잎들을 세어보라. 그리고 단 한 개의 감자 속에 입자가 가득 차 있는 무수한 세포가 있고 그 입자 하나하나가 모두 이처럼 복잡하다는 것을 생각해보면 신비로울 것이다. 상상력은 힘이 다하고 이성은 무릎을 꿇을 것이다. 겨우 눈의 식량 하나 때문에……

제 9 장
단세포 식물

빨간 눈(雪)
사탕수수의 복수
버섯의 이상한 토지

제 9 장 단세포 식물

빨간 눈(雪)

　너희들은 에트나의 밤나무, 둘레가 서른 아름이 넘는다는 그 거목을 기억하고 있겠지. 그리고 캘리포니아의 세코이아의 거목, 1백 40명의 아이들이 들어갈 수 있는 방을 그 껍질로 장식할 수 있다는 저 엄청난 나무 얘기도 기억하고 있을 것이다. 이런 커다란 몸뚱이를 만들려면 바늘 끝에 올라 탈 수 있는, 또는 머리카락보다 가는 조그만 세포가 대체 얼만큼 있어야 할까?
　우리는 미세한 세계로 눈을 돌리면 또다른 새로운 불가사의에 직면한다. 단 한 개의 세포, 점과 같은 주머니 하나가 완전한 하나의 식물을 형성한다는 신비를 보게 된다. 이 살아 있는 작은 생물이 작기 때문에 약할 것이라고 생각하면 큰 잘못이다. 반대로 이 생물은 강인한 생명력을 갖고 있으며 훨씬 커다란 식물 같았으면 치명적이 될 조건 아래서조차 번식하는 것이다.
　프로트콕스도 그런 것 중 하나이다. 북극·남극의 가혹한 기상 속에서도 은연히 맞서는 용기있는 자다. 이 미생물은 프랑스에까지 진출해 와서 고산의 만년설 속에 거주지를 정한다. 기후는 혹한이라야 하며 땅은 설원이 아니면 안되는 것이다. 그 동토 속에서 그들은 태어나서 자라고 열매를 맺는다.

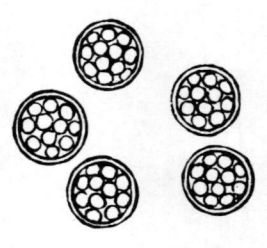

프로트콕스

그것은 아주 작은 한 개의 입자, 단 한 개의 빨간 세포에 불과하다. 그러나 그들은 번식하며 살고 있는 설원을 아름다운 장미빛으로 물들인다. 북극권이나 남극권 또는 알프스 지방에서 가끔 빨간 눈을 볼 수 있는 것은 이 때문이다. 프로트콕스의 세포는 한 번 성숙하면 그 내부에 조그만 세포 집단을 만들고 마침내 터져서 자손을 공중에 뿌린다. 뿌려진 아이들은 사방으로 흩어져 다시 새로운 설원을 변화하게 만든다.

생명은 어떤 곳이든 빈터로 버려두지 않는다. 겨자의 꽃들이 밀밭을 붉게 물들이는 것처럼 단 한 개의 세포로까지 아주 작아진 특수한 생물을 만들어내서 설원을 붉게 물들이는 것이다. 탁한 물의 웅덩이, 낡은 나무껍질, 썩은 나무, 부패한 과실, 발효한 즙, 그리고 동식물의 시체 이 모든 곳에 생물이 살고 있다. 그러기 위해 생명은 갖가지 방법으로 아주 작은 식물, 커다란 세포로 만들어진 식물의 조상인 최초의 생물들을 만들어냈다.

그것들은 섬유도, 도관도 만드는 것을 금지당하고 있다. 세포만 가지고 몸뚱이를 만들지 않으면 안된다. 그래서 그들은 단세포식물(單細胞植物)이라고 불리었다. 그것은 또 하나의 세계에서 시체에 작용해서 그 구성요소를 삶으로 바꾸어놓는 세계이다. 그것은 부패를 촉진시키는 세계이다.

그것은 썩은 나무에 생기는 기묘한 모양의 버섯, 썩은 과일에 피는 곰팡이 덩어리, 발효해서 시큼해진 액체에 뜨는 하얀 곰마지, 변질한 포도주의 표면을 뒤덮는 하얀 가루, 그리고 모든 부패한 물질에 생기는 먼지와는 사촌간인 부슬부슬한 식물의 막⋯⋯등과 같은 것들의 세계다.

사람이든 물건이든 겉모습으로 판단해서는 안된다. 가장 작은 단세포식물조차 가장 중요한 역할을 맡고 있다. 시체에 작용한다고 위에서 말했지만 이 식물은 맹렬하게 증식해서 죽은 물질에 침식해 들어갈 뿐만 아니라 그것을 양호한 상태로 만들어 살아 있는 생명의 순환 속으로 돌려준다.

나무 한 그루가 땅 위에 넘어져 있다. 이 나무의 유해는 뒤를 잇는 식물을 길러 그 후계자들 속에서 다시 살기 위해 가루가 돼야 한다. 단세포의 노동자들은 작업을 시작한다. 이끼·곰팡이·버섯·그밖의 지의식물(地衣植物)들이 시체에 달라붙는다. 유능한 조수인 곤충과 공기의 도움을 받아 죽은 자를 해체해서 부식토로 만든다. 여기서 대작업은 끝나고 주검의 분말인 그 흙 위에 다시 생명이 생기고 새로운 식물이 자라난다.

생물세계의 조화라는 점에서는 며칠의 삶밖에 살지못하는 곰팡이쪽이 수세기를 사는 참나무보다 중요하다고 말해도 억지가 되지는 않을 것이다. 세포만으로 된 연약한 구성물인 이들 식물이 없다면, 즉 쓰레기 속에 번식하는 이 원시적인 식물이 없었다면 죽음은 완성되지 않고 따라서 삶의 순환은 불가능하게 되었을 것이다. 이 지상의 작은 자는 큰 자의 삶을 이처럼 준비해 왔고 지금도 준비하고 있는 것이다.

지질학이라는 중요한 과학은 땅 밑으로부터 파올린 바위의 파편을 통해 세계가 탄생한 시점으로까지 생각을 거슬러 올라가게 할 수 있다. 그런데 식물에 대해 지질학은 무엇이라고 말하고 있는가? 참나무, 너도밤나무도, 그밖의 거대한 나무들도 최초의 식물로 지상에 나타난 것은 아니었다고 지질학은 말하고 있다.

땅 속에서 분출된 용암으로 불탄 바위 위에는 아무런 식량도 없었는데, 그 시절에 대식가인 거목들이 무슨 수로 살 수 있었겠는가. 그들에게 토양을 마련해주기 위해 아주 작은 생명이 물 속이나 벌거벗은 화강암 위를 찾아왔던 것이다. 이 작은 자는 참을성있게 화강암을 부셔서 가루로 만들었다. 그리고 자기 자신의 잔해로 그 가루를 비옥하게 만들었다.
 몇 세기에 걸친 끈질긴 노력의 결과로 얼마큼의 부식토가 생겨났고, 그러자 그곳에 새로운 개간자 그러나 여전히 같은 종류의 세포로 만들어진 이끼류와 지의식물(地衣植物)이 정착하게 됐다. 이들에 이어 다시 새 이주자가 들어온 덕분에 토양은 하루하루 비옥하게 됐다. 곰팡이류가 작업을 완성할 무렵 비로소 참나무가 등장할 수 있게 된 것이다.
 식물의 진화는 시대의 흐름에 의해 크게 3단계로 구분된다. 제1단계에서는 일반적으로 세포는 단독으로 나타난다. 제2단계에서 섬유가 세포에 가세하고 제3단계에서 도관이 보충되어 기본기관이 이루어져 식물은 완전한 것이 된다.
 지질학이라는 먼 학문의 세계에서 눈을 돌려 그보다는 우리와 더 친숙한 세계, 잼 병으로 내려가보기로 하자. 잼이라는 게 빵에 바르는 것일 뿐이지 달리 무슨 이야기거리가 있겠느냐고 너희들은 말하고 싶을 것이다. 하지만 내 생각은 조금 다르다. 잼의 재료에는 원래 다른 용도가 있었는데 그것을 사람들이 자기들 용도로 바꿔버린 것이다.
 용도를 바꿔버린 일에 대해서 이러쿵저러쿵 따지려는 것은 아니다. 그것이 우리들 인간의 권리라는 것도 알고 있다. 하지만 우리가 식물로부터 빼앗은 것을 식물이 되찾아가려 한다고 그것이 잘못이라고 주장할 수는 없다. 내가 말하고 싶은 것은 이렇다. 인간의 이익은 물론 대단히 중요하다. 그러나 그보다 차원높은 이익이 있다. 그것은 전체의 이익이라는 것이다. 잼 병 속에서는 그 이익이 침범당하고 있다. 좀더 구체적으로 말하면 이해가 될 것이다.
 병 속에는 무엇이 있는가? 우선 설탕이 있다. 이 당분은 원래 사탕수수의 싹을 기르는 것이 사명이었다. 하지만 그 싹들은 우리가 먹는 빵 때문에 죽었다. 사탕수수는 제 발로 걸을 수 없으니까 항의하러 올 까닭이 없다고 생각할지 모르지만 조심하는 것이 좋다.
 아직 손도 안댄 병뚜껑을 어머니가 조심스럽게 연다. 어머니는 아주 정성들여서 이 잼을 만들었다. 충분히 졸여서 병에 담았다. 그런데 이

곤충은 피곤한 기색도 없이 열심히 자기 역할을 다한다

게 어찌된 일인가? 잼은 몽땅 곰팡이가 슬어 있지 않은가. 거름이라도 할 수밖에 없다. 어머니는 속이 상한다. 아이들이 좋아하는 잼을 버리다니 얼마나 마음이 아플까. 정말 안됐다.

사탕수수의 복수

우리끼리 하는 얘기지만 사탕수수가 인간이 이렇게 사용하는 것을 보고 곰팡이를 통해 보복한 것을 우리는 깊이 생각해봐야 하지 않을까? 사탕수수는 그 당분으로 그들의 눈 일족을 양육하겠다는 약속을 하고 있었다. 빵은 그 약속을 어기게 했다. 곰팡이는 이것에 복수해서 당분을 부패시켰다. 이것으로 다른 눈들이 길러질 것이다. 식물이, 빼앗긴 양분의 저장물을 곰팡이를 통해서 되찾아가려 한 것을 잘못이었다고 나무랄 수 있을까?

제 9 장 단세포 식물

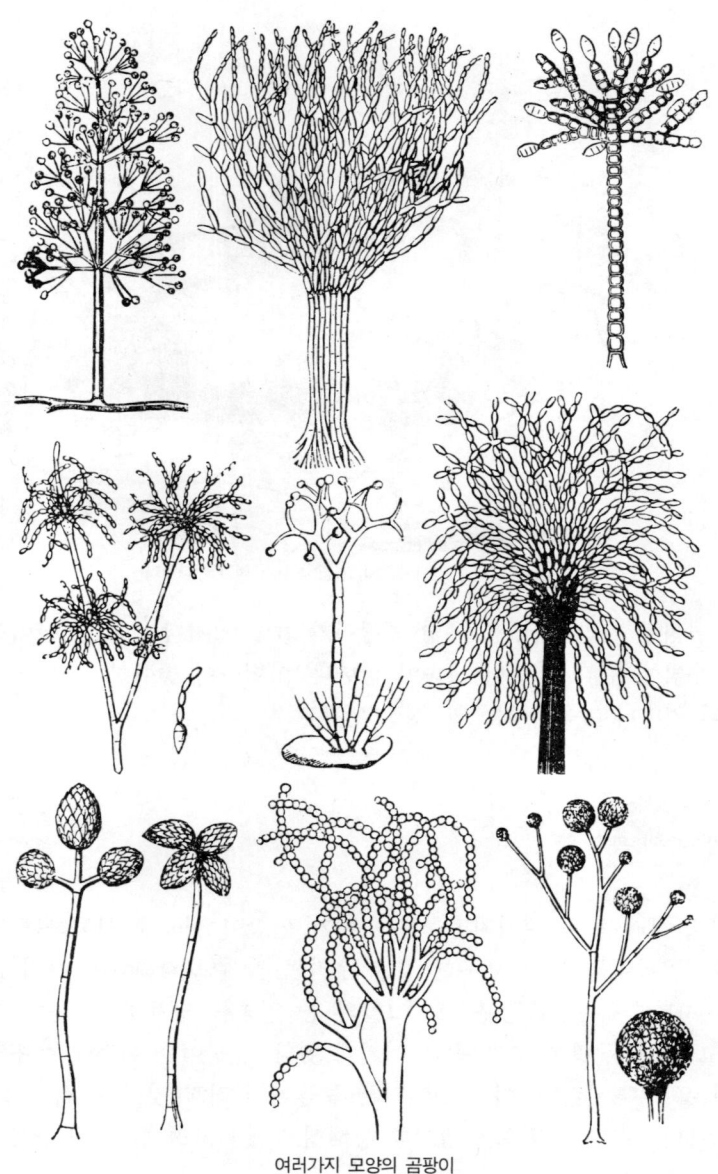

여러가지 모양의 곰팡이

한편 이 식량문제에는 더 중대한 이유가 있었다. 잼은 죽은 물질이다. 그런데 죽은 물질은 모두 되도록 빨리 생물의 흐름 속으로 되돌려 보내야 하는 것이 공중위생의 법칙이다. 세계 전체의 위생이 거기 걸려 있는 것이다. 이 법칙을 실행하기 위해 곤충과 곰팡이가 존재하고 부지런하게 자기 몫을 노리고 있다. 곰팡이와 벌레는 사물을 높은 차원에서 보고 있다. 그들은 신으로부터 위임받은 자들이다. 인간들은 자신의 개인적인 좁은 시야에서 사물을 바라본다. 그래서 서로 합의에 이르기는 매우 어렵다.

　그런데 잼은 무엇을 가르쳐주고 있는가? 신이 곰팡이를 만들었을 때 이 최하등의 단세포식물은 잼을 못쓰게 만들어서 어머니로부터 욕을 얻어 먹을 것을 각오하면서 위대한 사명을 완수했다. 죽음의 성분을 삶으로 환류시키는 정화의 사명이다. 그래서 그게 어쨌다는 거냐고 어리석은 질문은 하지 말라. 창조의 섭리를 규명할 만큼 우리들의 눈이 트여 있을까? 인간에게는 보잘 것 없는 동물과 식물일지라도 신의 눈으로 볼 때 소중한 것이라면 누가 그것을 감히 소멸시킬 수 있을 것인가? "자기방어는 하시오. 하지만 원망하진 마시오." 이것이 잼이 우리들에게 하고 있는 말이다.

　썩은 멜론에 슬어 있는 곰팡이는 조금도 매력적이지 않다. 쳐다보기도 싫은 부성부성한 털에 불과하다. 하지만 이 비천한 쓰레기 속에는 훌륭한 세계가 있다. 현미경으로 들여다 보면 이 이상한 털들은 조그만 나무숲처럼 보인다. 창조의 힘이 우아한 형태를 갖가지로 변화시키며 즐기고 있는 것이다.

　앞 페이지의 그림은 그중 몇 종류의 곰팡이를 보여준 것이다. 곰팡이 전부를 보여주려면 책 몇 권으로는 부족할 것이다. 이 식물 연구에 전념하겠다면 평생을 해도 연구는 끝이 없을 것이다. 무한히 작은 것(無限小)의 세계에서는 수가 크기를 대신하는 것이다. 참나무의 종류는 1백 여종이지만 곰팡이는 수를 헤아릴 수조차 없다. 작지만 하는 일은 많다. 그러나 우리는 그림에서 보는 곰팡이만으로 만족하기로 하자.

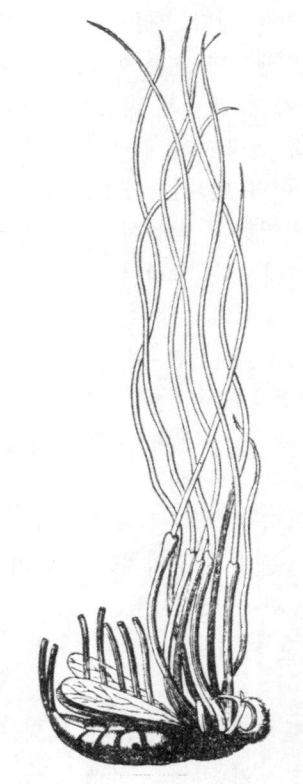

땅벌의 시체를 처리해서 흙을 정화하는 버섯

까마귀의 깃털을 청소하는 버섯

세포라는 단 한 가지의 요소만으로 곰팡이는 얼마나 여러가지로 우아하게 단장하는지 모른다. 자연에는 기호가 있다. 소재를 절약했을 때는 아름다움으로 그것을 보충하는 것을 여기서 볼 수 있다. 그래서 나는 이렇게 말하고 싶다. 가장 작은 것은 가장 감탄할 만하다고.

철저하게 일하는 세포노동자들, 즉 바위에 붙어서 바위를 부스러뜨려서 부식토를 만드는 지의식물, 나무껍질에 붙어서 그것을 개척해 내는 이끼류, 죽은 나무를 해체하는 버섯에 대해 간단하게 이야기하기로 하겠다. 그리고 이들 세포성식물이 하고 있는 정화작업(淨化作業)이나 개간작업의 예를 몇가지만 들겠다.

왼쪽 그림은 무엇일까? 가장 하등 버섯 중의 하나인데, 그 사명은 대지에서 땅벌의 시체를 제거하는 것이다. 이 버섯은 그 일밖에 못하지만 대신 그것만은 착실하게 해낸다. 죽은 곤충 위에서 작업하는 광경을 보자. 곤충을 끌어 올려 바싹 마르게 한다. 그러면 머잖아 시체의 물질로 되는 것이다.

그 아래 그림은 무엇인가? 이것도 버섯의 하나인데 탁월한 특기를 보여 준다. 그것이 상대하는 것은 잼도 땅벌도 아니며 까마귀 날개뿐이다. 까마귀가 너도밤나무의 높은 가지에 앉아 부리로 몸단장을 할 때는 가슴에서 작은 털이 떨어진다. 사람들은 이 조그만 털이 대지를 그것도 광대한 대지를 더럽히는, 따라서 공중위생상 한시바삐 소멸돼야 할 오염물질이라고는 생각지도 않았을 것이다.

그런데 그것이 오염물질이 된다. 그래서 떨어진 털을 생명의 도가니 속에서 정화시켜 흙으로부터 제거할 목적으로 만들어져 이 세상에 보내진 노동자가 있다. 그것이 바로 이 버섯이다. 어느 누구도 이 위대한 보건경찰의 눈을 피할 수는 없다. 특명을 받은 노동자가 땅벌의 시체나 까마귀의 털을 제거하는 데 동원되고 있다. 오물 전체가 청소부대를 얼마나 필요로 하는가는 너희들의 상상에 맡기겠다.

정화운동은 몹시 격렬한 일이며, 때문에 단세포성 식물이 언제나 죽은 자와 산 자를 잘 식별하고 있다고는 말할 수 없다. 그것이 일하는 것을 보면 '투쟁'이라고밖에 말할 수 없는데, 투쟁이 격렬해지면 상대를 가리지 않고 두들겨 팬다. 그런데 때로는 상대를 두들기고 있다고 믿으면서 살아 있는 아군을 두들기는 수가 있다. 실제로 살아 있는 식물만 공격하는 세포파괴자가 적잖게 있는 것이다. 밭의 작물까지도 가리지 않는다. 심지어 작물이, 그들이 가장 좋아하는 목표인 경우도 있다. 그들의 약탈이 무죄라고 옹호할 생각은 없다. 그것은 불가능하다. 다만 앞서 한 말을 되풀이 하겠다.

"사물 전체를 옳게 판단할 만큼 우리는 현명할까? 자기방어는 좋다. 그러나 원한을 품어서는 안된다."

이런 충고를 한 다음 범인을 우리들의 법정으로 끌어 내자. 다음 페이지의 그림에 한 범인이 있다. 산딸기의 잎을 검고 작은 좀으로 뒤덮은 것이 그 범인이다. 좀 하나 하나는 세포를 도둑질하는 무리이며 잎을 파멸로 몰아넣는다. 좀을 현미경으로 확대한 것이 오른쪽 그림이다. 불룩한 배가 이 범인의 습성을 잘 보여주고 있다. 엷은 잎이 적의 힘에 굴복하여 지치고 기진해서 쓰러져가는 것은 무슨 까닭일까? 잎을

검고 작은 좀으로 뒤덮인 산딸기의 잎

현미경으로 본 세포

흑수병에 걸린 곡류

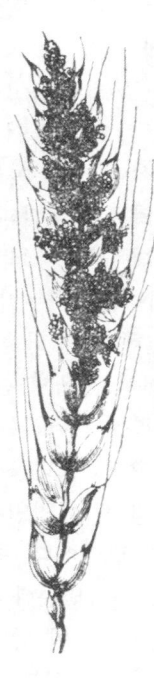

밀　　　　　　　　귀리　　　　　　　　보리

맥각이 된 호밀

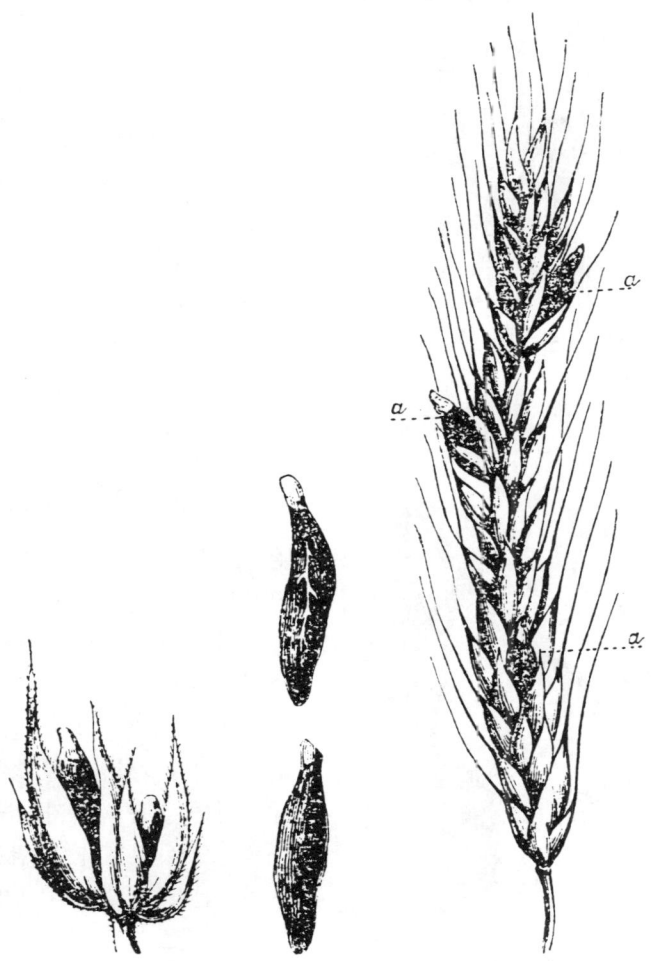

왼쪽 불룩해진 작은 수(穗) 가운데 고동색이 된 입자 a는 맥각으로 된 부분

제 9 장 단세포 식물 127

건강한 옥수수

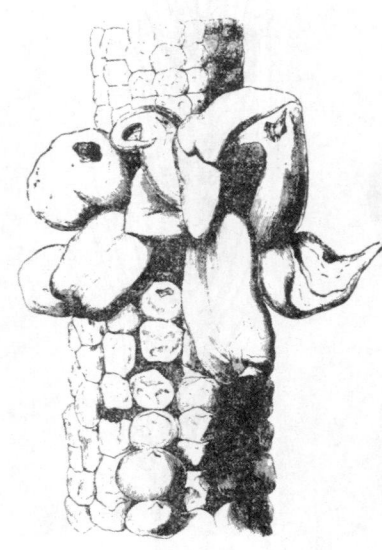

탄소 주머니로 변한 옥수수

파멸시키는 임무를 지닌 파괴자가 없으면 온 세계가 잎으로 넘쳐버리기 때문일까?

126페이지의 아래 그림은 어떨까? 이놈은 오직 우리의 곡물만 노리고 있다. 한 놈은 보리를, 또 한놈은 귀리를, 그리고 다른 한 놈은 밀을 공격해서 이삭을 파괴하고 그을음 같은 검은 가루로 만든다. 곡물의 흑수병(黑穗病)이라는 것이다. 검게 된 이삭은 옛날 모습을 잃고 보기 흉한 가루가 되어 바람에 날아가버리고 만다. 그것이 최후이다. 파괴자는 작물을 완전히 멸망시킨 것이다.

127페이지의 그림에 나오는 놈은 호밀을 공격한다. 이삭을 갈색으로 바꾸어 유독한 물질을 만들어낸다. 이 상태가 된 호밀을 맥각(麥角)이라고 부른다.

다음은 옥수수의 눈을 공격하는 놈이다. 침범당한 알맹이의 주머니는 검은 가루가 가득 차서 기형적으로 부푼다. 그림은 아래위가 건강한 알맹이, 가운데가 기괴한 탄소의 주머니로 변한 알맹이를 보여주고 있다.

살아 있는 동물도 피해를 입는

수가 있다. 뉴질랜드에서는 길고 굵은 실처럼 생긴 버섯이 송충이의 항문에 붙는다. 이 버섯이 자라기 위해서는 독특한 토양이 꼭 필요하다. 딴 곳에서는 살 수 없다. 이 불행한 버섯은 송충이의 엉덩이에서만 행복하게 살 수 있는 것이다. 버섯의 임무는 동물의 이 부분을 경작(耕作)하는 것이다. 버섯에 침범당한 송충이는 얼마동안 자기를 뜯어 먹으며 살고 있는 이 식물의 긴 꼬리를 끌고 다닌다. 그리고 마침내는 지쳐서 각질화(角質化)하여 죽는다. 그러면 송충이에 기생하는 이 버섯은 조용히 시체를 처리하는 것이다.

송충이의 항문에 붙는 버섯

버섯의 이상한 토지

멕시코의 다른 버섯

제 9 장 단세포 식물

은 조그만 숲처럼 가지를 벌리고 사는데 매미 애벌래 위에서 살아간다.

악당 애기는 이것으로 충분하겠지? 그런데 인간이라고해서 이런 악당들의 공격으로부터 완전히 자유로울 수 있을까? 천만의 말씀이다. 인간도 생명계(生命界)의 공동의 식탁 위에 할당된 음식을 내놓아야 한다. 먹는 자와 먹히는 자의 무자비한 투쟁에서는 인간도 얼마만큼은 수동적 역할을 담당해야 하는 것이다. 인간이 겪은 수많은 비참한 고통이 그것을 가르쳐준다. 사람쯤은 한 입으로 해치우는 무서운 동물도 있다.

인간이 굶주린 무리의 먹이로 제공되는 경우도 있다. 그 무리는 때로 인간의 저항이나 분노 같은 것은 염두에도 두지 않는다. 마치 두더지가 풀밭을 들어 올려 조그만 흙더미를 만드는 것처럼 눈에 보이지 않는 벌레가 사람의 살갗을 갈아엎기도 한다.

더러운 기생충은 어둠 속에서 우리를 갉아먹고 우리의 영양을 축낸다. 조그만 칼처럼 생긴 엽충(잎벌레)은 대담하게도 우리의 피를 빨고 우리들 귀에 대고 밤중에 고함을 질러서 인간의 무력한 분노를 놀려대곤 한다. 더 무서운 것도 있지만 이 정도로 해두고, 세포성 침식자에 대한 예를 하나 들고 이야기를 끝내겠다.

사람의 머리털 부분은 곰팡이의 전용 영역이다. 뉴질랜드의 송충이는 엉덩이를 기생식물에게 내맡기지만 인간은 하필 머리를 내맡긴다. 이 곰팡이가 번식하면 머리 피부에는 보기에도 흉한 상처가 생기고 그것이 곪아서 피가 나온다. 이 무서운 병을 두부피진(頭部皮疹)이라고 한다. 옛날에는 치료방법으로 풀같은 일종의 수지(樹脂)를 아픈 데에 바른 다음 상처나 딱정이를 한꺼번에 잡아채서 벗겨냈다. 아찔한 치료법이다. 지금은 의학이 발달하여 다른 방법을 쓰지만.

제 10 장
관속식물(管屬植物)

질서있는 줄기와 질서없는 줄기
쌍떡잎식물과 외떡잎식물
희망의 별들아, 새시대가 온다

제 10 장 관속식물(管束植物)

질서있는 줄기와 질서없는 줄기

 우리는 앞에서 같은 세포가 모여서 이루어진 하등단계의 식물들을 살펴보았다. 그러면 다음엔 고등식물, 즉 관속식물(管束植物)을 조사해 보기로 하자.
 관속식물이란 보통의 세포섬유와 함께 도관(導管)을 이용해서 살고 있는 식물을 가리킨다. 어떤 식물이라도 처음에는 매우 조심스런 상태의 세포에서 출발한다. 언젠가는 참나무 같은 큰 나무가 되든 잔디풀 같은 작은 잎이 되지만 식물의 몸은 어느 시기에는 간단한 구조의 곰팡이 같은 몇 개의 세포로만 구성돼 있다. 앞에서 말한 '빨간 눈(雪)'처럼 단 한 개의 세포로 된 경우까지 있다.
 생명은 색다른 요구를 한다. 생명의 시초는 완전히 평등해야 한다고 주장하는 것이다. 모든 것이 세포에서 출발할 것을 요구한다. 그러나 어떤 식물은 종자의 배냇옷을 벗는 순간부터 즉시 세포의 골격에 섬유와 도관을 첨가한다.
 그러면 식물은 새로운 기본기관을 어떻게 이용하는가? 그 이용방법에 따라 두 가지 식물 그룹으로 나뉜다. 그 첫째는 질서를 대단히 중시하는 조직적 식물인데, 이들은 섬유와 도관을 규칙적인 고리형으로 배치한다. 둘째 그룹은 방법 같은 것은 일체 상관치 않고 섬유와 도관을 멋대로 흩어 놓는다.
 왼쪽 그림이 그 두 그룹을 보여준다. 위쪽 그림은 질서있는 줄기의 단면이고 그 아래는 무질서한 줄기의 단면이다. 위쪽 그림에서 가운데 색이 진한 부분이 섬유의 집합체를 가로로 자른 면이다. 오톨도톨한 조그만 것이 보이는데 이 구멍은 섬유 가운데 끼인 도관이다. 나머지 부분은 모두 세포조직이다. 아래쪽 그림에서 하나하나의 점은 섬유와 도관이 흩어져 있는 것인데 그것이 다발을 이루고 있다. 나머지 하얀 부분은 보통 세포로 구성돼 있다.

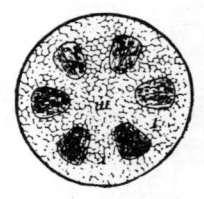

섬유와 도관을 질서있게 배열한 줄기의 단면

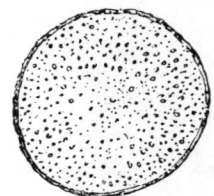

질서없는 줄기의 단면

 위쪽의 예는 분꽃·감자·초롱꽃 등의 줄기에서 볼 수 있고 아래의 예는 아스파라거스·백합·히야신스 등에서 볼 수 있다. 위쪽 그림에서는 섬유의 다발이 어느 것이나 크기와 모양이 같으며 서로 같은 간격으로 중심으로부터 같은 거리를 유지하고 있다. 마치 콤퍼스로 그린 것처럼 정연하다. 아름다운 규율을 철저하게 지키는 세심한 식물이다. 현명하게 가정살림을 꾸려 한 집안의 질서를 유지하고 있는 기특한 식물이라고 할 수 있다. 귀중한 섬유를 낭비하고 있는 기분파 식물보다 높게 평가돼야 할 것이다.
 아래쪽 그림과 같은 기분파 쪽은 섬유가 없으면 하등식물인 버섯의 사촌격이 됐을 터인데도 그 섬유를 아무렇지도 않게 여기저기 멋대로 흩어 놓고 있다. 또한 섬유와 도관의 다발이 제멋대로 배치돼 있는 것을 볼 수 있다. 굵은 것도 있고 가는 것도 있고 빽빽한 곳도 있고 성근 곳도 있다. 혼란스럽고 질서가 없다.

현명하게 살림을 꾸리는 것과 기분파적인 낭비 습관이 식물에게는 별 영향이 없을 거라고 생각할지 모르지만 그렇지 않다. 정신계(精神界)와 마찬가지로 물질계에서도 질서는 완전을 나타내며 무질서는 불완전을 나타낸다. 현명한 식물과 기분파 식물은 여러모로 다르며 현명한 쪽이 훨씬 우월한 것이다. 그 차이점을 소개하겠다.

들장미꽃과 백합꽃을 비교해보자. 들장미는 섬유를 규칙적인 고리형으로 모으는 식물부류에 속하고 백합은 섬유를 제멋대로 흩어 놓는 식물의 부류이다. 여기서 든 예는 내가 제1그룹을 좋게 평가하기 위해 골랐다고 생각하면 안된다. 우리들 화단의 왕자라고 할 수 있는 백합이 들장미보다 못나야 할 이유가 없다.

그런데 들장미꽃의 구조는 백합꽃보다 훨씬 잘 돼 있다. 백합꽃은 색채가 있는 여섯 장의 잎, 다시 말하면 여섯 가의 꽃잎으로 돼 있고 그 전체가 화관(花冠)이라고 하는 것을 이루고 있다. 꽃잎은 매우 섬세하다. 조금만 거칠게 다뤄도 주름이 잡히든가 망가진다.

그러면 조심스런 들장미는 어떻게 하고 있나? 꽃잎을 요새(要塞)로 둘러싸고 있다. 꽃잎을 탄탄한 녹색의 잎으로 보호하고 있는 것이다. 이것이 꽃받침이라는 것이다. 즉, 들장미는 효과적으로 쾌적함을 추구하고 있다. 어떤 것이라도 이 짜임은 완전한 것의 특징이다. 들장미는 바깥으로는 자신을 보호하는 거친 천을 두르고 안쪽은 고급의복으로 아름답게 단장한다. 바꿔 말하면 꽃받침과 화관으로 꽃을 이루고 있는 것이다.

조심성 없는 백합은 그 반대로 자기를 다치게 할 비바람 같은 데는 신경을 쓰지 않는다. 꽃받침으로 보호하는 일도 없이 꽃 전체를 상아보다 하얀 흰 꽃으로 치장한다.

고급 의상을 입으면서 거칠고 튼튼한 천으로 만든 코트 같은 것은 경멸한다. 자기가 미리 조심하지 않고 있다가 날씨가 나빠지면 죽는다고 야단이다. 하지만 그런다고 누가 동정하겠는가. 그때가 되면 꽃받침을 갖지 않은 것을 후회할지 모르지만 그러다가도 비가 개이고 해가

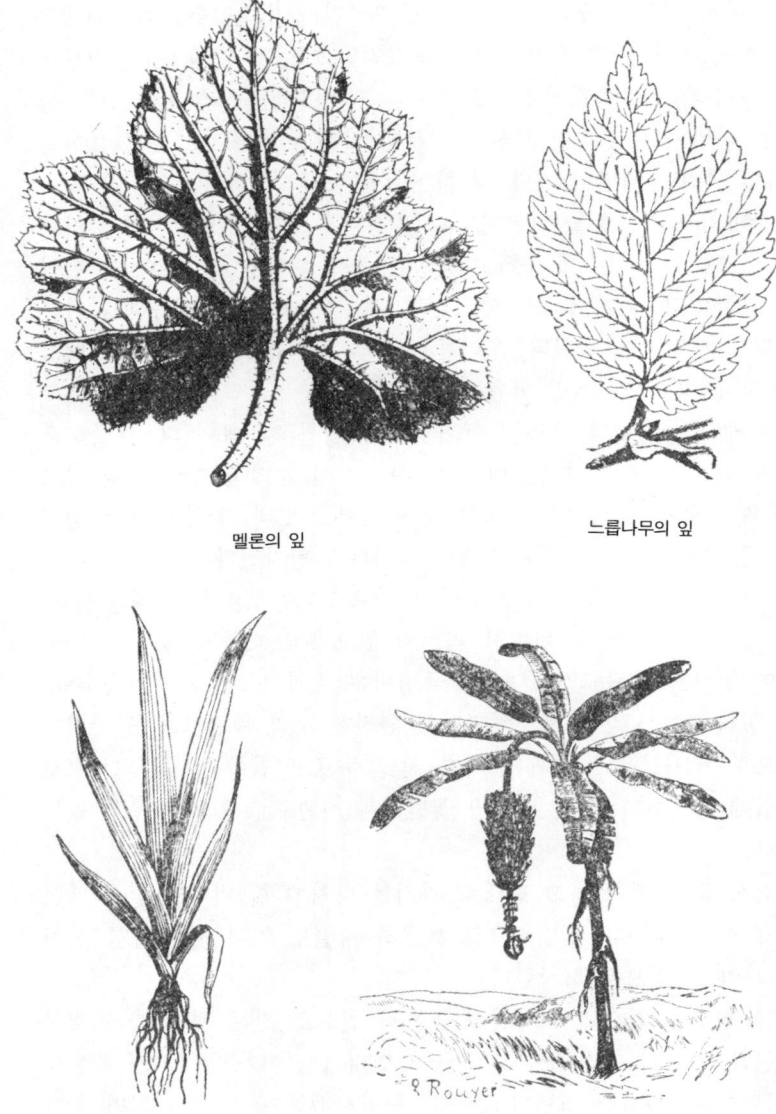

멜론의 잎　　　　　느릅나무의 잎

붓꽃잎　　　　　바나나나무

들면 모두 잊어버린다. 그래서 백합은 끝내 코트 없이 아름다운 패션 모드를 보여준다.

튤립도 수선화도 은방울꽃도 그밖의 여러 꽃에 대해서도 같은 말을 할 수 있다. 이들은 가진 모든 것을 화려하게 옷치장하는 데 써버리고 마는 사치스러운 식물이다. 화관은 있으나 꽃받침은 없다. 인간 중에도 그런 사람이 있다. 남의 눈을 끌기를 좋아하다가 정작 필요한 것을 아끼고는 곤란을 당하는 것이다. 그들의 행운을 빌면서 지나가자. 우리들과 직접 관계가 있는 것은 아니니까. 그러면 잎은 어떨까?

잎은 대개 별로 튼튼하지 못한 세포조직의 얇은 조각(薄片)으로 되어 있다. 하지만 비바람에 대항해야 하기 때문에 그 속에는 섬유와 도관이 그물처럼 짜여져 있다. 튼튼한 받침대로 보강하고 있는 것이다. 이 받침대를 엽맥(葉脈)이라고 한다. 136페이지에 있는 느릅나무와 멜론의 잎을 보자.

그물눈 같은 엽맥에 의해 입사귀가 모두 얼마나 튼튼해졌는지 한 눈으로 알 수 있다. 그래도 이 그물눈은 그림으로는 충분히 나타낼 수 없다. 어떤 레이스도 엽맥의 세밀함을 당할 수 없다. 이 정도의 구조 같으면 느릅나무의 잎이나 멜론의 잎은 태풍을 만나도 끄떡없을 것이다. 섬유의 그물은 조금도 손상되지 않고 잎을 지켜낼 것이다.

그러나 붓꽃이나 바나나의 잎은 그렇지 못하다. 붓꽃의 엽맥은 세로로 평행선을 긋고 있으며 교차되는 일이 없기 때문에 그물눈이 아니다. 바나나 잎의 엽맥은 중앙의 굵은 엽맥 줄기에서 퍼져 나와 서로 교차되는 일 없이 평행으로 뻗어 있기 때문에 역시 그물눈을 이루지 않는다.

치밀한 면에서는 결함이 많다. 저항력을 높이기 위해 그물눈처럼 서로 얽혀서 단결하지 않고 서로 점잖게 거리를 두고 있다. 이래가지고는 조그만 충격에도 잎은 엽맥이 뻗은 방향으로 쪼개질 수밖에 없다.

136페이지의 아래 왼쪽 그림은 붓꽃 잎인데 이것은 아직 어린 잎이다. 앞으로 어떤 풍파를 겪을지 아무도 모른다. 붓꽃 잎 몇 장은 머잖

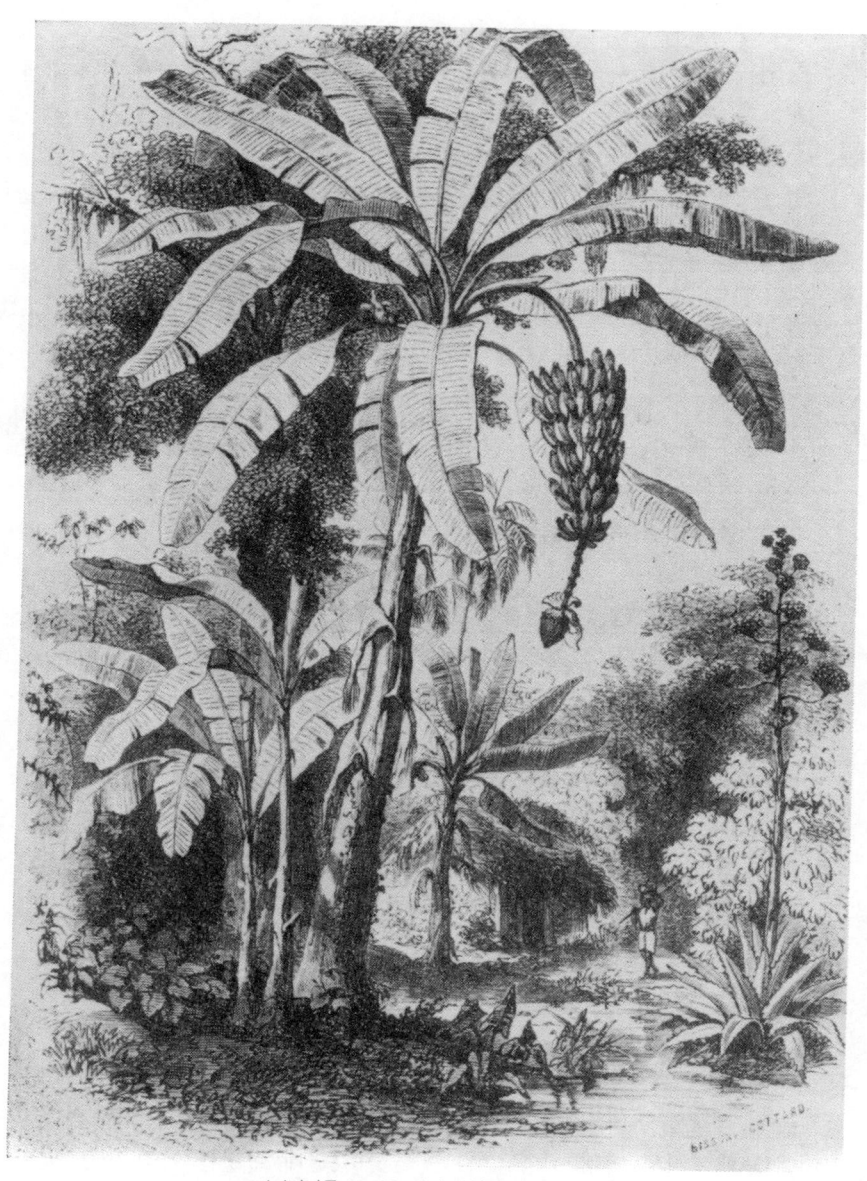

바나나나무   많은 잎이 가엾게도 찢어져 있다

아 태풍과의 싸움에서 큰 상처를 입을 것이 뻔하다. 그게 걱정이다.

바나나 잎은 벌써 재난을 만나고 있다. 상당수의 잎이 가엽게도 옆으로 찢어져 있다. 도무지 주책없는 잎이다. 두 장만 가지면 사람을 머리 끝에서 발 끝까지 감싸는 데 충분할 큰 잎을 가지고 있으면서도 엽맥을 그물 상태로 만들어 저항력을 고루 갖게끔 하지 않고 왜 엽맥을 평행선으로 배치했을까?

그렇게 하지 않아야 할 곳에서 규칙과 질서를 강조했던 것이다. 느릅나무는 그런 짓을 하지 않는다. 바나나, 붓꽃은 자신의 꽃을 꽃받침으로 감싸려 하지도 않고 줄기의 섬유다발을 조직적으로 배치하려고도 하지 않는 기분파 식물에 속한다.

관속식물의 두 그룹은 줄기와 꽃의 구조가 다를 뿐만 아니라 엽맥의 배치에서도 서로 다르다. 한 그룹은 엽맥을 교묘하게 그물눈으로 배치해서 잎을 균등하게 강화하여 어느 방향에서도 갈라지지 않게끔 하고 있다. 그러나 또 한 그룹은 잎이 엽맥이 뻗는 방향으로 쉬 갈라지게끔 서투르게 배치하고 있는 것이다.

쌍떡잎식물과 외떡잎식물

종자는 식물이 만들어내는 걸작이다. 거기에는 씨눈(胚種)이 두꺼운 배냇옷에 싸여 쉬고 있다. 그곳엔 생명이 눈뜨는 날을 맞기 위한 양식이 저축돼 있다. 습성이 그처럼 다른 두 부류의 식물이 각기 타고난 습성에 따라 자기 종자에게 특별한 성격을 주지 않을 리 없다. 양친이 현명하게 살림살이를 꾸려나가는가 낭비하는가는 가족에게 큰 영향을 미친다. 진지하게 생각해볼 문제다.

질서를 존중하는 첫째 부류에 속하는 식물로 아몬드의 열매를 살펴보자. 껍데기를 까고 아몬드를 꺼낸다. 종자는 처음엔 적갈색의 가죽에, 다음엔 더욱 결이 가는 백색 가죽에 싸여 있다. 이 가죽은 요람에

 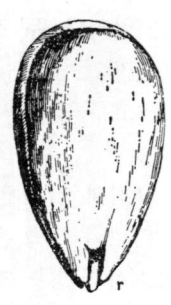 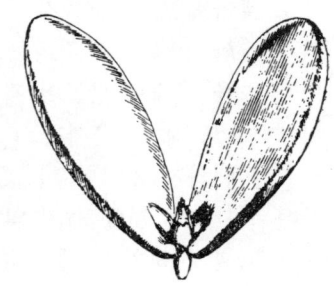

| 아몬드 종자 | 껍질을 벗긴 종자
r이 뿌리가 된다 | 떡잎을 열면 씨를 볼 수 있다 |

서 잠자는 새 싹의 배냇옷이다.

  가죽을 벗기면 새하얗고 단단하며 맛있을 것같은 심이 남는다. 장차 아몬드 나무가 될 종자다. 이 하얀 심은 똑같은 두 쪽으로 나뉜다. 종자의 가늘게 된 맨 끝에는 바깥으로 튀어나온 원추형(圓錘形)의 유두(乳頭)가 있고 안쪽을 향해서는 움트기 시작한 매우 작은 잎이 밀집한 다발(눈의 일종)이 있다. 유두는 뿌리가 되고 안쪽의 다발은 잎으로 자라고 그리고 줄기로 성장한다. 종자의 대부분을 차지하는 두꺼운 두 개의 살덩어리는 어린 식물의 최초의 떡잎이 된다.

  우리는 잎이 새로운 기능에 적응하기 위해 얼마나 슬기롭게 변화하는가를 이미 알고 있다. 수지(樹脂) 또는 풀 같은 물질을 분비하여 견고한 아린을 만듦으로써 눈을 지키는 것도, 그리고 다육질(多肉質)의 아린이 되어 구경(球莖)에서 나온 새 싹을 양육하는 것도 알고 있다.

  그러므로 종자 속의 씨눈이 두껍고, 특별한 모양을 한 최초의 두 장의 떡잎 속에 식량저장소를 지니고 있는 것은 매우 자연스럽다는 것을 알 수 있다. 싹틀 때, 녹말이 풍부한 이 두꺼운 두 장의 잎은 당분과 젖을 증류하여 자기 힘으로 살아나가기에는 아직 어린 새 싹을 양육한다. 말하자면 식물의 유방이다. 젖을 주는 엄마와 아기가 여기서는 일체가 되어 있다.

그런 까닭에 그린피스·강남콩·잠두·도토리 등의 씨눈은 아몬드와 마찬가지로 젖을 주는 두 장의 잎 속에서 자라난다. 그것은 간단하게 확인할 수 있다. 또한 줄기의 섬유가 둥글게 배치돼 있는 식물은 모두 살이 두꺼운 두 장의 잎으로 씨눈을 기르고 있다는 것도 알 수 있다.

이런 식물은 모두 비록 그들이 아주 하등 생명이고 몹시 가난한 식물이라 할지라도 명예를 걸고 자기 새 싹에게 두 명의 유모를 붙이는 것이다. 이 고귀한 종족들은 아무리 작은 종자라 해도 그를 위해 두 장의 유엽(乳葉)을 지니지 않으면 도리에 어긋난다고 생각한다. 바늘 끝에 올라 앉을 만한 작은 종자라 할지라도 마찬가지로 씨눈에 젖을 먹이기 위해 두 명의 유모를 준비하고 있다.

그러나 그렇게 하려면 비용이 많이 드니까 그 준비를 위해 뼈를 깎는 어려움도 감수해야 한다. 참나무·밤나무·개암나무를 보라. 종자에 커다란 유엽을 재공하는 대신 그들은 화관 없이 지낸다. 그래서 그들의 꽃은 조촐한 것이다. 너희들은 아마 그 꽃들을 자세히 본 일이 없을 것이다.

하지만 백합, 튤립같이 줄기의 섬유를 아무렇게나 배치하는 식물은 자기 가족들에게 아주 인색하다. 종자를 위해 단 한 장의 유엽을 준비하고 있을 뿐이다. 그나마 대개는 너무 빈약하다.

만약 신이 없었다면 튤립과 그와 비슷한 식물들은 씨눈이 워낙 시원찮아서 자기의 젖먹이를 제대로 키워내지도 못했을 것이다. 씨눈을 한 장의 유엽으로 기르는 이 그룹의 식물은 두 장으로 기르는 종자의 그룹보다 떨어진다.

자신의 씨눈를 위해 인색한 식물은, 자식을 뒷바라지하는 데 힘을 아끼지 않고 사랑을 듬뿍 주는 식물에게 한 발 물러서서 경의를 표해야 할 것이다. 사물에는 모두 합리적인 일관성이 있다. 이미 줄기・잎・꽃이 우리들을 같은 결론으로 이끌어주고 있음을 알 수 있다.

이들 두 그룹 훨씬 아래에 제3의 그룹이 있다. 같은 종류의 세포만으로 형성돼 있는 식물그룹이다. 곰팡이・말(물 속에 사는 민꽃식물)・버섯 그리고 지의식물은 일체 꽃을 피우지 않고 씨눈을 위해 단 한 명의 유모도 두지 않는다. 워낙 가난하니까 할 수 없는 것이다. 하등 중의 하등인 녀석들이다. 그 씨눈은 유엽 없이, 일체의 저축도 없이 자신의 힘만으로 세상으로 나아간다. 하지만 다행히 몸은 튼튼해서 돌이나 쓰레기 등 다른 놈들은 쳐다 보지도 않는 곳에서 만족하며 살아간다.

오직 세포만의 유기조직으로 되어 있는 이들과 동열에 설 식물이 또 있다. 가령 양치류(羊齒類)가 그것이다. 이런 따위의 식물은 보통의 세포에 섬유와 도관이 있는 경우도 있지만 꽃을 피우는 데 필요한 기술을 가지고 있지 않다. 지의식물이나 버섯처럼 가족을 스파르타식으로 매우 검소하게 키운다. 자신의 씨눈이 유엽의 원조를 받는 것을 거부하는 것이다.

식물계는 이처럼 습성도 체계도 서로 다른 세 개의 그룹으로 나뉜다. 식물의 선조들은 일찍이 세 개의 가지로 갈라졌던 것이다. 그리고 유엽의 수에 따라 갈라진 그룹을 문(門)이라고 부르게 됐다. 자, 이것을 어떻게 표현하면 좋을까?

이제까지 나는 알아듣기 쉬운 말, 너희들이 이해할 수 있는 말로 얘기해왔다. 학문적 표현은 되도록 피해왔다. 그러다 보니 이제 그 벌을 받게 됐다. 단 한 마디로 길이 막혀버린 것이다. 그 유엽을 자엽(子葉=떡잎=코티리든. Cotyledon)이라고 부른다—고 너희들에게 말할 수밖에 없게 된 것이다.

코티리든은 밥공기를 뜻한다. 유모의 역할을 하는 떡잎을 공기라고 부른다니 도무지 돌대가리들이다. 옛날에는 식물학 용어를 만들어내면서 너무 멀리서 사물을 보았던 모양이다. 그 말이 그리스어이거나 라틴어이기만 하면 일반적으로 좀 이상하게 들리더라도 상관이 없었던 것이다. 그러나 이미 늦었다. 할 수 없으니까 오랜 관례에 따라 인정돼 온 그 말을 쓰기로 하겠다.

얘기가 잠시 옆길로 샜다. 본론으로 돌아가자. 식물의 조상들은 당초 세 개의 그룹으로 나뉘어졌다. 그것들은 떡잎의 수에 따라 다음과 같은 이름이 붙었다.

씨눈이 유엽을 갖지 않는 무자엽식물(이끼·양치류·버섯·지의식물 등 처럼 세포로 형성된 식물 전부), 씨눈이 유엽 한 장을 갖는 외떡잎식물(야자·밀·갈대·백합·튤립 등), 씨눈이 유엽 두 장을 갖는 쌍떡잎식물(참나무·아몬드·장미·라일락·아욱·패랭이꽃 등)이다.

희망의 별들아, 새시대가 온다

씨눈의 유엽을 왜 코티리든(자엽)이라고 부르는가? 밥공기와는 어떤 관계가 있는가? 상식으로는 도무지 납득이 가지 않는 말이다. 외떡잎식물은 Mo−no−co−ty−lé−do−né−ae(모노코티레도네), 쌍떡잎식물은 Di−co−ty−lé−do−né−ae(디코티레도네)이다. 마치 음절을 구슬처럼 꿰놓은 것같다. 혓바닥이 잘 안돈다. 그렇지, 이 말은 그리스어에서 나온 것이다.

덕분에 별 것 아닌 사람이 학자다운 위엄을 세울 수 있다. 일반 대중은 이해를 못하기 때문에 과연 높은 학자가 붙인 이름이라고 찬양한다. 하지만 학자선생은 듣기 까다로운 표현만을 찾고 있을 뿐이다.

이런 까다로운 표현 말고 그리스어가 무슨 역할을 한단 말인가? cotyledon(떡잎)은 비교적 부드러운 느낌을 주니까 그런대로 봐주기로 하자. 하지만 Struthiopteris, Trochiscanthes, Tetragonoiobe, Molopos perme, Sarcocapnos, Schizogyne, Opoponax같은 말쯤 되면 어떨까?

이 말들이 북미주 인디안의 함성 소리에서 빌려 온 것이 아니라는 것만은 분명하다. 하지만 어이없게도 이 말들이 사랑스러운 꽃을 다루는 과학에서 쓰이고 있다.

더욱 치명적인 것이 있다. 프랑스에서는 한 사람의 생애 가운데 근 10년 동안을, 그것도 인생의 가장 꽃다운 시기에 어린이들에게 그리스어와 라틴어를 배우게 하는 것이다. 너희들에게 전혀 이해할 수 없는 낱말을 억지로 외우게 하는 것이다. 더구나 너희들이 장래 그런 음절들을 실제로 사용하는 일은 거의 없는 데도 말이다.

데모스테네스와 플라톤, 타키투스와 세네카의 사상의 정수(精髓)로 너희들을 기르기는 하지만, 아버지에게 어떻게 편지를 쓰는지는 전혀 모르는 채 그 아름다운 시절을 끝내버리는 것이다.

왜 아르키비아데스가 자기 사냥개의 꼬리를 잘랐는지, 왜 피타고라스가 잠두에 대해서는 매우 신중했는지, 아가메논 왕이 어느편 손으로 코를 풀었는지……와 같은 것을 학교에서는 가르친다.

하지만 이런 것들을 배우고 있는 사이에도 문명의 진보는 열탕 속의 남비(증기기관차)에 의해 빠르게 운반돼 가고, 벼락이 금속선(피뢰침)에 의해 사방팔방으로 방사(放射)되어 교실의 창앞을 지나가버리고 있다.

그리스어의 증가법(增加法)이나 제2부정과거(不定過去), 라틴어의 목표표시적 동명사 n이나 현재분사 do를 외우는 대신에 그보다 더 중요한 실습을 한다면 진보의 마차는 멈춰버릴 것인가? 신이 만드신 일이 접속법의 형이상학 만큼도 가치가 없다는 말인가? 자연법칙의 중요함이 생략된 que의 해석보다 못하단 말인가?

인생은 이렇게 짧다는데…… 그날그날의 밥벌이를 위해 허둥대며 골치를 썩히고 있는데, 엔간한 사람은 그 고생때문에 기진해 있는 그런 시대에 어린애 같은 문법을 익히는 데 10년씩이나 귀중한 시간을 소비하다니!…… 실속없는 아이디어가 그리스어 한 마디로 장식되는 것도 무리는 아니다. 라틴어 작문의 우등생은 어찌할 수 없는가보다.

사랑하는 아이들아, 희망의 별들아. 신의 도움으로 너희들은 아마

시대에 뒤떨어진 쓸데없는 공부를 하지 않아도 될 것이다. 지평선은 새로운 생각의 광명으로 가득 차 있다. 너희들은 걱정하지 않아도 될 것이다. 나는 그랬지만 너희들은 까다로운 아저씨한테 감독당하는 일이 없을 테니까.

운율사전(韻律辭典) 책갈피에 꽃을 끼워 놓았다고 해서 그 사람은 내게 벌을 주었다. 그건 정말 진저리나는 책이었다. 우리는 그 사전을 사용해서 라틴어 시를 지어야 했다. 아이들의 졸열한 시귀에 뮤즈의 신은 얼굴을 붉혔을 것이다. 하지만 어쨌든 시간이 흘러갔다. 아마도 선생님이 바라던 것은 그것뿐이었을 것이다. 그 선생님은 파란 꽃방망이 한 송이가 그리스어나 라틴어의 운율사전보다 훨씬 더 시정(詩情)으로 가득차 있다는 것을 이해하지 못하는 가엾은 머리를 가진 사람이었다.

너희들은 그런 꼴은 당하지 않을 것이다. 장단단격(長短短格)과 장장격(長長格)의 혼합물 속에서 상식을 단련시키기 위해 가장 꽃다운 시기를 소비하기에는 인생은 너무나 소중하다. 오늘날에는 못가의 돌 위에 2행시가 새겨진다 해서 크게 명성을 떨치지는 못한다. 운율사전은 이미 유행하지 않는다. 사람은 활동적이 되어가고 있으며, 만인의 생존을 존중하는 지적 활동이 고귀한 것으로 되어가고 있다. 조심할지어다.

어린이들이여. 너희들의 시대가 온다. 머리 속에 풍부한 생각을 간직하고 마음속에 동경을 가득 채워 인생의 투쟁에 임하라! 그렇게 하면 운율사전의 어수선한 기억을 쌓아가는 것보다 너희들에게도 다른 사람들에게도 훨씬 유익한 것이 될 것이다. 어쨌든 떡잎은 그리스어에서 왔다. 그것은 우리들의 머리 속에 유모(乳母)를 떠올려줄 생각으로 밥공기라고 했던 것일까?

제 11 장
줄기의 구조

달팽이와 장작의 슬픈 노래
줄기의 속은 어떻게 되어 있나?
외떡잎식물과 쌍떡잎식물의 줄기
창조의 느긋한 발걸음
아교목 양치류가 살던 세계

제 11 장 줄기의 구조

달팽이와 장작의 슬픈 노래

　숯불로 달팽이를 구어 본 일이 있는가? 숯불 위에서 가엾은 동물은 뿔을 내밀다가 뜨거우니까 얼른 움추리지만 다시 절망한 듯 뿔을 내민다. 고통에 못이겨서 몸을 뒤틀고 있는 것이다. 점액의 거품을 내뿜으면서 슬픈 울음소리를 내고 있다. 죽음을 눈 앞에 둔 자의 슬픈 노래이다. 달팽이는 처참한 최후를 슬퍼한다. 진주 같은 천으로 안을 댄 그 아름다운 껍데기에 마지막 이별을 고하고 있는 것이다.
　생나무 장작이 난로불 속에서 울고 있는 것을 들은 적이 있는가? 새빨간 숯불이 나무껍질을 갈라놓고 있지만 나무는 타지 않고 검게 그으른다. '죽기 싫다. 산다는 것은 정말 기분 좋았다'고 연기 속에서 나무는 슬픈 소리를 지르는 것이다. 나무의 죽음의 노래이다.
　달팽이의 궁전과 나무의 목질부(木質部)는 둘 다 대단한 건조물이다. 달팽이 껍데기의 용틀임은 사영기하학(射影幾何學)의 걸작이며 장작 목질부의 세포와 섬유와 도관(導管)의 층은 그 하나 하나가 인내심 강한 자연 예술의 기적이다. 나는 달팽이와 장작의 눈물을 알 수 있다. 하지만 나는 너희들이 이 문제에 무관심한 것도 이해할 수 있다. 너희들은 세세하게는 잘 모르니까. 그래서 장작의 건축에 관해서 내가 알고 있는 것을 얘기해줄까 한다. 달팽이의 궁전 쪽은 훨씬 학술적인 구조물이기 때문에 여기서는 우선 제쳐놓겠다.

쌍떡잎식물(떡잎이 두 개 있는 식물)이 그 줄기를 만들 때의 건축방법은 한 가지뿐이다. 교목(喬木 ; 줄기가 곧고 굵으며 높이 자라고 비교적 위쪽에서 가지가 퍼지는 나무 ― 옮긴이)이든 관목(灌木 ; 主幹이 분명치 않고 밑둥에서 가지가 많이 나는 나무. 진달래・사철나무 등 ― 옮긴이)이든 또는 가는 풀이든 쌍떡잎식물은 모두 재(材)의 섬유를 고리 모양의 띠에 모은다. 다만 일부 1년생 식물, 즉 초본식물(草本植物・풀)은 되도록 쉽게 그리고 빠르게 건축한다. 그 구조물을 한 철만 지탱하면 되기 때문이다.

하지만 그밖의 것, 즉 목본식물(木本植物) 쪽은 비용도 시간도 크게 들인다. 그들은 오랜 시간, 때로는 수세기에 걸쳐서 건축을 계속한다.

나무는 거만하지 않으니까 처음을 어떻게 시작하든 불평 같은 것은 하지 않는다. 가령 참나무는 좋은 목재가 되지만 그 시초는 단순한 초본식물의 줄기와 다를 것이 없다. 따라서 이제부터 내가 초본식물의 줄기에 관해서 말하는 것은 어린 목본식물에도 해당되는 것이다.

초본식물의 줄기는 수액을 가득 머금은 녹색의 세포 덩어리이며 그 속에 섬유와 도관의 다발이 끼어 있고 긴밀한 고리형을 이루고 있다. 이 고리는 광택이 없는 회색이며 쉽게 식별할 수 있다. 여기에서의 주된 건축자재는 모든 것 중 가장 단순하고 가장 창조하기 쉽고 생명 활동을 하는 데 가장 관계가 깊으면서도 가장 명이 짧은 세포이다.

얼마 지나지 않아 소멸할 건물에 사람들은 좋은 석재를 쓰지 않는다. 그보다 값이 헐한 벽돌을 사용한다. 다가오는 겨울에는 말라 죽을 식물도 역시 석재에 해당하는 섬유는 되도록 절약하고 보통 세포를 즐겨 사용한다. 그렇게 하면 더 값싸고 더 빨리 건축할 수 있기 때문이다.

초본식물 줄기의 세포 무리 속에서 두 가지 부분을 볼 수 있다. 질서있는 줄기의 그림을 보자. 목질의 고리 안쪽에 있는 부분을 중심수(中心髓)라고 한다. 이 고리의 바깥쪽에 있으며 줄기의 주변부에 있는 것을 외부수(外部髓)라고 한다. 역시 세포질로 된 띠는 외부수와 중심수를 연결한다. 이것이 방사조직(放射組織)이다.

마지막으로 서로 긴밀하게 겹쳐진 강한 세포의 층, 즉 껍질이 줄기를 둘러싸고 태양의 격렬한 열, 외부의 공기로부터 줄기를 지키고 뿌리에서 빨아 올린 수분이 증발하는 것을 막는다. 이것이 표피(表皮·껍질)라는 것이다. 그림에서는 전체를 둘러싼 검은 선으로 표피가 표시돼 있다.

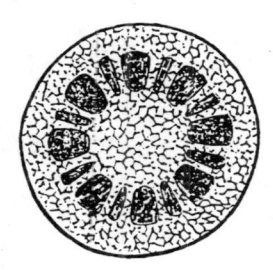

초본식물 줄기의 단면

일부 초본식물에서는 줄기의 건축이 이 단계에서 끝난다. 그러나 여기에서 더 나아가 좀더 수명이 긴 재료를 이용하여 목질의 고리를 완성시키려고 노력하는 것도 있다. 이렇게 해서 최초의 섬유와 도관의 기둥 사이에 새로운 기둥이 만들어진다.

식물은 어느 것이나 우선 위에서 설명한 두 종류의 상태를 거친다. 그리고 가지를 뻗기 시작하는 최초의 해가 끝날 무렵에는 이미 목질이라고 부를 정도의 꽤 많이 지어진 건축물을 갖는다.

줄기의 속은 어떻게 되어 있나?

152페이지의 그림은 실물 크기의 마로니에 줄기의 단면이다. 그 ab의 부분을 현미경으로 확대한 것이 옆에 있다. 이 그림을 보면 첫째 항상 보통의 세포만으로 이루어진 중심수(1)가 있다. 그리고 같은 세포성의 성질을 갖고 있으며 매우 긴밀한 방사조직에 의해 많은 구역으로 나뉘어진 목질부분(木質帶)(3)이 있다. 이 목질부분에는 점점이 굵은 도관(導管)의 구멍이 보인다. 중심수에 이웃한 구역 (2)에는 가도관(假導管)이라 할 수 있는 다른 구멍이 보인다.

줄기가 가도관을 갖는 것은 중심수에 인접한 이곳뿐이다. 껍질에서도 재(材)에서도 다른 어디에서도 볼 수 없다. 1년밖에 안된 이 줄기에서는 목질부는 단 한 곳이지만 그 목질부 바깥에는 끈기있는 액체와 갓 생겨난 세포로 된 얇은 층(4)이 나타난다.

여기에서 제2세대 눈의 움직임이 시작되고 있다. 그것은 아직

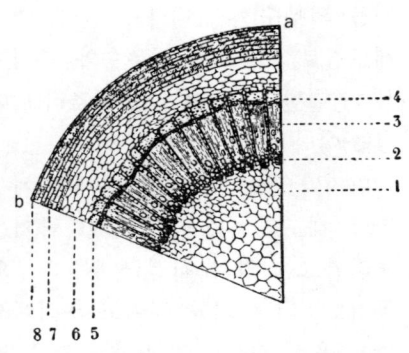

마로니에의 어린 가지의 단면을 확대한 것

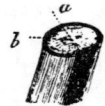

실물 크기의 마로니에의 가지

불완전한 수도(水道)의 윤곽에 불과하다. 잎은 흙과 연결하기 위해 이 수도를 완성해야 한다. 바꿔 말하면 이것은 아래쪽으로 물을 보내는 체(체로 친다고 말할 때의 체)의 관(管)이며 거기서 세포가 형성되는 것이다. 별로 눈을 끌지 않는 존재지만 나무의 목숨은 이 기본 기관들의 끊임없는 작업에 달려 있다.

생성되고 있는 이 재의 층은 특별한 이름으로 부를 만한데 일반적으로 이 부분은 형성층이라고 불린다. 어감은 좋지 않지만 적어도 떡잎의 경우처럼 밥공기를 의미하는 넌센스가 되지는 않았다.

형성층 다음에 나오는 것이 껍질층(皮層)이다. 안에서 바깥을 향해 우선 길고 튼튼한 섬유로 형성된 체부(篩部)라는 층(5)이 있다.

다음에는 초본식물의 줄기에서 보는 것과 비슷한 외부수를 이루는 세포조직의 띠(6)가 있다. 그것이 사부와 목부를 관통하는 방사조직을 통해 중심부와 연락하고 있다.

그 다음이 코르크층인데, 그것은 같은 세포가 모인 갈색을 띤 띠(7)

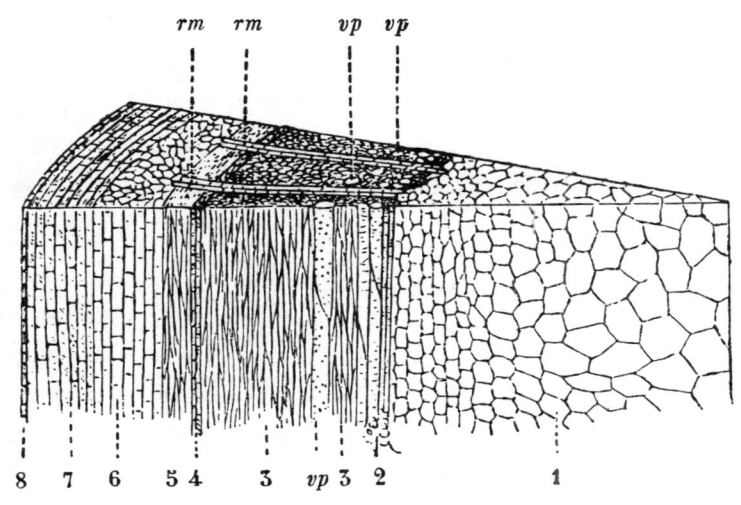

1년생 마로니에의 가지를 수직으로 자른 면

이다. 그리고 마지막이 보호역할을 하는 표피세포 층(8)이다.

이상이 단 한 살 먹은 재가 갖고 있는 재료와 그 층이다. 나무의 집은 대단히 복잡해지기 시작한다. 이런 이름들을 과연 외울 수 있을까? 그 기억을 돕는 조수로서 마로니에 조각을 좀더 확대하여 다른 각도에서 살펴보기로 하자.

위 그림은 수직으로 자른 나무 조각이다. 중심수는 숫자 1로 표시돼 있다. 이것은 불규칙한 커다란 세포로 구성돼 있다. 그 주변에 몇 개의 가도관(2)이 보인다. 그 나선형의 실은 끝이 얼마만큼 열려 있다. 곧이어서 목질대가 시작된다. 점이 있는 표면에 몇 개의 굵은 도관 vp와 많은 섬유(3)를 볼 수 있다. 모두가 줄기의 긴 축을 따라 촘촘히 모여들고 있다.

두 개의 사출조직 rm이 외부수(6)로부터 중심수(1)로 곧장 뻗어서 몇 층인가의 세포를 통해 수(髓)와 연결시킨다. 형성 중인 재의 층인 형성층(4)은 목질 부분의 외곽을 돌고 있다. 다음에 오는 것이 껍질의

제 11 장 줄기의 구조 153

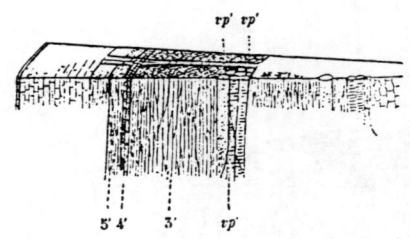
2년생 마로니에 가지　새롭게 형성되고 있다

섬유인 체부(5)이다. 그 옆에 연한 녹색의 세포로 형성된 외부수(外部髓)(6)가 있고 다시 코르크층(7)이 있다. 그 세포는 갈색을 띤 목질이라는 물질로 부풀어 있다. 마지막으로 표피(8)가 전체를 싸고 있다.

이런 것들이 기껏해야 새끼손가락 굵기의 1년짜리 줄기 속에 감추어져 있는 것이다. 그러나 이것 가지고는 아직 '나무'라고 말할 수 없다. 그러면 2년째엔 그리고 그후에는 어떤 일이 일어나는가.

아름다운 계절이 돌아오면 새로운 눈은 전 세대가 만든 재의 건축에 다음 건축물을 첨가하기 위한 작업을 시작한다. 눈은 재와 껍질 사이에 자기들의 가장 순수한 피, 즉 수액을 보낸다.

마치 이 수액이 농축된 것같은 형성층이 생기고 재 쪽에 조금씩 새로운 목질층이 형성되어 그때까지 쌓인 층 위에 겹친다. 껍질 쪽에서는 섬유의 새로운 층이 안쪽으로부터 그전의 체부층(篩部層) 위에 겹친다.

이 작업이 끝나면 재는 오래된 것을 안으로 새로운 것을 밖으로 하여 서로 겹친 두 개의 띠를 갖게 된다. 체부도 또한 오래된 것을 바깥으로 새로운 것을 안으로 하여 섬유의 엷은 층을 갖게 된다.

위 그림은 2년째된 식물의 구조가 어떻게 달라지는가를 보여준다. 그림 속에서 뚜렷하게 그려져 있는 부분은 새로 형성된 것이고 윤곽만 보이는 부분의 오른쪽은 오래된 재에, 왼쪽은 오래된 껍질에 속한다.

새로운 목질층(3´)은 지난해의 층을 따라 만들어진다. 이 그림엔 섬유의 치밀한 축적과 몇 개의 굵은 도관 vp가 보이는데 가도관은 없다. 지금부터 앞으로 생길 층에는 가도관은 나타나지 않을 것이다. 방사조직이 이 새로운 층을 관통한다. 그 하나가 그림에 나와 있다.

사출조직은 한 쪽 끝에서는 외부수와 연결되려 하고 있지만 또 한 쪽에서는 중심수까지 이르지 못하고 낡은 목부에서 머물고 있는 점에 주의하자. 길고 튼튼한 섬유의 얇은 층인 체부는 껍질에 속하지만 제2의 층($5'$)에 의해 더욱 강화됐다. 그리고 형성층의 새 층($4'$)이 껍질과 재 사이에 만들어진다.

다음해에도 같은 작업이 되풀이 된다. 한 쪽으로 재의 띠를, 다른 쪽으로 체부의 얇은 층을 형성하기 위해서이다.

이렇게 해마다 껍질에서는 재에서나 눈에서 만들어지는 액상태(液狀態)의 재료에 의해 새로운 층이 형성된다. 다만 새롭게 첨가되는 층은 재는 바깥으로, 껍질은 안으로, 반대 방향의 두 부분에 배치된다. 해마다 새로운 목질의 덮개로 싸이는 재는 중심부에서는 늙고 표층부(表層部)에서 다시 젊어지는 것이다. 매년 안쪽을 새로운 얇은 층으로 싸는 껍질은 안에서 젊어지고 밖에서 늙는다.

재는 줄기의 심에 보태져 가며 죽은 층을 파묻고 껍질은 바깥으로 낡은 층을 버린다. 그것은 균열이 생기고 거친 얇은 조각이 돼서 떨어진다. 노화는 나무의 표면에서도 중심부에서도 동시에 일어나지만 재와 껍질의 경계에서 생명은 언제나 다음 세대를 형성하기 위해 활동을 계속하고 있다.

외떡잎식물과 쌍떡잎식물의 줄기

외떡잎식물의 줄기에서는 껍질과 재의 뚜렷한 경계선이 없다. 종자에게 단 한 장의 떡잎을 제공하는 큰 나무의 표면에서 경화된 세포와 낡은 잎의 엽각(葉脚)으로 형성된 거친 외피를 자주 볼 수 있다. 그러나 이 보호용 외피는 쌍떡잎식물의 줄기의 껍질에는 훨씬 미치지 못한다. 그것은 쌍떡잎식물의 줄기처럼 복잡한 구조를 갖지 않고, 재에

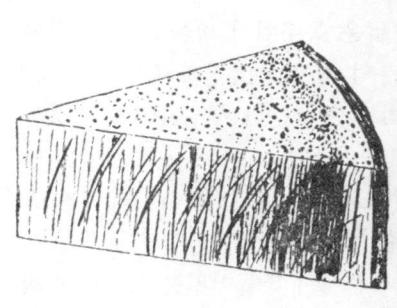

야자나무 줄기의 일부

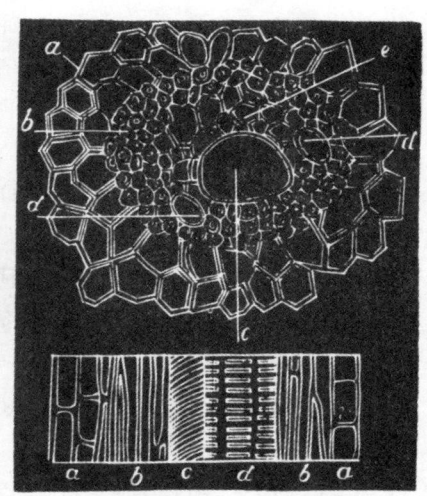

야자나무의 목질부분을 가로로 자른 면과 세로로 자른 면

서 따로 분리되지 않은 채, 재와 일체를 이루고 있다.

프랑스에서는 떡잎이 한 장인 외떡잎식물로서 거목이 되는 식물은 하나도 없다. 거목이 되는 외떡잎식물은 열대에서나 볼 수 있다. 이들과 어느 정도 비슷한 갈대는 프랑스에도 있지만 갈대의 껍질을 원통째 벗기는 일은 너희들도 못할 것이다. 봄이 되면 수양버들이나 라일락의 잔가지에서 너희들은 피리를 만드는 껍질의 원통을 쉽게 뽑아낼 수 있지만 갈대의 재와 껍질은 하나로 되어 있는 것이다. 떡잎이 한 장인 식물은 어느 것이나 모두 같다.

외떡잎식물의 줄기에는 동심원 모양의 목질부가 없다. 그림에 있는 야자나무 조각이 보여주듯이 세포조직 속에 섬유와 도관의 빈약한 다발이 무질서하게 들어 있다. 가로로 자른 면(횡단면)의 검은 점들은 세로로 자른 면(종단면)에서 보면 세포무리 속에 들어 있는 목질의 관속(管束)에 해당된다. 이들 목질의 다발은 줄기의 바깥쪽이 많고 촘촘하게 돼 있는 것에 유의하자. 그 부분에서는 빛깔도 진하게 돼 있다. 재

야자나무

에 색상과 강도를 주는 것이, 이 다발들이다.

야자의 줄기는 바깥쪽 부분에서 딱딱하고 어두운 색을 띠고 있으며 중앙부분에서는 밝은 색상을 띤다. 이것은 중앙이 딱딱하며 색이 짙고, 바깥쪽이 부드럽고 밝은 색을 띠고 있는 쌍떡잎식물의 줄기에서 볼 수 있는 특징과는 정반대이다. 프랑스의 식물과는 무엇이든 반대 입장을 취하고 있다. 야자나무란 정말 괴짜 식물인 것이다.

그런데 건축양식은 전혀 다르지만 원자재는 야자나무 줄기도 다를 것이 없다. 그 목질 원줄기 하나 하나는 가는 골격 속에 쌍떡잎식물의 줄기와 기본기관 모두를 갖고 있다.

156페이지 그림은 극단적으로 확대한 횡단면과 종단면이다. a에는 갖가지 다발에 끼어 있는 세포조직이 조금 보인다. b에는 여러 층으로 벽이 두꺼워진 섬유가 있다. c는 가도관, d는 줄 모양의 도관, e는 유관(乳管)이라고 불리는 특수한 도관이다. 이 도관은 쌍떡잎식물 줄기의 껍질

제 11 장 줄기의 구조 157

속에서만 볼 수 있는 중요한 것인데 나중에 자세하게 설명할 것이다.

요컨대 야자의 줄기를 만드는 데 무수히 필요한 이 관속은 고등식물의 줄기 전체의 생략판으로서 수(髓) 주변의 가도관, 껍질의 유관(乳管), 벽이 탄탄한 섬유, 재의 도관을 동시에 갖고 있다.

믿을 수 없을 만큼 솜씨좋은 사람이 있어 쌍떡잎식물의 줄기, 예컨대 참나무의 줄기를 기관별 요소로 분해해 나갔다고 하자. 재의 섬유, 가도관, 목부의 굵은 도관, 껍질의 유관을 따로따로 분리하고 마지막으로 세포 부분을 이것 저것 한군데로 모아 놓았다고 가정하자.

보통의 세포는 별도로 하고 이들 각 기관에서 조금씩 꺼내어 가지고 긴 실을 만든다. 또 한 가닥 1cm짜리, 1mm짜리라는 식으로 재료가 있는 대로 계속 만든다. 그것이 끝나면 그 실들을 간추려서 기둥모양으로 정리한다. 그것을 굳히기 위한 시멘트 대용으로 따로 떼어 놓았던 세포를 보태서 전체를 굳힌다. 이렇게 작업해 놓으면 참나무 줄기는 야자나무 줄기로 변신하는 것이다.

이 변신은 진보일까 퇴보일까? 분명한 퇴보다. 쌍떡잎식물의 줄기에서는 깨끗하게 뻗은 방사조직, 콤퍼스로 그린 것 같은 동심원의 띠, 세포와 섬유와 도관이 겹쳐 싸여 있는 표층 및 목부의 층들이 참으로 질서 정연하게 기하학적으로 배치돼 있다. 쌍떡잎식물의 이런 줄기는 체제상 모든 것이 어수선하게 뒤섞인 외떡잎식물의 줄기보다 확실히 고등이다.

창조의 느긋한 발걸음

특히 야자나무에서 보듯이 외떡잎식물이 열등한 데는 많은 원인이 있지만 그 하나는 창조가 서서히 진행됐다는 점을 들 수 있을 것이다. 신의 영원한 뜻을 위탁받은 신비의 힘은 여러 세기를 단위로 하여 느린 속도로 생물을 더 완전한 생명체로 이끌어 간다.

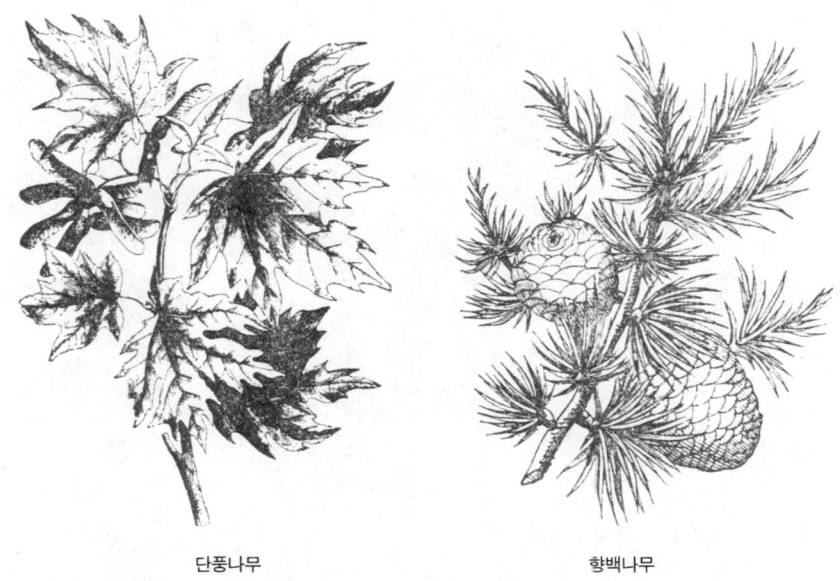

단풍나무   향백나무

지질학에 의하면 고시대의 식물은 물 속에 있는 점액성의 말(藻類; 물속에 사는 민꽃식물의 총칭)류, 바위 위의 가죽 같은 지의류(地衣類)이며 거의 모두가 그 단계에서 진화가 정지돼 있다. 거기에 비로소 생명의 기원이 되는 식물인 세포가 모아져 있었다.

오랜 세월이 흐른 뒤 무자엽식물의 왕족들, 거대한 속새(木賊)류, 목생(木生) 양치류가 나타났다. 다음에 자신의 종자에 떡잎을 붙여줄 줄 아는 식물의 전주(前奏)인 침엽수가 등장했으나 이것은 아직 도관을 제공할 힘을 가지고 있지 못했다.

침엽수, 즉 열매로서는 구과(球果)를 만드는 수지성(樹脂性) 나무(소나무·낙엽송·전나무·삼나무)는 오늘날 걸출한 모습 때문에 사람들의 눈을 끈다. 장중한 피라미드형으로 직립해 있는 것이다.

가지는 수평으로 층을 이루고 잎은 바늘처럼 가늘다. 바람이 불면 풍취있는 솔바람이 가지 사이를 흔든다. 수지가 스며 있는 껍질에서는 송진냄새가 코를 찌른다. 여러가지가 어울려 프랑스의 풍토에서 자라

제 11 장 줄기의 구조 159

지질시대 프랑스의 삼림   지금의 사자보다 덩치가 큰 고양이류와 기괴한 파충류가 살고 있었다

는 나무 중에서는 예외적인 풍취를 자아낸다.

  그러나 새로 창조된 식물 중에서는 한 단계 격이 낮은 장로라 할 수 있다. 다른 시대에 속하는 것이다. 지구상에 최초로 나타난 목질 식물의 후예라고 할 수 있다. 이 태고의 식물은 인류보다 훨씬 이전에 지상을 기묘한 삼림으로 뒤덮고 있었으나 지금은 땅 속 깊이 매몰되어 석탄의 광맥으로 바뀌었다.

  침엽수는 하등식물의 세포에 섬유를 보탰지만 도관을 갖기까지에는 이르지 못했다. 지금도 여전히 오랜 습관에 충실하게 자신의 구조 속에 도관을 받아들이지 않고 있다.

  침엽수 다음에 외떡잎식물이 나타났다. 그 필두가 야자나무다. 그리고 마지막에 느릅나무, 버드나무, 단풍나무 등 고등식물, 즉 쌍떡잎식물이 나타난 것이다.

  오늘날 프랑스라는 아름다운 이름을 갖게 된 지구의 일각에는 일찍이 세 곳에 바다가 만을 이루고 있던 시대가 있었다. 그 지역은 대개 현재의 가론느 강, 세느 강, 모느 강의 유역에 해당된다. 이들 넓은 만 사이에는 커다란 호수와 화산이 많은 땅이 펼쳐져 있었다. 열대성 기후이던 그 시절에는 오늘날 열대지방에서밖에 그 친척을 볼 수 없는 식물들이 무성했다.

  현재 너도밤나무나 참나무의 숲이 차지하고 있는 그 같은 장소에 야자나무가 드높은 줄기 끝에 우아하고 커다란 잎을 바람에 흔들고 있었다. 나무그늘에서 코끼리가 풀을 뜯고 있고, 지금의 사자보다도 덩치가 큰 고양이가 짖어대고 있었다. 호수가에는 기괴한 파충류, 악어, 거북이 등이 미지근한 진흙밭을 커다란 사지로 짓밟고 있었다. 지금도 브라질의 원시림은 이 태고의 식물상을 떠올리게 해준다.

  그럼 그 시절 우리들이 지금 보고 있는 나무들은 어디에 있었나? 아니 인간들 자신은 어디에 있었나? 아직 만들어지지 않은 것, 또는 어느날 만들어질 것들 속에 존재하고 있었다. 천지만물이 끊임없는 흐름이 되어 분출하는 창조의 사고(思考)속에 있었던 것이다.

유럽에는 한파가 닥쳐서 야자와 야자의 동시대 동물들이 살 수 없는 시대가 찾아왔다. 모든 것이 소멸하고 다른 생물들이 나타났다. 이전의 생물보다 더 나은 체제를 가진 신의 보물이었다.

마지막에 나타난 것, 따라서 더 잘 조직된 것이 오늘날의 동식물이며 그 위에 천지창조의 최후에 탄생한 인간이 군림했다.

야자는 태양의 나라 열대로 추방됐는데 프랑스에서는 이 옛 종족의 흔적을 발견하기 위해 과학이 대지를 파내려 가고 있다. 땅 속에는 태고의 식물들이 석탄이나 돌로 모습을 바꾸어 남아 있다. 이 발굴에서 과학은 야자의 잔해가 누워 있는 지층 아래에서 더욱 오래된 색다른 다른 종족을 발굴했다.

침엽수 가운데 섞여 있는 아교목(亞喬木)의 양치류(羊齒類)다.

이 양치류는 아주 옛날 남극에서 북극에 이르는 광범위한 지역에 무성하게 살고 있었는데 지금은 열대 바다에 있는 섬들에 조금 살고 있을 뿐이다.

나무고사리(양치류)

아교목 양치류가 살던 세계

현재 유럽의 양치류는 자란다 해도 기껏 한 개, 대개는 십여cm 의 조촐한 식물이다. 그 줄기는 땅 속을 기는 짧은 뿌리가 돼 버렸으나 열대의 섬에서는 야자나무와 맞먹는 거목이 된다. 그 줄기는 15~20m까지 꼿꼿이 자라고 꼭대기에는 멋진 줄 모양의 잎이 커다란 술을 늘어뜨리고 있다. 술의 중심부에는 어린 잎이

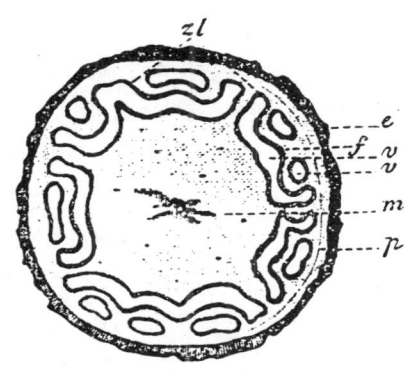

나무고사리의 줄기를 가로로 자른 면

소용돌이 모양으로 웅크리고 있다. 이것은 모든 양치류의 공통된 특징이다.

지상 최초의 목질식물의 대표인 이 식물에게서 특별한 체제를 볼 수 있는 것은 당연하다. 사실 아교목인 양치류의 줄기는 식물계가 통상의 체제로 가리키는 것과는 많이 어긋난다.

그림은 그런 줄기의 단면을 보여준다. 줄기의 대부분을 이루는 세포무리 m 가운데 검은 테두리를 하고 하얀 그림을 그리면서 구불구불 뒤틀려 있는 목질의 다발 zl이 끼어 있다. 이 다발의 하얀 부분 v는 도관의 퇴적이며 검은 부분은 검은 물질이 스며 있는 섬유층이다. p 부분도 세포조직인데 목부에 여기저기 불규칙하게 생긴 균열에 의해 중심부의 세포조직과 연락한다.

마지막으로 c는 껍질을 대신하는 딱딱한 외피다. 이것은 줄기가 자라남에 따라 떨어지는 낡은 엽각(葉脚)으로 형성된다. 프랑스의 양치류의 밑둥에서도 이 진귀한 체제 비슷한 것이 관찰된다. 보통 양치류의 밑둥이 오랜 귀족의 씨라는 것을 과시하듯 그 검은 색을 띤 목질의 다발로 커다란 쌍두 독수리의 문장을 새겨 놓고 있다.

야자 이전에 아교목의 양치류는 바닷물이 빠지고 육지가 넓어져 마침내 프랑스가 되는 일부의 땅에서 특히 무성했다. 새들도 재잘거리지 않고 네 발 짐승의 발소리도 들을 수 없었던 어두운 숲의 대부분을 이 양치류가 차지하고 있었던 것이다. 육지에는 아직 아무도 살고 있지 않았다. 오직 바다만이 그 물결 사이로 몸의 반은 물고기, 반은 파충류인, 옆구리가 비늘대신 에나멜질의 작은 조각으로 뒤덮인 괴물을 살게 하고 있었다. 대기는 호흡하기도 어려웠을 것이다. 거기에는 훗날 석탄이 된 대량의 탄소가 독가스 상태로 녹아 있었기 때문이다.

그러나 아교목인 양치류는 동시대의 다른 식물들과 함께 노력해서 육지를 정화(淨化)하고 생물이 살 수 있는 곳으로 만들었다. 그것들은 공기 중에 융해된 탄소를 추출해서 자신들의 잎과 줄기에 저장했다. 늙어 시들어지면 다음 세대에게, 또 그 다음 세대에게 장소를 물려주고 물려받은 자는 다시 그 조용한 숲 속에서 쉬지 않고 대지를 건강하게 하는 대작업을 수행했다.

공기가 마침내 완전히 정화되었을 무렵 목생 양치류는 멸종했다. 지구에 대변혁이 생겨 그 잔해는 지하에 묻혀 석탄층이 됐지만 거기에서는 지금도 양치류의 잎과 줄기가 원형 그대로 발굴되고 있다.

양치류라는 씩씩한 종족을 찬양하자. 그 헤아릴 수 없는 세대(世代)가 생물이 호흡할 수 있는 대기를 만들고 지하에는 인류의 부(富)가 된 석탄을 만들었던 것이다.

제 12 장
나무껍질

나무의 옷
코르크나무가 가르쳐 준 교훈
유액(乳液)의 신비
나무의 속옷

제 12 장 나무껍질

나무의 옷

　표피는 나무껍질의 가장 바깥층이며 나란히 붙어 있는 세포가 만드는 단 한 겹의 투명하고 얇은 막이다. 일시적인 것이기 때문에 어린 줄기이기만 하면 어느 줄기에나 반드시 붙어 있다. 그러나 줄기가 굵어지면 표피에 균열이 생겨 떨어져버린다. 다시 만들어지는 일은 없다. 무척 부드러워서 어린 줄기를 감싸는 어린이옷으로는 매우 적합하지만 관목은 자신이 자라서 튼튼하게 되면 이 어린이옷을 업신여기고 벗어 던지고는 좀더 튼튼한 천으로 몸을 감는다. 새로운 살갗을 만들고 청년복으로 갈아 입는 것은 관목으로서 대단히 기쁜 일일 것이다.
　처음으로 반바지를 입던 날 그처럼 즐거워하던 아이들도 어른이 될 무렵에는 그때의 감동을 잊어버린다. 어떤 나무는 청년복으로 제2층째의 껍질, 즉 수벨린(코르크질) 커버로 줄기를 싼다. 우리가 흔히 병마개로 쓰는 코르크도 이 수벨린 커버의 일종이다.
　수벨린이라는 이름은 코르크를 의미하는 라틴어에서 유래했는데 그 감이 거칠지 않다고는 할 수 없다. 하지만 의복을 고를 때 빼놓을 수 없는 조건은 더위와 추위, 볕과 비에 견뎌야 한다는 것이다. 우리들은 위생적인 점보다 모양에 더 관심을 두기 쉽지만 그건 썩 좋은 일이 아니다. 나무는 그런 어리석은 짓은 하지 않는다. 프란넬 대신 코르크를 채택한 자들은 착용감이 매우 좋기 때문에 누구도 그것을 벗으려 하지 않는다. 다만 제각기 기질에 따라 코르크로 마치 갑옷 같은 것을 만들어내는 나무도 있고 그냥 커버를 만드는 데 그치는 나무도 있다.

코르크의 옷도 우리들의 옷과 마찬가지로 영구히 입지는 못한다. 몸에 착 달라붙는 저고리이기 때문에 더욱 그렇다. 코르크의 저고리는 줄기의 허리를 꽉 졸라 매고 있다. 우리들이 몸에 꽉 죄는 옷을 계속 입고 있으면 어떻게 될까? 몸이 커지면서 꿰맨 데가 터지고 마침내 옷이 조각조각 날 것이다. 마찬가지로 나무가 굵어지면 그 코르크의 외피는 터지고 줄기에 달라붙어 있던 저고리는 상처투성이가 될 것이다. 그러나 그 넝마 속에는 이미 새로운 옷이 준비되어 있다.

나무는 부지런한 일꾼이다. 세포를 만들어내고 헐어버린 층을 새롭게 만들어내기 위해 있는 힘을 다한다. 이렇게 해서 나무는 안쪽을 새롭게 꾸미고 바깥에는 헌 옷을 걸친다. 악천후에 내맡기는 것은 거칠고 튼튼한 천이지만 직접 몸에 닿는 안감으로는 금세 짜낸 결이 고운 천을 남겨둔다.

우리들과는 다르다. 우리들은 겉에는 값비싼 천을 써서 먼지와 비바람에 더렵혀지게 하고는 안감은 싸구려 천을 댄다. 생각컨대 나무 쪽이 훨씬 더 합리적이다. 나무는 자기 자신을 위해 옷을 입고 사람들은 오히려 남을 위해 단장한다. 우리들에게는 남의 눈이 더 중요한 것이다. 징그러운 벌레가 토해내는 실로 짠 비단옷을 입고, 미련한 양이 남긴 모직옷을 입고 다니는 것이 그렇게 으스댈 만한 일인가?

모든 나무에서 볼 수 있는 수벨린 커버는 보통의 코르크와 같은 종류이며 보통 코르크처럼 해면체의 조직, 갈색을 띤 세포로 되어 있다. 그러나 병마개를 만드는 코르크는 코르크 참나무라고 하는 특수한 참나무의 산물이다. 그것은 언제나 잎이 무성한 아름다운 나무이며 지중해 지역에서 자라지만 북한계선은 더 북쪽이다. 특히 피레네 산맥의 일부, 그리고 주로 북아프리카의 알제리에서 볼 수 있다.

코르크 참나무는 코르크의 두꺼운 껍질 때문에 다른 참나무 종류와 쉽게 구별할 수 있다. 프랑스의 더 추운 지방에서도 느릅나무의 변종으로 코르크 마개로 쓸 만한 코르크질 껍질을 갖는 것이 있다. 그 가지는 통통한 층 때문에 겉모습이 달라질 정도지만 그래도 코르크 참나무에 비하면 매우 빈약하다.

코르크 참나무의 코르크는 정말 훌륭한 겉옷이며 고급 프란넬이다. 그 두께는 몇cm나 된다. 그것은 탄력이 있고 부드럽다. 병약한 사람이 걸치는 두꺼운 망토와 같다. 그렇지만 나무 자체는 추위를 탈 뿐 병자는 아니다.

그러나 인간은 참나무가 프란넬 망토를 걸치고 가만히 있도록 내버려두지 않는다. 어느날 줄기 안쪽에 빙 둘러 칼자욱을 내었다. 그 아래쪽에도 또 하나 그리고 양쪽을 연결해서 새로운 칼자욱을 내고는 코르크 외피를 고스란히 한 장 벗겨냈다. 껍질의 중심층이 손상되지 않는 한 피부를 빼앗긴 가엾은 나무는 살아 남는다. 그리고 다시 새로운 코르크 망토를 만든다. 그러나 몇해 뒤에는 그것도 빼앗길 것이다.

코르크 병마개는 코르크 참나무에서 벗겨낸 가죽을 조그맣게 토막내고 칼로 깍아서 만든다. 코르크는 마개로서 아주 요긴하다. 마개로 사용할 만한 물질이 없기 때문이다. 나무는 천 그르는 법을 우리들보다 더 잘 알고 있으며 추위와 습기로부터 몸을 보호하는 방법에 대해 우리에게 매우 유익한 정보를 준다. 다음 두 가지 예를 보면 알 수 있다.

코르크 나무가 가르쳐 준 지혜

구두가 질퍽질퍽한 것만큼 불쾌하게 하는 것도 드물 것이다. 그것을 방지하기 위해서는 어떻게 하는가? 나무를 본받기로 한다. 코르크의 얇은 조각을 구두바닥에 넣는 것이 한 예이다.

배가 북극의 거친 바다에서 겨울을 난다. 지구의 역사에 관해 무언가 새로운 것을 밝혀내겠다는 숭고한 정신이 이 무서운 지역으로 배를 이끌게 하는 것이다. 그곳의 바다는 온통 얼음판이며 밤이 몇 달간 계속된다. 여러분은 이 음울한 나라가 얼마나 추운지 들은 적이 있는가?

한 발자욱만 밖으로 나가도 내뿜는 숨이 콧구멍 둘레에 서리처럼 얼어 붙고 눈물이 눈꺼풀에서 얼어 붙어버린다. 북풍은 가죽 채찍처럼 얼굴을 때리고 피부는 터서 갈라진다. 살갗은 창백하게 되어 감각을 잃는다. 얼음에 갇힌 배 속에서 선원들은 이 가혹한 추위에서 몸을 지켜내기 위해 어떻게 하는가? 나무의 권고를 따르는 것이다. 즉, 선체 내벽에 코르크의 두꺼운 층을 붙이는 것이다. 이것이 두번째 예이다.

코르크의 의복은 매우 위생적이지만 모든 나무가 그 코르크 외피를 두껍게 해서 몸에 맞는 옷을 만들 수 있는 것은 아니다. 그뿐 아니라 많은 나무들은 표피를 잃듯이 일찍부터 그 외피를 잃는다. 그래서 좀더 안쪽의 피부를 이리저리 이용해서 코르크의 유사품을 만들어보려고 궁리한다. 그것은 악천후를 어느 정도라도 견디는 해면질의 커버이기만 해도 괜찮다.

표피는 너무 일찍 떨어져나가기 때문에 고려하지 않아도 되지만 껍질은 표피 이외에 코르크의 외피, 세포의 외피, 체부를 가지고 있다. 식물의 종류마다 제각기 활발하게 작업해서 각 층을 증식한다. 개중에는 일이 더딘 자도 있고 게을러서 쉬어버리는 자도 있지만.

이렇게 나무의 바깥 의복을 위해 두세 종류의 천이 준비된다. 코르크의 외피가 자기 세포를 늘리기 위해 열심히 노력하면 그 나무는 진짜 코르크를 몸에 걸치게 된다. 그러나 만일 코르크의 외피가 내부를 지키는 작업을 그만두면 밑에 있는 층이 팽창해서 그 외피는 밖으로 밀려나 머지않아 소멸한다. 그래서 세포층이 바깥쪽에 있는 갈색으로 굳은 세포로 가짜 코르크를 만든다.

이 코르크는 벼처럼 두꺼운 판으로 평평하게 쌓은 것도 있고 어떤 나무처럼 매년 갱신하는 얇은 층밖에 되지 못하는 것도 있다.

그리고 참나무나 보리수처럼 체부와 세포의 외피가 함께 껍질을 제조하는 나무도 있다. 체부가 그 섬유 다발을 조직의 날실로 공급하고 외피가 세포층의 씨실을 제공한다. 이 공동작업으로 복합의복이 생기고 사용되지 않는 부분은 세포와 섬유가 섞인 거친 인편이 되어 줄기에서 떨어져나간다. 이것이야말로 나이를 세기 단위로 셀 만한 나무에 어울리는 간소하고 튼튼한 의복이다. 몇 백 살의 노인은 기운이 넘치는 젊은이와는 취미가 다른 것이다.

껍질의 각 층 가운데서 보통 제일 활기있는 것은 외피로 되어 있는 세포층이다. 이 세포층은 건조하고 거치른 외부층이 아니라 적어도 항상 녹색의 액을 머금고 있는 내부층 속에서 작업을 진행한다. 수액은 그 해면 모양의 조직 부분을 충분히 적신다. 가지는 잎 안에서 준비한 것을 그 속으로 보내는데 거기서 마지막 마무리가 이루어져 여러가지 물질이 된다. 이것이 나무의 대 작업실이다.

잎과 함께 식물의 공장이며 그곳에 집결한 재료가 새로운 특질을 갖추고 다시 나가는 살아 있는 공장이다. 이 공장에서 연락로가 두터운 줄기 속으로 들어간다. 연락로는 목질층과 산물(産物)을 교환하고 그 산물을 껍질로 날라다 껍질의 힘찬 활동에 참가시킨다. 이것이 방사조직인데 전체가 세포에서 생긴 거친 조직이기 때문에 액체가 침투하기 쉽다.

방사조직은 모두 껍질 세포의 외피에서 출발하지만 모두가 줄기의 중심까지 도달하는 것이 아니고 대부분은 바깥의 목질대에서 머물고 일부분만이 중심까지 들어간다. 또한 재의 중심이 가까워질수록 이 조직은 엉성해진다. 이런 분포는 매우 합리적이다.

산업이 번창한 도시의 교통망은 한가로운 시골보다 종횡으로 발달돼 있어야 한다. 마찬가지로 바깥쪽의 생동하는 목질띠에서는 껍질에 산물을 나르고 그것과 교환하여 많은 산물을 새로 받아들이기 위해 많은 연락로가 필요하다. 이에 반해 활기가 없고 죽음이 가까운 중앙띠에서는 손질이 변변치 않은 작은 길이 몇 개 있으면 족한 것이다.

갖가지 방사조직이 있지만 장소에 따라 액이 흐르는 모양은 다르다.

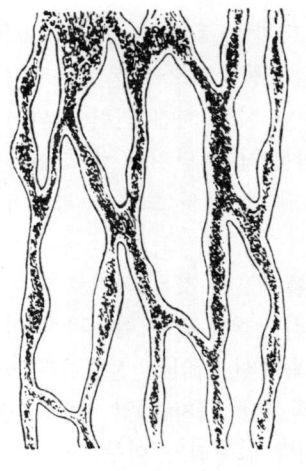

애기똥풀의 유관

껍질 부근은 재질이 부드러워 액을 쉽게 통과시키지만 재 속으로 들어갈수록 막혀버리고 굳어간다. 이것은 도시 근교에서는 소통상태가 양호하지만 활동 중심부에서 떨어져 사람의 발길이 뜸해지면 자연히 길이 거칠어져서 급기야는 통행도 할 수 없는 형편이 되는 것과 마찬가지다.

유액(乳液)의 신비

외피의 세포층은 재와 껍질 사이의 연락로가 만나는 곳으로서 역할하는 데 그치지 않는다. 그곳은 또한 식물의 약품이 제조되고 보관되는 제약공장 구실도 한다. 그 약품이란 식물의 종류에 따라 다른 특수한 물질로 의학, 미술, 산업에 매우 유용한 것이다. 몇가지 예를 들어보면 육계(肉桂)나무는 외피 속에서 껍질의 방향(芳香)을 반죽해서 계피(한약재)를 만들고, 키나나무는 말라리아의 특효약인 키니네를 조제하고, 참나무는 염료의 자료나 가죽을 무두질하는 데 쓰는 떫디떫은 물질인 타닌을 만드는 데 이용된다.

이러한 약품을 조제하는 데는 특별한 장치가 필요하다. 특수한 모양을 한 유관(乳管)이라는 파이프다. 유관은 껍질 속 세포의 외피와 체부가 붙어 있는 부분에 있으며 모양도 내용도 우리들이 이미 알고 있는 도관과는 다르다. 유관은 서로 통하지 않는 곧은 관이 아니고 동물의 혈관처럼 여러 가닥으로 갈라져서 끝과 끝이 서로 연결되어 모든 관들이 서로 통하는 불규칙한 그물 모양을 하고 있다.

보통 도관은 재의 일부이며 뿌리가 땅에서 빨아올린 액을 끌어올리는 역할을 한다. 유관 쪽은 눈이 만든, 재와 껍질 사이를 위에서 아래로 내려가는 하강액(下降液), 말하자면 식물의 혈액을 빨아올린다. 그래서 유관에는 대개 젖과 같은 액이 차 있다.

이 액이 유액(乳液)이라는 것이다. 식물은 그 종류마다 독특한 성질의 유액을 갖기 때문에 유액을 일명 고유액이라고도 한다. 비누공장에서 사용하는 재료는 설탕정제공장에서 쓰는 재료와 같지 않다. 맥주양조장의 통에는 염색공장의 통과 다른 액체가 들어 있다. 식물도 그 종류마다, 즉 그 업종에 따라 껍질공방 창고에 특성이 다른 유액을 준비하고 있는 것이다.

무화과나무, 양귀비, 민들레, 대극 등의 유액은 우유처럼 흰색이며, 애기똥풀의 유액은 붉은 빛을 띤 황색이다. 애기똥풀은 헌 건물이나 낡은 담장에 나며 메스꺼운 냄새를 풍기는 잡초다. 맛있는 우유처럼 보이는 고유액에 현혹되는 사람은 곤경에 빠지기도 한다. 이름은 유액이지만 대개는 무서운 독극물 성분을 포함하고 있다. 대극의 액에는 부식성이 있어서 혀로 핥으면 입 속이 타고 입술이 부르튼다.

무화과나무의 유액은 자극성이어서 혓바닥은 물론 민감한 사람은 손가락까지 아픔을 느낀다. 양귀비의 액에는 아편이 들어 있다. 잘 알려져 있듯이 아편은 무서운 약이다. 작은 양으로 사람을 잠들게 하고 다량을 사용하면 죽기까지 한다. 이런 액들은 독을 다루는 솜씨가 뛰어난 식물이 수액의 독성을 수집한 것이다. 이와 같이 대부분의 유액은 유독성이지만 멋지게 변신하면 경우에 따라서 좋은 건강식품도 된다.

남 아메리카에는 소(牛)나무라는 것이 있다. 사람들은 이 나무에서 우유를 짜듯이 젖을 짜낸다. 이것은 영락없는 우유이며, 크림이나 버터처럼 영양이 풍부하고 맛도 좋다. 다만 짜는 방법이 좀 난폭하다. 식물 젖소의 피를 빨아내기 위해 혈관, 즉 나무 껍질을 칼로 도려내는 것이다.

끊어진 유관에서 하얀 액이 대량으로 흘러 나온다. 이것이 젖(유액)인데 겉모습이나 맛, 영양 모두 보통의 우유와 거의 같다. 그 칼자욱에 입을 대고 이 유액을 빨아 먹고 싶지? 좋지. 크림이 그득한 우유만큼이나 맛있다. 하지만 프랑스에서는 식물의 흰 액은 많든 적든 독성이 있다는 것만은 잊지 말라.

유액에 보통 함유되어 있는 물질은 탄성 고무다. 연필 지우개로 사용하는 딱딱한 것이 아니라 녹아 있는 상태의 고무다. 용해된 고무를 함유한 유액은 끈끈하다. 공기에 닿으면 그 고무액은 탄력 있는 고체가 된다. 프랑스의 대극류 특히 지중해 연안에서 자생하는 커다란 것이 그 예이다. 그 고무액을 분비하는 나무가 있다.

동남아지방 특히 자바 섬에 많은 고무나무가 그렇다. 이 나무의 줄기에 같은 간격으로 칼자욱을 내서 고무액을 채취하는데 너무 대량으로 채취해서는 안된다. 그러면 나무가 약해지기 때문이다. 그러므로 겨울철이 바람직하다. 봄에서 여름까지 나무가 그 소모량을 회복할 수 있기 때문이다.

상처에서 흘러 나온 액은 처음에는 묽지만 곧 굳어져서 크림 상태가 되고 마침내는 응고돼서 탄성 고무가 된다. 액이 흐르고 있는 동안 밥공기 모양의 그릇를 받쳐 두면 액이 고이는 대로 굳고 자꾸 겹치는 대로 엉겨붙어 밥공기 모양의 두꺼운 탄성 고무 덩어리가 된다. 이것으로 작업이 끝난다.

고무액은 나무의 도관에 있을 때는 액체 상태다. 소량의 물이 고무를 용액 상태로 있게 하는 것이다. 그러나 한번 밖으로 나오면 자연히 응고해서 굳으며 일단 굳으면 물로는 녹지 않는다. 열탕에 넣고 끓여도 녹일 수 없다.

우리 과학의 힘으로는 고무를 불 속에서 녹이는 것은 불가능하다. 더 강력한 액, 가령 소나무 껍질에서 채취되는 테레빈 유라는 약품을 사용해야 한다. 기구(氣球)의 타프타에는 기구를 부풀리는 가스가 새지 않도록 하기 위해 탄성 고무의 니스를 칠하는데, 그 경우에도 고무를 그렇게 녹인다.

  그럼 고무나무는 자신의 고무를 어떻게 몇 방울의 물 속에 녹여 두는가? 그 방법에 대해서는 아직 확실히 밝혀져 있지 않다. 이것을 밝히는 연구자는 대단히 유능한 사람일 것이다. 나구의 과학에 우리는 매우 압도당하고 있다. 우리들은 온갖 수단을 다 동원하는데 나무는 녹이기 어려운 물질을 아무렇지도 않은 듯이 액화하고 있다.

  나무는 흙과 공기 속에서 취한 별로 특별할 것도 없는 물과 가스를 사용해서 자기가 편리한 대로 향이나 냄새를, 먹을 수 있는 것과 없는 것을, 영양있는 액과 독성액을 대수롭지 않게 만들어낸다. 인간들은 자신의 학식을 크게 뽐내며 학식에 의해 한 인간이 시대의 선각자가 되고 한 민족이 다른 민족을 제압하기도 하지만 그들의 자랑거리인 학식은 볼품없는 풀 한 잎의 간단한 처방을 아는 것만으로도 몇 갑절 풍부해질 것이다.

나무의 속옷

  나무 바깥쪽의 성근 의복을 보아오다가 그 옷감 속에 약품창고가 있는 것을 발견했다. 껍질은 그 주머니 속에 향수제조공, 염색기술자, 약사, 가죽공, 화학자, 그리고 그밖에 여러 직업에 유용한 물자들을 간직하고 있다. 껍질이란 참 별난 의복이다. 그런데 우리들은 아직 안쪽 옷감을 연구하지 않았다. 껍질의 고급 내복, 즉 체부를 말한다.

  남의 눈에 띄지 않는 이 부분을 치장하기 위혀 나무는 직조 기술의 정수를 투입하고 있다. 외부는 성글고 투박한 코트로 충분하지만 내부에는 고급 레이스가 필요하기 때문이다.

  사실 체부는 다발로 된 가는 실 형태의 섬유로 되어 있고 그 다발이 모였다 흩어졌다 하며 껍질의 이 층을 끝에서 끝으로 달리면서 방사조직의 그물눈을 그린다.

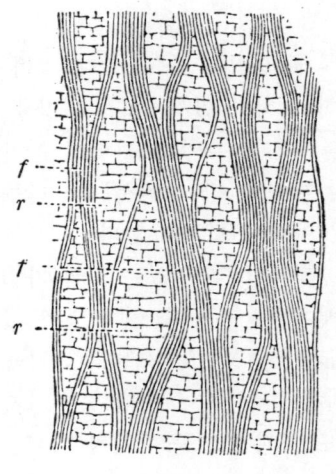
마로니에 목부의 섬유

그림은 마로니에 나무의 레이스다. f는 잘 정돈된 섬유이고 r은 방사조직으로 재 안에 세포의 칸막이를 한다. 이 레이스가 정말 훌륭하다고는 말하지 않겠다. 실이 고르지 못하고 짜임새도 불규칙하다. 사람이 짠 것에 훨씬 못미친다. 그러나 잊어서는 안될 일은 마로니에가 까마득한 시조 때부터 그대로 이 기능을 이어왔다는 사실이다. 따라서 태고의 옛날부터 레이스로 치장하는 법을 알고 있었다.

그런데 프랑스인의 조상 켈트족은 나무막대기 끝에 돌멩이를 매달고 그것을 짐승의 창자로 붙들어맨 그런 무기를 가지고 전쟁에 나가서 싸움에 이겼다고 기뻐했던 것이다. 이런 형편없던 시절에 마로니에는 확실히 사람보다 훌륭한 직조기술자였다. 다만 우리들은 약한 것을 강하게 만드는 방법, 완전에 이를 수 있는 가능성을 갖추고 있었지만 식물은 태고의 기술을 그대로 답습하고만 있었기 때문에 인간의 직조기술이 그들을 앞질러버렸던 것이다.

해마다 하강액 덕분에 체부는 레이스를 한 장 더 만들어서는 안쪽에다 끼어 입는다. 그 때문에 껍질의 이 부분에는 한 장 한 장 벗겨낼 수 있는 조직이 생겼다. 따라서 체부의 껍질을 세어보면 그 나무의 나이를 알 수 있다. 그러나 보통 그 껍질은 세기 어려울 정도로 얇고 치밀하다.

체부의 섬유는 길고, 부드럽고, 강하다. 이런 성질 때문에 이용하기가 쉽다. 우리는 식물의 잔해로 몸을 감싸고 식물이 쓰다 버린 천으로 치장을 하고 있다. 어떤 종류의 껍질을 사용할까 망설이기도 한다. 아마의 천을 걸친 귀부인은 삼베를 입은 노동자와는 인종이 다르다고 생각하고 있다. 그러시지 말고 아무쪼록 악수를 하세요. 교만도 부러움도 다 잊어버려야 합니다. 별볼일없는 껍질의 종류가 그렇게 대단합니까?

백마상포(白麻上布), 사(紗), 레이스 등 사치스러운 직물은 아마의 껍질에서 만든 섬유로 짠 것이다. 좀더 튼튼한 천은 대마에서 나오는 섬유로 만든다. 솜을 원료로 하는 직물은 그냥 지나가기로 하자. 방적계의 선구자인 목화는 그 원료를 체부가 아니라 열매에서 공급하기 때문이다.

아마는 키가 후리후리한 1년생 식물로 옅은 푸른 빛이 도는 조그만 꽃을 피운다. 중앙아시아의 고원이 원산지인데 북부 프랑스·벨기에·네덜란드 등지에서도 널리 재배되고 있다. 아마는 인간이 최초로 의류에 사용한 식물이다. 이집트의 미이라는 30, 40세기 전부터 땅 속에 묻혀 있는데 아마의 천으로 몸을 두르고 있다. 아마의 섬유는 대단히 가늘어서 방수차에 30g의 실을 걸면 5천 미터의 실이 나온다. 아마의 섬세함과 겨룰 수 있는 실은 거미줄밖에 없을 것이다.

대마와 아마는 다 크면 베어서 씨앗을 분리한다. 다음 작업은 침지(浸漬;물 속에 담그는 것)인데 체부의 섬유를 재에서 벗겨내기 쉽게 하기 위한 것이다. 이들 섬유는 줄기에 달라붙어 있고 더구나 섬유끼리 대단히 저항이 강한 고무질의 물질로 응집돼 있기 때문에 이 물질을 썩혀서 파괴하지 않는 한 섬유는 한 가닥 한 가닥 떼어낼 수 없다. 침지는 더러 밭에서도 이루어진다. 이 경우는 식물을 밭에 널고 실다발이 목질 부분, 즉 삼대궁에서 떨어질 때까지 40일간 가끔씩 뒤집어 엎어 놓는다.

더욱 빠른 방법은 다발로 묶은 삼대궁을 물 속에 담가 두는 것이다. 이렇게 하면 얼마후 발효하여 심한 악취를 풍기게 된다. 표피는 썩고 특별히 저항력이 강한 섬유만 자유를 얻는다. 그리고 다발을 건조시키고 대궁을 가늘게 부셔서 실을 골라내기 위해 삼빗이라는 연장의 이빨로 뭉갠다. 마지막에 실다발에서 목질의 찌꺼기를 걸러 내고 다시 가는 실로 나누기 위해 커다란 빗과 같은 가래로 훑는다. 그 다음에 섬유는 손이나 기계로 뽑는다. 만들어진 실이 베틀을 거쳐 직조되면 공정이 끝난다. 식물의 의복은 그 주인을 바꾼 것이다. 대마의 껍질은 마포(삼베)가 되고 아마는 값비싸고 화려한 레이스가 된다.

제 13 장
줄기의 모양(1)

식물의 건축
먹는 자와 먹히는 자의 순환

제 13 장 줄기의 모양(1)

식물의 건축

　줄기의 내부구조는 식물에 따라 별 차이가 없다. 식물 건축의 세 가지 기본 방식에 대해서는 이미 설명했다. 목질의 원통을 겹쳐놓은 것 같은 모양으로 건조하는 쌍떡잎나무의 방식, 세포무리 속에 무질서하게 섬유의 지주(支柱)를 세우는 야자나무 방식, 섬유와 도관이 이상하게 구불구불 굽은 성벽으로 세포의 기둥을 둘러싸는 교목성 양치류의 방식 세 가지다. 세 가지 모두 섬유와 도관은 줄기의 길이 방향을 따라 모여 있으며 절대로 가로로 널려 있지는 않다.

　이유는 분명하다. 실의 다발을 생각해보자. 세로로 되어 있으면 간단하게 나뉘어진다. 서로 붙어 있는 실을 떼어 놓으면 된다. 그러나 가로로 자르려면 실을 떼어 놓는 것이 아니라 실 자체를 끊어야 하기 때문에 심한 충격을 가할 필요가 있다. 마찬가지로 줄기도 목질의 다발이 세로로 뻗어 있기 때문에 세로 방향으로는 비교적 쉽게 갈라지지만 가로로는 저항이 커 도끼로 찍어서 자를 수밖에 없다. 장작을 팰 때 도끼질을 해도 세로로는 쪼개지지만 가로로는 쪼개지지 않는다.

　줄기가 이와 같이 섬유를 간추리는 것은 대단히 현명한 일이다. 바람이 옆으로 들이치면 줄기는 가로의 저항으로 대항한다. 바람이 위에서 아래로 불어 오는 경우는 거의 없기 때문에 세로의 저항은 별로 필요치 않은 것이다.

줄기의 내부구조는 형태상 별 차이가 없다. 튼튼하게 하기 위한 섬유와 도관의 배치는 어느 줄기나 비슷하다. 그러나 외형적으로 줄기의 형태는 매우 다르다. 이 장에서는 쌍떡잎식물부터 줄기의 주된 형태를 살펴보기로 한다.

장엄한 모습과 당당한 골격을 가지고 있기 때문에 줄기는 식물계의 거인의 품격을 띠고 있다. 우락부락하고 커다란 가지를 가진 나무 그늘에 서면 도도하고 힘찬 모습에 장엄한 인상을 받는다. 그 줄기는 밑둥에서 위로 올라가면서 가늘어진다. 큰 가지 작은 가지로 갈라지며 멋있게 뻗어 있다. 해마다 새로운 눈(芽)에 의해 자라나는 가지는 어디까지 뻗어갈 것인가? 그것을 보기 전에 옛날 얘기를 하나 들어보자.

옛날 인도에 임금님이 한 분 있었는데 하루하루를 매우 무료하게 지냈다. 이 임금님의 무료함을 달래기 위해 이슬람의 승려 한 사람이 장기를 발명했다. 너희들이 이 게임을 알고 있을까? 아마 모를 게다. 그래 설명해 주겠다.

장기판 눈 위에 한 편은 흰 말, 한 편은 검정 말을 배치한다. 이 말은 보병, 어릿광대, 기사, 탑(塔), 여왕, 왕으로 나뉘는데 강약의 차이가 있다. 싸움이 시작된다. 언제나 그렇듯이 보병은 숙명적으로 초전의 영예와 타격을 맡아야 하기 때문에 우선 흑백의 보병끼리 전초전을 시작한다. 그리고 용감하게 전쟁터에서 쓰러진다. 왕은 직접 전투에는 참가하지 않고 멀리 뒷전에서 보병들이 전멸하는 것을 보고 있다.

다음에는 기사들이 검을 휘두르며 공격을 시작한다. 어릿광대도 그 능력 나름으로 곧잘 분전하고, 돌아다닐 수 있는 탑은 부대의 측면방어를 위해 여기저기 뛰어다닌다. 승부가 났다. 검은 편의 여왕이 포로가 된 것이다. 왕은 탑을 잃었다. 기사와 어릿광대가 왕을 도망시키려고 온갖 수단을 다 써봤으나 마침내 굴복하고 왕은 포위된다. 패배다.

전투를 모방한 이 지략 게임은 지루해 하던 왕을 크게 기쁘게 했다. 왕은 승려에게 어떻게 보답해야겠냐고 물어봤다. 그 승려는 다음과 같이 말했다.

"신자의 빛인 마마. 이 가난한 중은 조그만 것으로 만족하겠습니다. 장기판의 첫째 눈에 보리 한 알을, 두 번째 눈에 두 알, 세 번째 눈에 세 알 하는 식으로 64번째 눈까지 곱한 만큼의 보리를 주십시오. 그것으로 충분합니다. 그 정도면 귀여운 비둘기들이 며칠간 배불리 먹을 수 있을 것입니다."

왕은 참 별난 중이라고 생각했을 것이다. 큰 상을 내리려고 했는데 겨우 보리 몇 알이라니. 그래서 왕은 대신을 불러서 1천 재키의 금화 10포대와 보리 10포대를 그에게 주라, 아마 그가 원하는 보리의 백 배는 될 거라고 일렀다. 그랬더니 이슬람 중이 말했다.

"신자의 지령자인 마마여. 저의 푸른 비둘기에게 소용없는 금화는 도로 거두시고 제가 원하는 보리를 갖고 싶습니다."

"알겠다. 그럼 보리 10포대를 100포대로 해서 주겠다."

"정의의 태양이신 마마, 그것으론 충분치 않습니다."

"그럼 1천 포대다." "그래도 충분하지 않습니다."

왕의 측근들은 64번 제곱한 보리가 1천 개의 포대 속에 들어가지 않는다는 이슬람 승려의 이상한 주장에 놀라서 수군거렸다. 초조해진 왕은 학자를 불러서 그 자리에서 이슬람 승려가 요구한 보리알을 계산하게 했다. 이슬람 승려는 턱수염을 쓰다듬으며 한구석에 앉아 학자들의 계산이 끝나는 것을 기다렸다. 학자들의 계산이 끝나고 그 우두머리가 일어섰다.

"최고사령관인 폐하, 수학이 판정을 내렸습니다. 이슬람 승려의 요망을 충족시킬 보리는 폐하의 곡물창고에는 없습니다. 이 왕국에도 세계 어디에도 없습니다. 그 정도의 보리라면 바다와 육지를 메우고 이 지구 전체를 2cm 두께로 덮을 수 있을 것입니다."

왕은 입술을 깨물며 분개했으나 그런 보리를 구할 도리가 없어 그 승려를 재상으로 임명했다. 그 교활한 승려는 바로 그것을 노렸던 것이다.

수가 아주 적은 것이라도 자꾸만 제곱을 해가면 눈덩어리가 불어나듯 커져서 옴쭉달싹할 수 없을 만큼의 양이 돼버린다. 인도의 학자들이 한 그 계산을 너희들이 해서 64번을 제곱해 봐라. 도중에 던져버리지 않는다면 20자리라는 천문학적 숫자가 나올 것이다.

이 수학의 데이타를 나무의 가지치기(分枝) 법칙에 적용해 보면 어떻게 될까? 하나의 가지는 10, 15, 20이라는 식으로 눈을 틔우는데, 낮게 잡아서 한 해에 눈 두 개를 틔운다고 가정하자. 어미 줄기는 눈을 두 개 붙이고 다음 해에는 그 눈이 새 가지가 돼서 다시 두 개씩의 눈을 붙인다. 그 결과 3년째에는 새로 생긴 가지가 4개, 4년째에는 8개, 5년째에는 16개가 된다. 이렇게 배가해 나간다. 계산을 계속할 필요가 없다. 이 식대로 나무가 가지치기를 계속하면 어떻게 되는가는 이슬람 승려의 보리가 이미 가르쳐주었다. 한 세기가 채 지나기 전에 이 나무는 지구 전체를 덮어버릴 것이다.

따라서 나무의 번식은 강력한 제약에 의해 적당한 한도로 유지돼야 한다. 그것이 죽음이다. 죽음은 삶과 협력해서 생물의 균형을 꾀하고, 변화없는 늙고 쇠약해진 방해자를 질서, 다양성, 활력으로 대체한다. 많은 눈이 생겨나지만 살아 남는 자는 극소수다.

추위에 얼고 바람에 떨어지고 특히 동물에게 해를 입어 죽는다. 송충이는 먹어야 산다. 당연하다. 그리고 눈은 무참히도 그 희생자가 된다. 그러나 십자매도 먹어야 산다. 그 십자매에게 먹혀 송충이는 죽는다. 숲속의 뱀도 먹어야 산다. 십자매의 새끼는 그 뱀에게 잡아 먹힌다. 소리개는 그 뱀을 날카로운 발톱으로 찢어 죽인다. 그 소리개도 무엇인가의 먹이가 된다.

먹는 자와 먹히는 자의 순환

이 먹이사슬의 순환에서 식물은 최초의 희생자가 된다. 그리고 순환

어디에나 먹어야만 하는 자가 있다

은 다시 되풀이 된다. 자연은 자연의 물질에서 영양을 취한다. 끊임없이 생겨나는 생명은 끊임없는 죽음에서 생겨난다. 그러나 생물 세계의 이 대향연에서 먹는 자는 극소수다. 먹히는 자가 대다수인 것이다. 이것이 자연의 섭리이다. 자연은 한 생명을 유지하기 위해 10만의 삶을 만들어내지만 그중에서 많은 것이 죽어간다.

소수의 눈만이 살아 남는다. 그러나 장해는 아직도 남아 있다. 살아 남은 눈은 송충이의 이빨을 피하고 얼어죽지 않는 것만으로 끝나지 않는다. 다음에는 동포와의 비정한 생존경쟁에서 이겨야 하는 것이다. 가혹한 시련에서 단련된 종족이 퇴화하는 일이 없듯이 이 경쟁에서 강자는 약자를 고사시킨다.

윤리에 의해 고상해진 인간, 지성에 의해서가 아니라 마음에 의해 위대해진 인간만이 전(全) 생물계에서 불우한 이웃을 동정하고 약한 이웃을 도울 줄 안다. 우리들의 최대의 장점이며 신이 인정하는 숭고한 특전이다. 그 밖에는 어느 곳에서나 투쟁은 무자비하게 이루어진다. 약자는 죽어야 한다. 눈을 틔운 장소가 나빠서 때가 돌아왔을 때 자신의 수액을 만들지 못하고 햇볕을 쬐지 못하는 눈은 불행하다. 이 불쌍한 눈은 굶주리고 다른 자에게 압박받아 식물공동체에서 도태된다.

피해를 모면한 눈에 의해 줄기는 가지를 뻗는다. 종에 따라서 가지의 모양은 다르다. 참나무와 보리자 나무는 그 가지를 녹색의 돔형으로 배치하며 수양버들은 그 긴 가지를 머리털처럼 늘어뜨리고 방백나무와 포플라는 하늘을 향해 가지를 뻗고 전나무는 층층으로 수평하게 가지를 뻗는다.

적절한 한도를 지키기 위해서 줄기는 해마다 가족 중에서 상당수를 잃어야 한다. 또한 활력이 충만한 눈을 단 한 개만 다는 줄기도 있다. 이 눈은 한 집안의 외아들이어서 아무래도 과잉보호받기 쉽다. 줄기는 이 외아들에게 모든 수액을 준다. 외아들을 위해서만 사는 것이다. 이 유일한 어린 눈을 슬하에 두기 위해 온갖 세심한 주의를 기울인다.

이 눈은 나무의 희망인 것이다. 이것이 없어지면 나무는 말라 죽는다. 송충이가 다가올 것이다. 그러나 이 눈은 송충이를 별로 겁내지 않는다. 탄탄한 가시가 달린 견고한 커다란 잎이 요새가 되어 먹보인 동물로부터 눈을 지켜주기 때문이다. 조금 물린다 해도 대단치 않다. 이 눈은 뚱뚱보인 것이다.

포플라나 목성 양치류처럼 눈 하나로 높이 뻗는 줄기(幹)를 직립경(直立莖)이라고 부른다. 이 유형의 줄기는 가지가 갈라지지 않는다. 맨 끝에 붙어 있는 뚱뚱한 눈이 가지를 뻗지 않고 해마다 줄기를 뻗어간다.

직립경은 키가 훤칠하고 탄력성이 뛰어난 점이 특징이다. 직립경은 아래 위의 굵기가 거의 같으며 커다란 잎의 술을 갓처럼 머리에 이고 있어 그 모습은 정말로 우아하다. 술 중심에 단 한 개의 눈이 들어 앉는다.

한편 대부분의 외떡잎식물은 꽃에게 놀라울 정도로 사치를 시키지만 줄기에는 단 한 개의 눈을 달고 있다. 꽃의 대가족을 부양하기 위해 낭비가 지나치기 때문일까? 그 줄기도 자기 계통의 우두머리인 야자를 닮아서 단순한 모양을 취한다. 가지나누기를 하는 외떡잎식물도 일반적으로 매우 신중하게 가지를 늘인다. 그러나 줄기가 굵어져서 큰 재목이 되는 예는 드물다.

다음 페이지의 그림은 외떡잎식물의 줄기가 가지치기하는 모습이다. 판다누스(판다나무)의 줄기인데 이 나무는 야자수와 같이 성장한다. 야자수는 가지치기하지 않는 단순한 줄기를 갖고 있다. 이 두 종류의 식물이 열대 바다의 산호 폴립으로 만들어진 꽃의 섬, 산호초의 최초의 침입자이다.

섬유질이 꽉차고 탄탄한 갑옷(껍데기)을 입어 바다물의 소금기로부터 보호받은 종자가 가까운 섬에서 산호의 모래단으로 된 이 새로운 토지에 표류해 와서 눈을 틔운 것이다. 다른 어떤 식물도 이 토양에는 정착하기 어려울 것이다. 이 혜택받은 개척자들은 잎을 푸른 하늘에 펄럭이고 뿌리는 조수의 물결에 씻기면서 작업을 시작한다. 그래서 섬은 동물이 살 수 있게 되고 이윽고 인간이 등장한다.

우리들의 빵이 되는 식물, 밀은 줄기 끝에 무거운 이삭을 영글게 한다. 수확기에 흙 속의 오물이 열매에 묻지 않도록 줄기는 꽤 길다. 이웃에 폐를 끼치지 않고 이웃에 빽빽이 열매를 맺기 위해서는 가늘지만 열매의 무게를 지탱하고 바람에 꺾이지 않을 정도의 탄탄하고 탄력있는 줄기가 필요하다. 이 귀중한 자질이 갖춰질 수 있었던 것은 밀짚이 특수한 모양을 하고 있었기 때문이다. 즉, 밀은 줄기 속을 채우지 않고 비어 놓았던 것이다.

새는 날 때 날개로 공기를 찬다. 공중에서 키의 역할을 하는 날개는 그 무게 때문에 나는 데 지장이 없도록 매우 가볍다. 그러나 힘차게 날개 짓을 해서 공기의 저항을 무시하고 나는 힘을 얻기 위해서는 그 날개가 살 속에 단단하게 박혀 있어야 한다. 일견 모순되는 이 두 가지 필요조건을 새는 어떻게 통일시키는가? 밀의 줄기를 본받아 날개

판다누스

쭉지의 속을 비우고 둥글게 한다.

　동물의 둥글고 속이 비어 있는 뼈는 모두 밀의 줄기를 모델로 해서 구성되어 있다. 다리뼈, 날개, 정강이뼈, 걷기, 쥐기, 기어오르기, 뛰기, 헤엄치기 위한 뼈들이 모두 그렇다. 가벼우면서도 저항력이 있고 경제적인 구조이면서 또한 튼튼하게 뼈는 둥글고 속이 빈 형태를 취하고 있다.

　근대 과학과 산업이 만들어 낸 상자형 철교는 기관차의 발명자 로버트 스티븐슨의 천재에 힘입은 것이다. 리베트로 연결한 철판으로 거대한 들보를 만들고 직사각형 통을 만든 것인데, 열차가 하천을 건너기 위해 그 속을 달리는 것이다. 가론느 강, 에로 강, 타르느 강, 모우 강에는 상자형 철교가 세워져 있다.

　영국 서해안의 메나이 해협에는 4백 60m의 해협에 상자형 철교가 걸려 있다. 5백50만 kg의 상자형 들보 두 개로 되어 있는데 그것만으로 철도 2차선분이 된다. 서로 1백 40m의 거리를 유지하는 세 개의 교각이 밀물의 최고수위를 30m 웃도는 높이로 양쪽 기슭에 걸려 있는 다리를 충분히 지탱하고 있다.

　어마어마한 쇠로 된 이 들보가 공중에서 평행을 유지할 수 있도록 해주는 힘, 1백 40m라는 엄청난 가교임에도 불구하고 그 관속을 열차가 굉음을 울리며 질주해도 다리가 휘지 않도록 하는 그 힘은 무엇일까? 이것 역시 원통의 힘인 것이다. 속이 빈 들보는 속이 빈 밀 줄기, 속이 빈 새의 날개, 속이 빈 동물 뼈가 대단한 저항력을 갖는 것과 마찬가지로 다리를 지탱한다. 스티븐슨은 그의 고안 가운데 가장 대담한 이 구조의 힌트를 밀짚에서 얻은 것이다.

　이 역학의 문제에 관해서 한두 마디 더 하겠다.

　우리가 꼭 10kg의 쇠덩이를 가지고 있다고 하자. 이것을 가로 방향으로 저항력이 가장 큰 1m 길이의 줄기로 만드는 것이다.

　우선 금속의 줄기를 어떤 모양으로 하는가가 문제다. 삼각형이나 원형이냐 직사각형이냐? 학자들의 계산에 따르면 저항력이 가장 강한 것은 원형이다.
 다음은 속을 비울 것인가 채울 것인가? 같은 계산으로는 속이 비어 있어야 한다. 속이 비어야 줄기가 굽어서 끊어지는 데 대해 가장 강한 저항력을 갖기 때문이다. 즉, 특정한 양의 물질은 원형이고 속이 빈 것이 가장 잘 절단되지 않는다.
 외떡잎식물의 서툰 방식을 보면서 이제까지 여러번 실망했지만 이 수학의 법칙을 알고서는 이 식물을 다시 평가하려고 한다.

제 14 장
줄기의 모양(2)

갈대는 왜 참나무의 충고를 받아들이지 않나?
덩굴식물의 배신
마모트의 편법을 써 볼까?

제 14 장 줄기의 모양(2)

갈대는 왜 참나무의 충고를 받아들이지 않나?

"나는 당신만큼 바람이 무섭지 않아. 꺾이지 않도록 몸을 구부리니까."

어느날 돌풍으로 뿌리째 뽑힐 뻔한 거만한 참나무를 보고 갈대가 말했다. 하지만 불어제끼는 태풍 속에서 어떻게 몸을 지탱하는지 갈대는 가르쳐주지 않았다.

말하지 않은 이유를 나는 알 것 같다. 머리가 굳어버린 도도한 참나무에게는 갈대의 설명이 전혀 이해되지 않았을 것이다. 갈대의 천재적 방법쯤 참나무에게는 관심도 없으니까. 무지한 대로 당당하고 중후하게 해만 거듭하면 되는 것이다. 자기 줄기에 힘차고 거친 장대함을 주고 있지만 예술의 고귀한 장중함 같은 것을 참나무는 생각지도 않는다.

그러나 갈대 쪽은 탄탄한 경영을 해야 한다. 늪은 대단히 가난한 곳이다. 갈대는 주어진 재료를 현명하고 신중하게 분배한다. 아무리 사소한 부분이라도 허술하게 배치해서는 안된다. 필요는 기교의 어머니다. 그럼 갈대의 기교는 어떤 것일까?

스티븐슨의 상자형 철교처럼 갈대도 밀의 줄기에서 착상을 얻는다. 경험적 과학 법칙에 따라 속이 빈 줄기를 만드는 것이다. 태풍으로부

사탕수수

터 지켜주겠다는 참나무의 제안을 이 솜씨 뛰어난 풀이 거절했다고 해서 너희들은 이제 놀라지 않을 것이다. 적은 경비로 줄기를 만들 수 있고 더구나 갈대처럼 몸이 가벼운 자에게 부담스러운 보호가 필요할까? 뚱뚱보 호박이나 사탕무우라면 몰라도 갈대로서는 참나무의 그늘을 택해 못가의 신선한 공기를 단념할 필요는 결코 없는 것이다.

빈약한 자원으로 걸맞는 지위를 차지하기 위해 많은 식물들은 속이 빈 줄기를 이용하고 있다. 알곡류, 갈대류, 대나무류, 건초용 풀 등이 그렇고 초원, 초지 등 지상의 융단이 되는 수많은 잡초들이 그렇다. 그리고 벼과의 집안 식물 모두가 기꺼이 밀의 경제적 기교를 채용해서 짚이라고 불리는 속이 빈 줄기를 만들었다. 짚은 그 나름의 기술에 의해서 줄기 내부를 비게 했을 뿐만 아니라 엽초로 둘러싼 매듭을 만들어 줄기를 일정한 간격으로 보강하고 있다.

그뿐 아니라 짚에는 끝에서 끝까지 줄기를 튼튼하게 지탱해주면서 쉽게 썩는 것을 막아주는 광물질이 들어 있다. 짚은 차돌의 성분인 규소에 의해 훌륭히 마무리되어 있는 것이다. 열대지방의 벼과 식물 중에는 규소의 함유량이 많아 부싯돌처럼 짚에서 불꽃이 튀는 것도 있다. 개중에는 빈 속에 수(髓)를 채우고 있는 짚도 있다. 옥수수, 사탕수수, 기장 같은 것이 그 예인데, 물론 그 때문에 강도가 손상되는 일은 절대로 없다.

벼과의 과학적인 건축기술을 다른 외떡잎식물들이 무관심하게 보고 있지는 않다. 사실 밀짚을 본받으면 위신이 서지 않을 야자나무까지 중심부는 무시하고 둘레를 강화한다는 대원칙을 밀짚으로부터 빌어다 쓰고 있다.

이 줄기들은 매듭으로 보강하든가 규소로 굳히든가 하지는 않지만 적어도 바깥은 언제나 목질 섬유를 쌓아 좀더 탄탄하게 하고 있다. 그리고 중심부는 비우든가 저항력이 약한 세포조직으로 채우고 있다. 이것은 이미 야자나무에서 우리가 보아 온 바이지만 모든 외떡잎식물에서 정도의 차이는 있어도 발견할 수 있다.

요컨대 외부를 강화하고 중심부를 돌보지 않는다는 것이 외떡잎식물 줄기의 불변의 법칙인 것이다. 엄격한 논리성을 갖는 법칙, 고등역학의 원리에 적합한 법칙이다.

그런데 쌍떡잎식물은 이 부분에 대해 무지하며 어리석게도 나무의 중심은 탄탄하고 바깥쪽은 약하게 만들어 놓았다. 한 번쯤은 쌍떡잎식물의 잘못을 지적해도 좋을 것이다. 지금까지는 쌍떡잎식물의 좋은 점만을 보아온 것 같다.

줄기가 소원해 마지않는 것은 햇볕을 마음껏 쬐기 위해 하늘을 향해 뻗어 올라가는 것이다. 잎은 이슬보다는 햇볕을 더 갈망하고 있기 때문이다. 분재한 식물을 방안에 두면 조금씩 창쪽으로 몸을 기울인다. 볕을 보기 위해서 몸을 비틀기까지 한다. 빛이 없으면 죽고 만다. 필사적으로 햇빛을 향해 누렇게 떠가는 줄기를 얼마큼 뻗치지만 마침내 지쳐서 시들어버린다. 하늘을 우러른다는 것은 식물에게 크나큰 기쁨이다. 그 때문에 줄기는 대기 속에 자신이 설 자리를 발견하기 위해 모든 수단을 다한다.

보통은 자신의 힘으로 뻗어가지만 더러는 남의 도움이 없으면 뻗어가지 못하는 줄기도 있다. 덩굴성 줄기라고 불리는 것은 염치불구하고 다른 나무에 기대서 뻗는다.

가령 남아메리카 대륙의 숲 속에 있는 가지에서 가지로 뻗어가는 덩굴식물은 복잡한 그물눈을 만들어서 나무들을 연결한다. 이 그물을 타

브라질 삼림의 살인 덩굴식물

고 원숭이나 고양이족이 나무 끝으로 뛰어 오르기도 하고 옆의 나무로 옮겨가기도 한다. 거기까지는 좋은 얘기다.

그런데 불행한 일로는 덩굴줄기가 자기의 버팀대 역할을 해준 나무에게 그 친절을 원수로 갚는 일이 있다. 브라질 숲 속의 살인 덩굴식물에 관한 다음과 같은 얘기가 있다.

덩굴식물의 배신

여기 자랑스럽게 뿌리를 뻗고 있는 아름다운 나무가 있다. 그 줄기는 기둥처럼 단정하고 높이가 20~30m나 된다. 그 바로 옆에서 덩굴식물 하나가 자기를 지탱해줄 힘이 없는, 공중에 뜬 조그만 뿌리 위에서 떨고 있다. 힘이 다해서 자신의 힘으로는 그 이상 올라가지 못한다. 볕을 쬐고 싶은 일념으로 덩굴은 죽마(竹馬)를 이용할 궁리를 한다.

그는 옆의 거목에게 다가가서 그 가지에 팔을 걸면서 제발 부탁한다고 간청한다. 숲의 그늘에서 벗어나려고 하니 조금만 도와달라고 애원한다. 약한 자에게 베푸는 것이 강자의 의무라고 생각한 나무는 두말 않고 승낙한다. 덩굴은 고마워서 이 너그러운 이웃을 포옹한다.

줄기를 납작하게 하고 관(管)을 반원으로 휘게 하여 나무에 밀착시킨다. 그리고는 한 쪽 덩굴은 왼쪽으로, 한 쪽은 오른쪽으로 돌려 마치 나무를 조이는 식으로 해서 줄기를 끌어안는다. 나무는 이해관계를 따지지 않고 호의를 베푼 것이다.

진짜 선행은 그래야 하는 것이다. 이해타산만 따졌다면 곤궁에 빠진 덩굴의 간청을 거절했을 것이다. 이 나무가 어떤 곤란을 맞게 되는가는 잠시 뒤 알게 된다. 덩굴에게 악의가 있었다면 덩굴은 자신의 띠를 힘껏 조이면 된다. 마음 착한 나무는 교살되었을 것이다. 그런 혐의는 두지 말자. 여태까지 조그만 덩굴식물은 아주 조신했었으니까. 이웃을 불쾌하게 할 정도로 조이는 경우는 없었던 것이다.

시계꽃　　　　　　　송악

　나무에 건 꺾쇠를 타고 덩굴은 성장했다. 그 다음 조금 위에서 또 새로운 감사의 포옹, 즉 제2의 꺾쇠를 줄기에 박고 이어서 덩굴을 휘감았다. 이 포옹은 일정한 거리를 두고 되풀이되어 마침내 나무는 뿌리서부터 나무 끝까지 자기가 보호해준 덩굴의 팔에 휘감기게 된다. 그리고 덩굴줄기는 자신의 등반을 끝낸다. 포옹한 자와 포옹당한 자, 둘은 나무 끝에서 사이좋게 서로 얼싸안는다. 마치 두 형태의 잎과 두 종류의 꽃을 가진 한 나무처럼 보인다.
　그런데 덩굴식물은 곧 벼락출세를 한 자의 근성을 보이기 시작한다. 볕이 닿는 부분이 좁다고 생각하는 것이다. 그리고 볕들 장소를 늘리기 위해 땅에서 나무 끝까지 자신을 올라가게 해준 상대를 질식시키려는 책략을 꾸민다. 여태까지 아양을 떨던 놈이 어느날 졸지에 상대의 목을 죄기 시작한다. 마음 착한 나무는 그런 배신을 생각지도 않고 있다.
　덩굴이 꺾쇠를 부풀게 하니까 그것이 목을 조르는 밧줄이 되었다.

수액의 흐름이 정지되고 나무는 비열한 배신자에게 희생된다. 잎의 푸르름은 생기를 잃고 가지는 말라서 한 개, 두 개 떨어져 마침내 말라 죽는다. 살해한 쪽은 시원한 얼굴을 하고 자기의 가지와 잎을 번성시킨다. 이런 사악한 일을 할 수 있다니! 덩굴은 자기가 말려 죽인 나무에 의지해서 얼마동안은 햇빛을 즐길 수 있다. 그러나 어느날 심판의 날이 온다. 죽은 나무가 썩어 넘어져서 덩굴은 땅바닥에 나가떨어지고 다시는 일어나지 못한다.

호프

포도나무도 열대의 덩굴식물을 생각케 한다. 남프랑스에서는 포도덩굴이 무화과나무를 휘감아서 버팀기둥이 되어준 무화과의 잎과 열매가 포도의 잎과 열매와 뒤섞여 있는 광경을 자주 볼 수 있다. 포도나무에는 덩굴성 줄기라는 이름이 붙은 터이지만, 지주(支柱)로 삼고 있는 나무를 졸라 죽일 그런 흑심은 없고, 그냥 버팀나무로 이용하고 있을 뿐이다.

신세진 나무를 교살할 충동을 일으키기에는 포도나무는 너무나 성실하다. 그리고 그늘이 방해가 된다면 포도나무는 덩굴손을 뻗쳐서 별으로 내밀 수도 있다. 포도의 덩굴 손은 유연한 긴 손가락이며 눈앞에 보이는 것을 휘감고 그곳에 가지를 고정시키는 역할을 한다.

덩굴풀이라고 불리는 줄기 중에는 가까운 것에 붙어서 가지를 뻗기 위해 수염을 사용하는 것이 있다. 그린피스, 호박, 오이 등이 그것이다. 또한 덩굴의 한 쪽 면에는 어디에나 달라붙을 수 있는 조그만 등

 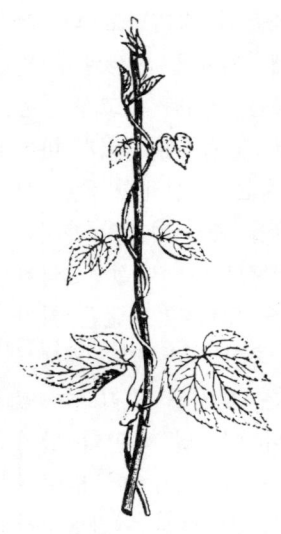

오른쪽에서 왼쪽으로 감는 메꽃의 줄기　　왼쪽에서 오른쪽으로 감는 호프의 줄기

반근(登攀根)을 무수하게 내밀고 있는 것도 있다. 나무, 벽, 바위 등 어디나 가리지 않고 기어 오르는 담쟁이덩굴이 그 예이다. 그밖에 덩굴손이나 반등근 같은 도구없이도 등반기술이 뛰어난 것도 있다. 가까이에 버틸 물건이 있으면 무엇이든 그 둘레를 휘감는다. 이것을 회선경(回璇莖)이라고 부른다. 호프, 메꽃, 강남콩 등이 그렇다.

회선경이 기어 올라가는 방식은 두 가지다. 하나는 메꽃, 강남콩 등에서 볼 수 있듯이 오른쪽에서 왼쪽으로 휘감는 것이고, 또하나는 호프나 인동넝쿨처럼 왼쪽에서 오른쪽으로 휘감는 것이다.

회선경이 어떤 방향으로 휘감는가를 살펴보려면 그 줄기가 우리들이 이용하는 나선형 계단이라고 생각하면 된다. 이 상상의 계단을 자기의 우측으로 올라간다면 줄기는 좌에서 우로, 좌측이면 우에서 좌로 감는다고 한다. 어느쪽으로 휘감든지 무엇이 문제냐고 할는지 모르지만 식물의 의견은 다르다.

가령 메꽃 등은 자신이 감는 방향을 대단히 고집한다. 선조 대대로 내려오는 관례에 충실하게 우에서 좌로 올라간다. 이것을 역방향으로 돌려 놓으면 어떨까? 조용하게 방향을 바꿔 놓고 길은 이쪽입니다 하고 유도하는 것이다. 메꽃은 얼굴을 돌리고 얼마 뒤 다시 원래의 방향으로 돌아간다. 너희들이 억지로 방향을 바꿔 줄기를 끈으로 붙들어 매놓아도 며칠 지나면 메꽃은 원래의 방향으로 돌아가 있다.

호프의 경우도 마찬가지다. 완강하게 자기 방향을 고집한다. 호프는 자기와 반대방향으로 도는 메꽃을 보고 바보 같은 자식이라고 욕할지 모른다. 메꽃은 메꽃대로 호프를 시원찮은 녀석이라고 나무랄지 모른다.

설사 두 식물이 상대방을 그렇게 비방하지 않는다 해도 사람이라면 그럴 수 있다. 왼쪽으로 도는 장과 오른쪽으로 도는 폴은 서로를 달리 생각할 수 있다. 장은 폴을 어리석다고 하고 폴은 장을 미련하다고 한다. 두 사람이 같은 방향으로 돌고 있다면 서로에게 상대방이 훌륭한 사람으로 비칠 것이다.

두 식물 모두 옳다. 두 쪽 모두 다양성의 조화를 좋아하는 '영원한 기하학'이 결정해 준대로 각자의 나선방향을 제각기 돌고 있는 것이다.

아무튼 지나치게 긴 줄기거나 자기 힘으로 기어 오르기에는 허리힘이 모자라는 줄기는 햇빛을 찾아 오르기 위해 나선형의 줄기, 수염, 꺾쇠, 아이젠 등을 활용한다. 그 중에는 딸기처럼 그런 등반용구에는 관심을 갖지 않고 땅바닥을 기는 것을 좋아하는 것도 있다. 게을러서 그럴까 또는 등반방법을 고안할 상상력이 모자라서 그럴까. 그렇지 않다. 딸기가 그런 낮은 자세를 취하는 데는 나름의 중대한 이유가 있다. 이런 것을 포복경이라고 한다. 어떤 종류의 식굴이 왜 땅을 기는가는 뒤에서 다시 설명하기로 한다.

우리들은 줄기의 견고함과 수명 면에서 비교되는 두 종류의 줄기를 알고 있다. 탄탄한 성질이 있으며 추위와 더위에 아랑곳하지 않고 오래오래 사는 목본경(木本莖)과 체질적으로 허약해서 한 계절밖에 살지 못하며 추위가 닥치면 죽어버리는 초본경(草本莖) 두 가지다.
 이 두 극단의 줄기 중간 위치에 있는 것이 있다. 자연은 결코 비약하지 않는다. 그래서 많은 식물들이 약한 체질로 오래 생존하는 난제를 해결할 수 있었다. 그 비밀은 매우 간단하다.

마모트의 편법을 써 볼까?

 프랑스의 히포크라테스들, 즉 의사들은 병든 가슴을 치료하기 위해 우리를 오렌지꽃 피는 나라로 보내서 겨울을 나게 한다. 그러면 제비가 돌아올 때쯤에는 훨씬 건강해진다.
 감기에 매우 민감한 마모트(marmot)는 더욱 간단하게 처리한다. 알프스 산악의 신선한 초지에서 봄과 여름을 쾌적하게 보낸 마모트는 겨울이 되면 보금자리 바닥에 기어 들어가서 겨우내 잠을 잔다. 북풍이 불고 눈이 뒤덮힐 것이다. 그러나 이끼의 이불 속에 몸을 파묻은 이 조심스러운 동물은 두려운 것이 없다.
 인간보다도 영악한 마모트는 자기가 사는 고장을 떠나지 않고도 장수하는 데 필수요건인, 체온을 일정하게 유지하는 방법을 알고 있는 것이다. 마모트는 여름에는 초지에 겨울에는 훈훈한 땅 속에 주거를 정한다.
 영악하기로 마모트에 뒤지지 않는 식물은 이 마모트의 방식을 이용할 뿐 아니라 더욱 완전하게 만든다. 식물도 마모트처럼 겨울집과 여름집을 갖는 것인데, 그 집은 바로 이웃이어서 이사하기 싫어하는 식물도 쉽게 옮겨다닐 수 있다. 즉, 허약한 체질의 줄기는 엄동설한에 말라 죽을 운명에 처한다. 이 숙명을 피할 유일한 방법은 따뜻한 온도가 유지되는 땅 속으로 기어 들어가는 것이다.
 하지만 언제까지나 땅속에 묻혀 있는 것은 식물의 경우 사는 것이 아니다. 태양의 말할 수 없는 빛이 필요한 것이다. 식물은 매우 슬기롭

마모트는 문제를 간단하게 처리한다

게 이 문제를 해결한다. 햇빛을 보며 살기 위해 해마다 반씩만 죽는다. 생존을 둘로 나누는 것이다. 하나는 지하에 머물면서 생명의 온상을 유지하고 또 하나는 대기 속에 나가 잎을 펼치고 꽃을 피운다. 그 행복을 맛본 뒤에는 말라 죽는다.

동상을 피해 땅 속에 머무는 것은 줄기이고 때를 봐서 밖으로 나가 꽃을 피우고 열매를 맺고 해마다 죽어 가는 것은 잔가지다. 그 죽음은 식물에게 중대사가 아니다. 새로운 눈이 벌써 다년생 줄기에 모습을 나타내고 좋은 계절이 되면 자기가 대신하려고 기다리고 있는 것이다.

이런 지하경(地下莖)은 괴경(塊莖)을 닮아 좀 볼품이 없다. 괴경은 너희들도 아다시피 자신의 눈을 위해 영양분을 저축하려고 땅 속 어두운 곳에서 생활하고 있는 그 관대한 가지다.

지하의 줄기는 울퉁불퉁하며 어려울 때를 대비하여 축적한 식량때문에 비만한 경우가 많다. 보기 흉한 뿌리로 오해받기 쉽다. 그래서 어감은 과히 듣기 좋지 않지만 뿌리를 닮았다는 뜻의 그리스어를 빌려서

제 14 장 줄기의 모양(2)

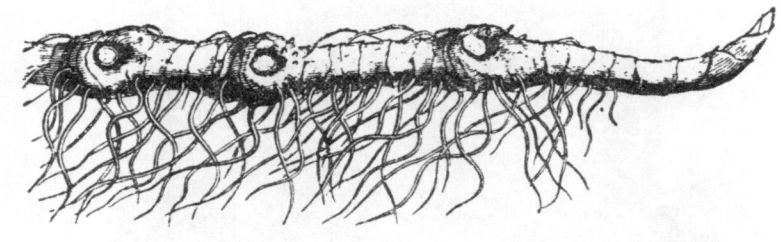
진황정의 근경

근경(根莖)이라고 부르기로 했는데 이 호칭도 그리 좋지는 않다.
 지하경은 배의 옆구리에서 뿌리를 내리는 습관도 있는 데 유의해야 한다. 지하에서는 식탁에 앉는 경우가 많다. 지하경은 식량 속에 누워 있는 것이다. 혜택을 받으려면 흡근(吸根)을 뻗기만 하면 된다.
 그럼 근경과 진짜 뿌리와는 어떻게 구별 할 수 있을까? 지하경에는 괴경과 마찬가지로 눈과 인편(鱗片)의 흔적만 남아 있는 것이 뿌리와 구별되는 점이다. 진짜 뿌리에는 이런 것이 없다. 지하경에 대한 공부를 마무리하기 위해 진황정의 근경을 살펴보자. 그림의 근경에서 커다란 옹이자국 세 개를 볼 수 있다. 이 자국은 해마다 하얀 종(鐘) 모양의 아름다운 꽃술을 땅 위에 피게 했던 가지가 마르고 그 흔적이 남아 있는 것이다. 다음 해에 성장할 눈이 끝에 달려 있다. 그림에서 현재의 잔가지는 흔적밖에 보이지 않지만 이 잔가지가 말라 떨어졌을 때 이 눈이 그 뒤를 잇는다. 근경은 주로 아래쪽으로 가는 뿌리를 내린다. 근경의 측면에는 해마다 낡은 잎과 인편이 떨어져 나가며 생긴 주름이 보인다.

근경의 눈은 볕을 쬐기 위해 밖으로 빠져나갈 때 일정한 흙층을 통과해야 한다. 지하를 여행할 때는 물론 성장(盛裝)을 하지 않는다. 도중에 구겨지기 때문이다. 눈은 그것을 잘 안다. 그래서 처음에는 찰싹 달라붙는 인편을 입고 있을 뿐이다. 진짜 잎을 펼치는 것은 흙에서 벗어난 뒤의 일이다. 지하에서는 가죽장화를 신고 밖으로 나갈 때는 정장을 하는 광부를 흉내내고 있는 것이다. 이렇게 해서 흡지(吸枝)라고 불리는 인편 모양의 갸름한 눈이 생긴다.

아스파라거스(asparagus)는 사람이 먹을 때 지하경의 흡지의 상태에 있다. 재배하는 사람이 아스파라거스를 자라는 대로 버려두면 그것은 대단히 가는 잎을 우아하게 벌리고 그 사이에 조그만 빨간 열매를 맺는다. 옆의 그림에서도 진황정의 어린 눈은 지하를 빠져나갈 때 검소한 인편 코트로 충분한 것 같다.

마지막으로 지하경 중에서도 가장 조심스러운 줄기를 보도록

꽃을 단 용설란

하자. 이것은 구경(球莖)의 인편이 둘러붙는 중심에 있는 조그만 덩어리이다. 줄기가 언제까지나 이 원초적 상태로 남아 있는 것은 아니다. 줄기 식물의 대축제 때는 초대를 받는다. 지상에 나올 때는 훌륭한 꽃을 피워보인다. 그동안 지하에서 은밀히 준비한 것이다. 구경이 충분한 힘을 얻었을 즈음에 줄기는 잎의 다발 속에서 기지개를 켜며 꽃의 예쁜 갓을 쓰고 지하에서 벗어난다. 그리고 줄기는 화경(花莖)이라고 이름을 바꾼다. 히야신스, 수선화, 튤립, 용설란 등의 꽃으로 장식된 아름다운 줄기가 화경이다.

제 15 장
뿌리

뿌리와 줄기의 반대 성질
대조적인 본능을 가진 두 종족
당근과 양골담초의 과욕

제 15 장 뿌리

뿌리와 줄기의 반대 성질

　식물은 성격이 정반대인 두 부분으로 나뉜다. 빛을 찾는 줄기와 어둠을 찾는 뿌리다.
　줄기는 태양의 빛을 쬐기 위해 자력으로 일어서지 못할 때는 덩굴손이나 등반근 등 도구의 힘을 빌리기도 한다. 염치불구하고 남의 줄기에 붙어서 나선형으로 휘감아 가기도 하고 필요하다면 상대방을 팔뚝으로 조이기도 한다.
　뿌리는 어둠 속에서밖에 살지 못한다. 아무래도 땅속의 어둠이 필요하다. 거기 이르기 위해서는 어떤 장애물도 안중에 없다. 부식토가 없으면 찰흙이나 석회암에도 파고 들어간다. 부상을 입을 각오를 하고 돌 사이로 또는 바위틈새로 기어든다. 이때 태양빛을 보지 않도록 세심한 주의를 해야 한다. 이 정반대의 성향은 아주 어릴 때부터 뚜렷이 나타난다.
　한 알의 씨앗이 흙 속에서 싹을 틔운다. 종족의 경험에 따라 싹은 식물의 알, 즉 씨앗의 껍질에서 나오자 마자 서슴없이 그 뿌리를 아래로 뻗어 땅 속에 박고, 그 줄기를 위로 뻗어 햇빛을 찾아 간다. 장난삼아 종자를 거꾸로 뒤집어 뿌리를 위로, 줄기를 아래로 향하게 해보아라. 줄기는 아래서 위로, 뿌리는 위에서 아래로 반고리형으로 몸을 뒤

틀어 원래 방향을 찾아간다.

저항할 수 없는 본능이 뿌리와 줄기를 움직이고 있는 것 같다. 갖가지 방해를 해봐도 뜻을 굽히느니 차라리 죽겠다는 식으로 원래의 방법으로 되돌아 간다. 초지일관하는 이 작은 식물을 나는 존경할 만하다고 생각한다. 말려 죽이려면 말려 죽여도 좋지만, 뿌리는 흙을 향해 줄기는 대기를 향해 뻗어간다는 원래의 주의를 변화시키려고 설득하지는 말라. 불쌍한 것은 인간인 것이다.

우리들은 자기 자신이 우위에 서 있다고 자만하면서도 갓 싹을 틔운 식물의 확고한 신념은 갖고 있지 못하다. 인간은 행동하도록 만들어져 있지만 게으름에 빠지고 아름다움을 위해 만들어졌음에도 추악한 일을 서슴지 않는다. 우리는 이 작은 식물의 의연한 자세를 배워야 한다.

햇빛과 흙, 이 두 가지 방향을 식별할 수 있는 능력이 식물에게 있을까? 줄기와 뿌리는 그것을 찾아서 선택할 수 있는 능력이 있을까? 앞의 경험에 따르면 그것은 틀림없이 가능하다. 하지만 다음과 같이 그것이 불가능한 것으로 보이는 실험도 있다.

공중에 흙을 가득 채운 궤짝을 달아매놓고 그 바닥에 구멍을 몇개 뚫어 놓는다. 이 구멍 속에 물을 축인 이끼에 씨앗을 싸서 넣어 본다. 씨앗은 싹이 트지만 이 식물에게는 환경이 거꾸로 돼 있다. 흙은 위에, 대기는 아래에 있는 것이다.

만일 뿌리와 줄기가 식별력이 있다면 다시 말해서 주변의 흙과 공기의 상황에 대응할 수가 있다면 그 자연스러운 방향을 역전시켜야 한다. 뿌리는 위에 있는 흙으로 기어오르고 줄기는 아래의 대기 속으로 뻗어야 할 것이다.

그런데 결과는 그렇지 않았다. 자기들이 놓여 있는 예외적인 상황을 전혀 인식하지 못하고 싹을 여느 때와 같은 방향으로 뻗어 갔던 것이다. 줄기는 궤짝 속으로 머리를 파고 들고 뿌리는 아래를 향해 대기 속으로 뻗어 갔다. 이윽고 판단을 잘못하여 이 식물은 고사한다.

그러면 이것은 정말 식물의 착오였을까? 그렇지 않다. 우리는 이 식

인목에 뿌리를 내린 겨우살이

물에게 천지를 뒤바꿔 놓았다. 식물이 그 환경을 아래 위로 뒤바꿔서 생활하리라 생각한 우리가 순진했던 것이다. 그런 시험은 다른 상대에게 하라. 이 식물은 우리들이 파놓은 함정에 빠져 다리를 공기 중에 머리를 아래로 내릴 만큼 분별없지 않다. 이런 체위는 식물에게나 우리들에게나 마음에 들지 않는다.

　식물은 진짜 흙, 자기들에게 적합한 흙이 궤짝 저 아래 있다는 것을 알고 있는 것이다. 내리뻗은 뿌리는 저 아래 흙에 다다르려고 노력하고 있는 것이다. 식물은 또한 푸른 하늘이 위쪽에 있는 것도 알고 있다. 그래서 그 하늘을 보기 위해 끈질기게 흙층을 돌파하려고 시도하고 있는 것이다.

　공중에 매단 궤짝 실험은 아무 것도 입증하지 못했다. 위치가 역전되어도 살 수 있는 것이라면 이 식물이 달아맨 흙 위에서 굶어 죽는다는 것은 큰 실수일 것이다. 하지만 어떤 위치에서도 살 수 있는 식물은 반드시 손이 닿는 범위 안에 있는 흙을 용케 발견하고 그리고 뿌리

제 15 장　뿌리　211

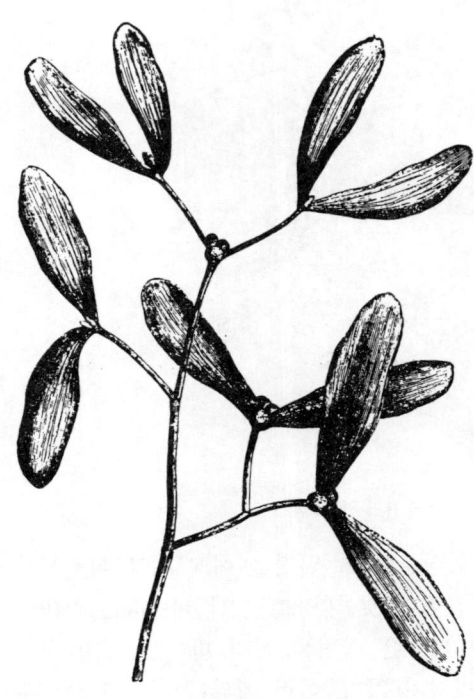

실물 크기의 겨우살이의 잔가지

를 뻗는 것이다. 기생식물인 겨우살이가 그것을 증명해 준다.

겨우살이야말로 도둑놈이다. 나무가 이미 만든 수액을 실례한다. 이 작은 관목은 게으름뱅이는 아니다. 하지만 아마도 자기 자신은 수액을 만들 수 없는 모양이다. 그래서 가엾게도 남에게 의지해서 살 수밖에 없는 것이다.

노동을 못한다고 해서 도둑질하는 것을 우리나라에서는 용납하지 않는다. 그런데 식물들은 대단히 관대하다. 도둑맞은 쪽도 별로 노여워하지 않는다. 그렇다고 이상하게 생각할 필요는 없다. 식물계의 풍습은 우리들과 매우 다르기 때문이다. 이런 까닭으로 식물들 사이에서 도둑 관목의 평판은 그리 나쁘지 않다.

옛날 골(Gaule)족은 참나무 고목에 기생하는 겨우살이를 이상한 힘을 가진 성스러운 식물이라 해서 두루이드교의 승려들에게 이것을 채취하도록 했다는데 이 기생식물이 어떻게 얼마나 잘 보여서 그렇게 숭배받게 되었는지 그것은 알 수 없다.

식물학이 이 점을 설명하는 데에 그렇게 믿게 한 두루이드교 승려의 간교함과 그것을 그대로 믿었던 군중들의 어리석음을 말하는 것으로 충분할 것이다. 오늘날 사람들은 겨우살이에 경의를 표하는 것이 아니라 과수에게 해가 된다고 쫓아버리고 있다.

겨우살이는 참나무, 아몬드, 사과나무 등에 기생해서 산다. 길러주는 가지의 재에 그 뿌리를 끼우고 몸을 밀착시킨 뒤 나무의 수액을 빤다. 겨우살이의 열매는 하얗고 찐득찐득한 액이 꽉차 있다.

이 열매를 좋아하는 개똥지빠귀는 가끔 다리나 주둥이에 그 종자를 달고 날아간다. 그러다가 겨우살이의 과즙이 묻어 끈적끈적한 다리로 어쩌다 사과나무에 앉는다. 이렇게 해서 겨우살이의 종자가 사과나무에 달라 붙는다.

가지의 위, 옆, 아래 개똥지빠귀가 다리를 문지른 자리에 이윽고 종자는 싹을 틔우고 서슴없이 그 뿌리를 사과나무에 내린다. 가지 위 같으면 아래로, 아래 같으면 위를 향해 뿌리를 내리며 줄기는 그와 반대 방향으로 뻗는다. 이 경우는 분명하다.

어린 식물은 식별해서 선택한다. 뿌리를 내릴 가지가 어디 있고 어디에 줄기를 뻗을 대기가 있는가를 알고 있다. 식물에게도 아주 미약하지만 동물의 본능 비슷한 것이 있다. 우리들로서는 알 수 없는 방법으로 식물은 자기가 살 환경을 인식하는 것이다. 여러가지 체위로 기생해서 살아가는 식물은 종자가 싹을 틔울 때 어디에 위치하고 있는가에 따라 줄기와 뿌리의 방향을 수정한다.

그러나 이보다 훨씬 많은, 땅에 뿌리를 내리고 사는 일반 식물은 한결같이 뿌리는 위에서 아래로, 줄기는 아래에서 위로 방향잡는다. 이런 경향은 대단히 확고해서 실수하는 경우는 거의 없다. 줄기는 위로 올라가 햇빛을 받고 뿌리는 아래로 내려가 지하의 냉기와 어둠을 만나

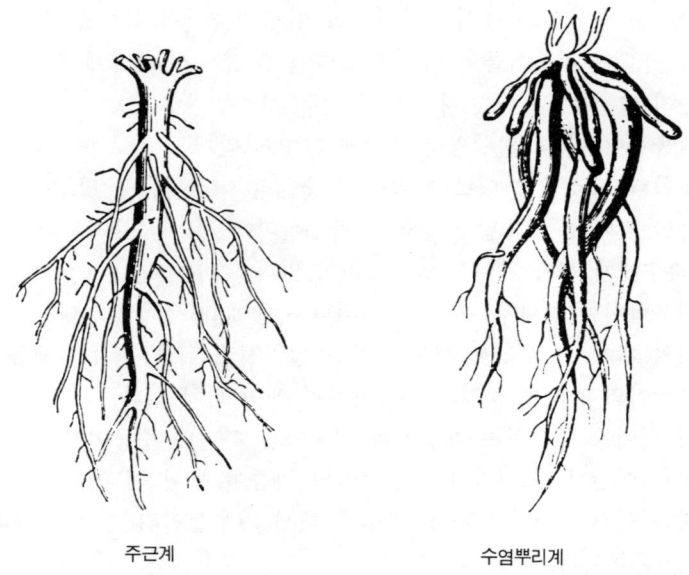

주근계　　　　　　　　　수염뿌리계

는 것이다. 따라서 일반적으로 뿌리는 식물의 하강 부분이며 줄기는 상승 부분이다.

대조적인 본능을 가진 두 종류

　어느 부분에서 줄기가 없어지고 뿌리가 되는지 꽤 불확실한 그 경계선을 두령(頭領)이라고 부른다. 뿌리의 형태는 가지가지이지만 결국은 기본적인 두 가지 유형으로 나눌 수 있다.
　주요부분, 즉 주근(主根)이 있고 그것이 땅 속으로 뻗어감에 따라 거기서 잔 뿌리가 생기는 것을 주근계의 뿌리라고 한다. 이 유형은 쌍떡잎식물에 속한다.
　또하나는 수염뿌리형으로 동일 기점에서 단순하게 갈라진 부분이 대개 가지런히 자란다. 다발로 되어 있어서 수염뿌리계의 뿌리라고 한다. 이 유형은 외떡잎식물에 속한다.

  이와 같이 땅 속 어두운 곳에서도 떡잎이 한 장인 식물과 두 장인 식물은 같은 양식을 취할 수 없는 것이다. 주근계에 있어서는 단 하나의, 그러나 튼튼한 주근이 수직으로 땅 속에 뿌리를 내리는데 그것은 잔 뿌리에 의해 사방에서 떠받쳐져야 한다.

  수염뿌리계에서는 가냘픈 수염뿌리가 필요하다. 그것은 그리 깊지 않은 땅 속에 거의 수평방향으로 뿌리를 뻗치며 하나하나 저항력이 미치지 못하기 때문에 수로써 보강한다. 마치 라이벌인 두 민족처럼 사소한 습관까지 다른 것이다. 셈족인 아랍인은 유럽의 게르만족을 떠올리면서 다음과 같이 생각한다.

  "턱수염은 깎고 머리털은 남겨 두는구나. 나는 거꾸로다. 머리털을 깎고 턱수염을 남겨 놓는다. 당신들은 포도주를 좋아하지만 나는 포도주를 싫어한다. 글씨를 쓸 때 너는 좌에서 우로, 나는 우에서 좌로 써 나간다. 당신 나라에서는 손가락으로 무엇을 먹으면 불결하다고 하지만 우리나라에서는 포크를 쓰면 예의에 어긋난다. 교회에 들어갈 때 당신은 경의를 표하기 위해 모자를 벗지만 우리는 회교회당에 들어갈 때 구두를 벗는다. 당신들은 대개 맨머리로 있지만 우리는 천으로 머리를 감는다. 당신들의 옷은 착 달라붙어서 거북하지만 우리는 크게 주름을 둬 넉넉하게 입는다."

  외떡잎식물의 우두머리인 야자나무는 아랍인을 자기 동포로 한다. 야자나무는 쌍떡잎 나무들을 조금도 흉내내려 하지 않는다. 경제적이며 튼튼한 주근계보다 모래 속을 마음내키는대로 달리는, 가늘고 비싸게 치는 수염뿌리, 더구나 뿌리수가 많아야 나무를 버틸 수 있는 수염뿌리 쪽을 더 좋아한다. 꼿꼿이 서 있기 위해서는 줄기의 아래쪽에 늘어져 있는 기근(氣根)에게 자주 떠받쳐져야 할 정도다. 어리석게 고집을 피우는 것이다.

  주근계를 채용하지 않는 알제리의 난장이 야자가 얼마나 부담스러워 하는지를 보면 안다. 알제리에 있는 이 야자나무는 빈약한 작은 관목으로 키가 겨우 1m에서 1m 30cm밖에 안된다. 좀 더 크려는 낌새가 있으면 강풍이 별안간 불어닥쳐 쓰러뜨린다. 약한 수염뿌리로는 나무를 튼튼하게 버틸 수가 없다.

그런데 원래 이 나무는 좀 더 클 수 있는 자질을 갖고 있다. 우리들이 정원에서 버팀대를 해주고 바람을 막아주면 20m나 되는 큰 나무로 성장한다. 아프리카의 모래 땅에서도 버팀목이나 바람막이 대신에 뿌리를 주근계로 바꾸면 그 이상으로 성장할·수 있을 것이다. 그렇게 되면 그런 볼품없는 난장이가 아니라 당당한 직립줄기가 될 수 있을 터인데……그렇게 하지 않는다는 것은 식물의 고집이 과연 대단하다는 반증이다. 하나의 관행이 정착되면 그것을 그만두게 할 도리가 없는 것이다.

외떡잎식물은 하나같이 수염뿌리계를 채용하고 있다. 대부분의 식물에게는 그 뿌리가 그런대로 적절한 버팀 역할을 할 것이다. 수선화, 히야신스, 백합이 불만을 토로한다는 말을 들어본 적이 없다.

그런데 밀의 경우는 유감스럽게도 언제나 만족하는 것은 아닌 것 같다. 장마철 같은 때 밭에 물이 고이면 바람에 뿌리째 쓰러지기도 한다. 줄기의 구조에서는 그처럼 현명하던 밀이 어째서 이렇게 힘없는 뿌리에 마음을 빼앗겼을까? 동류와 함께 하려는 당파심 때문이라고밖에는 생각할 수 없다.

그렇더라도 외떡잎식물 중 큰 나무로 자라는 야자같은 것은 주근계와 같은 좀더 견고한 뿌리가 필요할 터인데 그런데는 관심이 없는 것 같다. 외떡잎식물이라면 누구나 수염계를 포기하지 않을 것이며 습관을 버리려 하지 않을 것이다.

습관이란 사람의 경우에도 낡은 폐단을 합리화시키기 위해 남용하기 쉬운 말이다. 의미없는 습관은 원시시대 그대로를 고집하고 있는 식물에게 맡기고 우리들은 앞으로의 진보를 생각하도록 하자.

당연히 쌍떡잎식물은 누구 못지않게 자신의 주근계에 충실하다. 참나무, 느릅나무, 단풍나무 모두 그렇다. 거대한 가지를 이고 바람에 대

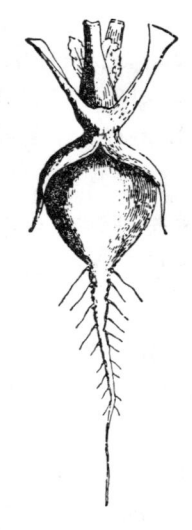
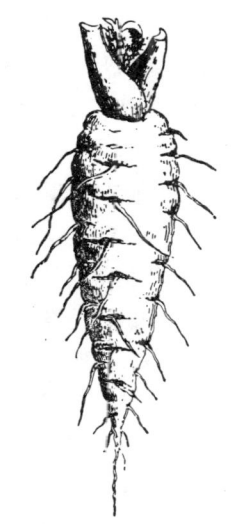

순무우의 주근계   당근의 주근계

항하기 위해서는 강인하고 깊이 내리는 뿌리가 필요한 것이다.
  그런데 보잘 것 없는 풀이 주근계의 열렬한 신봉자인 경우가 있다. 왜 그런지 이해할 수 없다. 빈약한 아욱이 참나무를 흉내내서 주근계를 채택하고 있는 것은 대체 무슨 생각에서일까? 땅바닥에 웅크리고 있으니까 바람이 두려울 까닭도 없다.

당근과 양골담초의 과욕

  당근만 해도 그렇다. 야심가인 당근은 서너 장밖에 안되는 잎을 지탱하기 위해 팔뚝만한 주근을 땅속에 박고 있다. 덤벙쟁이, 순무우도 당근을 흉내내고 있는 것일까? 그리고 개자리. 이것은 2~3m 들어간 뿌리가 지탱하지 않으면 잎이 제대로 붙어 있지 못한다고 생각하는 것 같다. 밭의 잡초, 양골담초를 보면 상당히 길고 가는 줄기가 완강하게 땅속에 고정되어 있다.

다른 예도 많지만 이 풀들은 무슨 생각으로 줄기와는 어울리지 않는 커다란 뿌리를 뻗치고 있는 것일까? 갈대로 집을 지으려고 바위돌을 초석으로 삼는 격이지만 아마도 쌍떡잎식물 사이에서 행해지고 있는 습관을 따르고 있을 뿐일 것이다.

여하튼 당근과 양골담초의 과욕에는 경의를 표하고 싶을 지경이다. 둘 다 그렇게 쌍떡잎식물주의라는 단호한 신념을 지키고 있는 것이다. 깊은 신념은 언제나 존경의 대상이 된다.

아뭏든 매우 중요한 농사의 일부는 어떤 종류의 뿌리가 도가 지나치게 생육하는 데 의존하고 있다. 식물은 하나의 시험소다. 거기서 생명은 농가의 닭장이나 돼지우리의 쓰레기를 음식물로 바꾸는 것이다. 외양간에 간 우마차 한 대분의 볏짚은 농부의 손에 의해 야채, 과실, 빵이 된다. 따라서 이 불결한 것, 거름은 무엇보다도 더한 귀중품이며 최후의 한 줌까지 사용해야 하는 것이다. 거름에 의해 땅이 비옥해지고 최초로 밀이 수확되었을 것이다.

그런데 밀은 그 빈약한 뿌리다발로는 얕은 땅속의 양분밖에 이용하지 못한다. 빗물에 녹아서 땅 속 깊이 스며 들어간 성분은 그대로 깊은 지층에 남아 있다. 그런데 뿌리다발은 훌륭하게 사명을 다했다. 뿌리가 닿는 범위 안의 양분을 모두 흡수해서 밀로 바꿨다. 그러니까 그 자리에 다시 밀을 심는다 해도 이제는 수확을 제대로 올릴 수 없다. 토지의 표면이 피폐해 있는 것이다.

그러나 깊은 땅 속은 아직 비옥하다. 그럼 누가 그 깊은 층의 양분을 끌어내서 식량을 만드는 역할을 맡을 것인가? 보리일까? 호밀일까? 귀리일까? 이것들의 빈약한 뿌리로는 밀이 섭취하고 남은 지표 가까운 이삭을 줍는 것이 고작이다. 하지만 호밀이 직근(直根)을 갖는다면 얘기는 다르다.

호밀의 뿌리는 묻혀 있는 보물을 찾아내고 우리들에게 제2의 수확을 올려줄 것이다. 하지만 호밀은 외떡잎식물의 습관을 고집하기 때문에 주근계를 갖고 싶어 하지는 않을 것이다. 교양없는 보리는 말귀를 못알아 들을 테고, 오트밀을 믿어본다는 것도 어리석은 일이다. 이런 식물들은 단념하자.

개자리에게 부탁해 보자. 손가락만한 굵기의 뿌리를 1m 깊이로, 필요하다면 2~3m까지 뿌리를 내려 사료의 형태로 그리고 낙농제품이나 염소의 갈비가 되도록 지하의 비료를 끌어 올린다.

식물이 때로 자신의 긴 뿌리에 심상치 않은 애정을 갖는 것은 우리들에게 중요한 일인 것이다. 당근과 양골담초의 과욕에 경의를 표하겠다고 했지만, 개자리나 그밖의 재배식물에 그와 같은 능력이 없다면 대지는 우리들의 식량을 반감시킬 것이다.

하지만 모든 일에는 양면이 있다. 깊은 뿌리는 토지의 깊은 층을 활용하는 데 매우 적합하지만 다른 상황에서는 방해가 되기도 한다. 나무를 이식한다고 하자. 주근계가 길면 이식작업이 힘들어지고 때로는 위험도 따른다.

캐거나 다시 심을 때도 땅을 깊이 파야 한다. 그리고 뿌리가 단 하나이기 때문에 다치지 않도록 신경을 써야 한다. 만일 뿌리를 내리지 못하면 대신할 뿌리가 없으니까 나무는 죽는다. 이식한다는 면에서는 그렇게 깊게 뻗지 않는 수염뿌리계의 식물이 낫다. 뽑는 것도 쉽다. 작업 중에 뿌리가 조금 상하더라도 이식을 성공시킬 만한 뿌리는 남을 것이다.

나무가 우리들의 요청을 거절하는 경우는 없지만 그래도 정중하게 부탁해야 한다. 잘만하면 나무에게 주근계를 단념시킬 수도 있다. 나무에게 이것은 대단한 희생이지만 주근계를 잃게 하고 외떡잎식물과 같은 규칙적인 뿌리다발은 아니지만 잔뿌리가 많고 비교적 깊지 않은 뿌리를 갖게 할 수 있다.

외떡잎식물의 뿌리를 붙이라면 너무 서먹해서 싫다고 하겠지만 이런 뿌리라면 모양은 다르지만 수염계의 잇점을 살릴 수 있다. 이런 식의 수정을 생각했다면 되도록 빨리 착수할 일이다. 젊은 시절에는 어

멜론

떤 일에도 잘 순응하지만 중년이 되면 나름대로 버릇이 생겨 변경하기가 어렵게 된다.

참나무는 이식할 때까지 묘포에서 10년을 보내는데 씨를 뿌린 2년 뒤 강한 주근계로 성장하는 주근을 삽으로 잘라낸다. 나무에게는 쓰라린 순간일 것이다. 내심으로는 이 폭력에 항의하고 있을 것이다. 하지만 결국은 단념한다. 그리고 다시 주근(主根)을 뻗쳤다가는 잘린다는 것을 알아차리고 나무는 남은 그루터기에서 그다지 깊지 않은 범위로 잔뿌리를 뻗는 것으로 그친다.

묘포 아래 30cm되는 곳에 기와를 깔 수도 있다. 그러면 주근은 이 장애에 부딪힐 정도에 이르르면 할 수 없이 세로로 성장하는 것을 단념하고 가로로 잔뿌리를 뻗게 된다.

어쩔 도리가 없다고 생각될 때는 여러 방편이 허용된다. 삽으로 절단당하든가 기와에 부딪혀 저지당한 묘포의 관목이 주근계를 포기하고 더 많은 잔뿌리를 갖는 뿌리가 되어 자기 종족의 관습을 버렸다고 해서 그것이 잘못이라고 탓할 수는 없다. 불가항력으로 본의 아니게 양보한 것이니까.

그런데 멜론의 경우는 어떤가? 이 쌍떡잎식물은 뚜렷한 이유도 없이 비열하게도 자진해서 씨앗을 틔웠을 때는 가지고 있던 주근계를 버리고 외떡잎식물의 수염뿌리계로 변신한다. 어린 시절에 선서한 신앙을 배반하고 적측에 붙어버린 것이다. 오이과의 배신자의 그림이 여기 있다. 눈으로 똑똑히 보라.

위에 나와 있는 식물은 아직 어리고 또한 뿌리에 아직도 씨를 달고 있다. 멜론은 분별없는 일을 하는 데 몇 해씩 기다리지 않는다. 줄기 끝에 조그만 검은 얼룩점이 있다. 이것은 죄인의 낙인, 배신의 표시이다. 신이 다른 쌍떡잎식물과 마찬가지로 멜론에게도 준 것을 불충한 멜론이 굶겨죽여 버린 아름다운 주근계가 남긴 흔적이다. 왜 이런 짓을 했을까?

그것은 이 주근계를 반타스 정도의 연약한 실모양의 뿌리와 바꿔 벼과 식물을 본따서 수염뿌리계를 갖기 위해서였다. 멜론이나 오이, 호박이 우리들 사이에서 평판이 좋지 않더라도 이제 놀랄 필요는 없다. 민족의 이념을 배신한 자니까.

마지막으로 이 멜론의 예는 전염성이 있다는 것을 조용히 고백해 두겠다. 어리석은 짓일수록 잘 번져 가는 것이다. 상당히 많은 수의 쌍떡잎식물이 아직 나이도 어릴 때 최초의 뿌리를 말려 죽이고 2차적인 뿌리인 수염뿌리로 바꿔버리는 것이다. 어떤 식물이 그런 범인인가는 말하지 않아도 알 수 있다. 누구든지 자기 텃밭에서 그런 작업을 하고 있는 범인을 잡아낼 수 있기 때문이다.

제 16 장
괴근(塊根)

절약하는 습관이 몸에 밴 식물
식용식물의 내력
야생으로 돌아가려는 경향
당근 문명의 역사

제 16 장 괴근(塊根)

절약하는 습관이 몸에 밴 식물

　뿌리는 식물을 땅에 고정시키고 땅으로부터 수액을 빨아 올리는 사명을 가지고 있다. 이것이 뿌리 고유의 임무이다. 그런데 이 일에 다른 자가 끼어드는 수가 있다. 식물은 절약하는 버릇이 대단하기 때문이다. 일마다 전문적인 종업원을 두다가는 손해볼지도 모른다——고 식물은 생각한다.

　어느 집안이나 일꾼이 많으면 빈들빈들 놀고 먹는 사람이 많아지기 마련이다. 그래서 식물이 자기를 자제하는 규칙은 불변이다. '한 사람이면 되는 일에 두 사람은 필요없다' 라는 것이다. 대단히 의미깊은 규율이다. 인간은 때때로 이 규율을 무시하다 큰 손해를 본다. 하지만 식물은 절약하는 습관이 몸에 배어 있기 때문에 서로 다른 일에 한 사람의 일꾼을 쓴다.

　잎은 태양광선으로 수액을 만들어내는 것이 주임무인데, 옷을 갈아입고 눈을 감싸기 위한 아린(芽鱗)이 되기도 한다. 또한 가지는 대기중에 잎을 펼치고 꽃을 피우는 것이 첫째 임무인데, 지하에 머물면서 식량창고인 괴경(塊莖)이 되는 수가 있다. 뿌리는 식량저장소의 일을 부탁받는 수도 있다.

　뿌리의 명예를 위해 말해두지만 뿌리는 이 새로운 직무를 훌륭하게

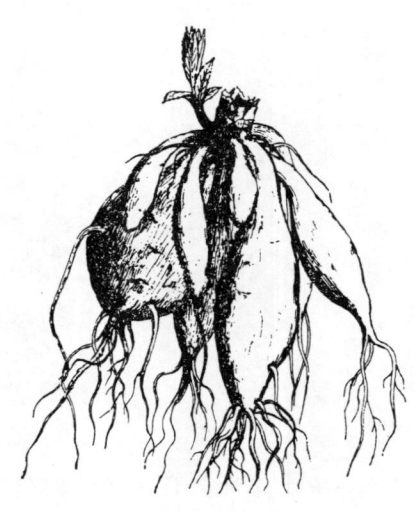
다알리아의 괴근

수행한다. 식물 일가는 정말 합리적으로 운영되고 있다. 그곳이 어느 곳이든 상관없다. 일꾼은 누구나 자기 담당 이외의 일을 해내고 있다. 자기 담당이든 아니든 어떤 일을 맡은 사람은 그 일을 완전히 이해하고 일을 한다. 마치 여태까지 그 일을 전담해 온 것처럼.

식물의 각 기관이 어떻게 역할을 전담하는가를 살펴보자. 눈 일가의 아버지인 가지는 괴경이 되어 지하에 저축을 하고 식물이 마를 때에는 눈에게 재산을 넘겨 준다. 아버지는 가족에게 책임이 있으니까 당연한 얘기다.

그러나 눈을 본적도 없는 뿌리가 알지도 못하는 젖먹이에게 젖을 먹이기 위해 유방을 부풀린다. 이것이야 말로 직무 전환의 대표적인 경우다. 괴근이라는 뿌리가 그것을 하고 있는 것이다. 엄청나게 커져서 본래의 뿌리로서는 일을 못하게 될 위험까지 있다. 무겁고 배가 불룩해서는 땅을 파고 들어가기 어렵기 때문이다.

그래도 괴근은 비만을 무릅쓰고 그것을 맡아, 말라 죽는 식물이 최후에 남기는 눈의 고아들을 양육하기 위해 영양분을 저축하고 있는 것이다. 이 너그러운 양모(養母)를 기억하도록 하자.

그림은 다알리아의 괴근이다. 여름에서 가을까지 이 화려한 식물은 아름다운 꽃을 피운다. 그러다가 추위가 닥치면 죽는다. 다만 저만치 줄기 아래에서 몇 개의 눈이 가냘프게 살아 남는다. 날씨가 좋았을 때, 이 눈을 싹틔울 만한 여유가 그녀에게 없었던 것이다. 미처 생각이 거기까지 미치지 못했을 수도 있다. 달리 해야 할 일이 많았다. 화려한 꽃치장을 여러 개 해야 했던 것이다.

요컨대 줄기 아래끝에 달린 몇 개의 눈은 잊혀졌던 것이다. 아마도 뿌리는 그것을 느끼고 있었을 것이다. 앞을 다투어 그 불쌍한 고아의 구제책을 세운다. 식량을 저장해서 뚱뚱하게 살쪄 보이는 유모가 이때 눈 둘레에 급히 모여든다. 몇개의 눈이라고 했지만 눈이 한 개밖에 없는 경우도 있을 수 있다. 뿌리는 힘을 합해 열심히 눈을 양육하고 교육하기 시작한다.

눈이 여러 개 있을 때는 방식이 정해져 있다. 뿌리는 각각 고아 하나씩을 맡아 양육을 담당한다. 원예가도 그것을 알고 있어서 줄기 아래 달린 눈과 같은 수가 되도록 뿌리 조각을 나눠준다. 나눠진 뿌리는 눈이 하나 있는 유모 뿌리 하나를 가지고 이듬해에 한 그루의 다알리아가 된다.

다알리아의 괴근은 수염뿌리계 형(型)에 속한다. 그럼 다알리아는 외떡잎식물일까? 아니다. 쌍떡잎식물이다. 다시 말해서 다알리아도 배교자인 것이다. 본래의 주근계를 버리고 수염뿌리 모양의 뿌리를 채용한 것이다. 오이나 멜론에 대해서는 내가 심한 말을 했지만 여기서는 너그럽게 봐주려고 한다.

유모가 따로따로 몇 개의 눈을 기르기 위해서는, 다알리아의 뿌리는 심한 상처를 입지 않고 젖먹이의 수만큼 유모가 뿌리나누기를 할 수 있게 해야 한다. 그리고 성인이 된 뒤에 수염뿌리계로 돌아간다는 좋은 발상이었던 것이다.

그래서 오이과에게 비난을 던졌던 것과는 달리 여기서는 점잖게 넘어가기로 한 것이다. 사실 오이의 입장에서도 그 나름의 국가기밀을 가지고 있었을 것이다.

괴근의 역할은 어느 식물에서나 다알리아의 뿌리와 같으며 저축해 놓은 양분으로 식물이 말라 죽은 뒤, 살아 남아 눈을 구원하는 것이다. 다만 그 형태는 가지가지다. 식물의 씨는 어떤 것이나 저축식량을 배분하는 문제까지도 자기식을 고집하기 때문이다.

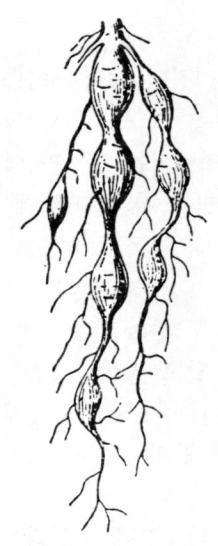

제라늄의 괴근

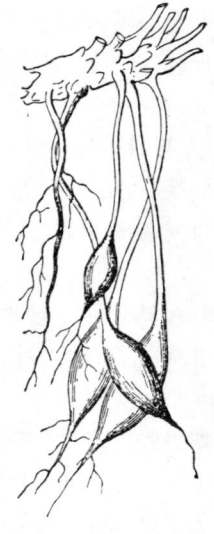

터리풀의 괴근

제라늄 같은 것은 마치 저장소의 식량을 할당량대로 나눠 놓듯이 두터운 뿌리를 같은 간격으로 조여 놓는다. 미래의 눈의 유모는 식량을 지나치게 주는 일이 없도록 미리 일정 기간 소비할 양을 계산하고 있는 것 같다. 이런 조심성이 없으면 눈은 먹고 싶은 대로 먹고 뿌리는 눈을 키우는 역할이 끝나기도 전에 지쳐버려서 눈도 말라 죽을지 모르기 때문이다.

식당 준비가 잘 되어 있다고 해서 더 이상 문제가 없는 것은 아니다. 저축물이 필요한 기간 동안 지속적으로 있어야 한다. 제라늄이 식량을 할당량 단위로 나누는 것은 이런 이유 때문인 것으로 보인다.

이유가 그뿐이 아니라는 사람이 있으면 굳이 내 주장을 고집하는 것은 아니다. 식물들의 속마음을 헤아리는 것이 얼마나 어려운 일인지를 나는 알고 있다. 가령 개자리가 자신의 식량을 긴 끈 끝에 매달고 있는 것은 무슨 까닭인지 누가 설명할 수 있을까?

나중 일은 생각지 않고 먹보 아기들이 저장식량을 며칠새에 먹어 치우지 못하도록 손이 닿지 않는 곳에 놓아두려함일까. 한 집안의 주부들은 아이들이 무턱대고 먹지 못하도록 저장소에 자물쇠를 채워두고 필요할 때 나눠준다. 먹을 것이 멀리 있으면 눈도 유혹받는 일이 적을 것이다. 내 생각은 그렇지만 식물들은 그들대로 우리가 모르는 이유가 있을지도 모르는 일이다.

식물이 옛부터 내려오는 습관을 무섭게 고집한다는 얘기는 앞서 했다. 식물이 자신의 습관을 조금이라도 바꾸게 하는 것은 어려운 정도가 아니라 거의 불가능하다.

백합을 보고 꽃에 녹색 꽃받침을 달도록 권유한다든가, 밀을 보고 주근계를 채용하라고 충고하든가, 메꽃에게 회선경의 나선방향을 왼쪽에서 오른쪽으로 바꾸라고 충고하면 뭐라고 대답할까? 이 고집쟁이들의 세계에서는 인간들의 충고가 아무런 효과도 없는 것일까? 아니다. 고맙게도 식물 중에는 엘리트들이 있는데 그런 식물은 우리들의 충고를 받아들여 그 변화가 지나치게 크지 않는 한, 새로 길들려는 습관에 따른다. 야채나 과수가 그런 식물에 속한다.

너희들은 아마 배나무가 옛날부터 사뭇 우리들의 식량이 되기 위해 맛있고 커다란 과실을 만들어 왔다고 생각할 것이다. 순무우는 우리들을 즐겁게 하기 위해 맛있고 두둑한 뿌리를 가지고 있고, 양배추는 우리들의 마음에 드는 하얗고 깨끗한 잎을 겹겹이 가지고 있다고 생각할 것이다.

밀, 호박, 당근, 포도, 감자, 사탕무우, 그밖의 많은 것들이 인간을 위해서 자진해서 일해 왔다고 생각하고 있겠지. 포도는 노아를 취하게 한 주스를 짜낸 포도 그대로이고, 밀은 지상에 나타난 뒤 해마다 수확되지 않은 해가 없고, 사탕무우나 호박은 세상에 나올 때부터 우리들이 좋아하는 통통한 체구였다고 생각할 것이다. 그밖에 모든 식용식물이 처음부터 오늘날 우리들이 손에 들고 있는 모습으로 우리 앞에 나타났다고 생각하고 있을 것이다.

그러나 그런 생각은 잘못이다. 식물은 사람의 이익 같은 것에는 전혀 관심이 없다. 식물은 자기자신을 위해 살고 있는 것이지 인간을 위해 살고 있는 것이 아니다.

노동하고 손질하고 심사숙고해서 수정하면서 식물의 능력을 이용하는 것은 우리들 인간의 일이다.

야생의 양배추

개량한 양배추

야생식물은 우리들에게는 형편 없는 식료원이다. 야생식물은 인간의 노동과 술책이라는 이름의 강력한 요정(妖精)의 손을 거치고 나서야 비로소 그 가치가 나타난다. 신기한 마법사의 방망이로, 노동의 자극제로 인해 식물의 종은 몰라볼 정도로 변화한 것이다.

식용식물의 내력

야생의 감자는 원산지인 칠레의 산중에서는 개암나무 열매만한 크기의 독이 있는 괴경이었다. 인간은 이 가엾은 괴경을 밭으로 맞아들였다. 그것을 기름진 땅에다 심고, 손질하고, 물을 대며 개량하는 데 땀을 흘렸다. 감자는 조금씩 커가고 영양분이 많아지더니 마침내 주먹 두 배 크기나 되는 녹말 덩어리의 괴경으로 바뀌었다.

양배추는 바다와 붙은 바람이 거센 벼랑 위에서 자생하고 있었다. 길다란 줄기, 멋대로 뻗어나간 잎은 짙은 녹색을 띠고 강한 매운내를 풍기고 있었다. 이 야생 양배추에게 무엇을 기대할 수 있었겠나. 하지만 알 수 없는 일이다. 거칠고 스산한 모습 뒤에 훌륭한 자질이 숨겨져 있는지도 모른다. 이미 사람들의 기억에서 사라진 시절 처음으로 이 벼랑의 양배추를 재배해 본 인물은 아마 그렇게 생각했을 것이다.

그 짐작은 적중했다. 야생의 양배추는 인간의 끊임없는 노력으로 개량돼 갔다. 줄기는 탄탄해졌고 잎은 수가 늘면서 희고 연해졌으며 서로 겹쳐서 결구(結球)했다. 현재 우리가 볼 수 있는 고갱이가 통통한 양배추는 이 눈부신 변모의 마지막 성과인 것이다.

해풍이 거센 벼랑의 바위 위가 이 귀중한 식물의 출발점이며 채소밭이 그 도착점이 됐다. 그런데 몇 세기에 걸쳐 조금씩 바뀌어 간 그 중간형은 어디서 볼 수 있을까? 그 변화는 진보한 것을 유지하고 후퇴하는 것을 저지하며 수를 늘리고 다시 새로운 개량을 시도하며 진행돼 왔던 것이다. 요컨대 둥글게 감는 양배추를 만드는 작업은 하나의 제국을 건설하는 것보다 대단한 일이었던 것이다.

못가에서 개구리를 상대 하고 있는 것은 누구일까? 그것은 야생 셀로리다. 짙은 녹색으로 질기며 맛이 좋지 않다. 그것으로 샐러드를 만들어 먹는 경솔한 사람이 있다면 그는 곧 중독되어 죽을 것이다.

이 유독식물을 잘 교육해서 이용하려고 자기 채소밭에 가꿔본 대담한 사람은 누구였을까? 그도 또한 시간의 안개 속에서 희미해진 우리들의 은인이다.

아뭏든 셀로리도 적절한 교육의 효과가 있어 독살자의 본능을 버리고 희고 연한, 당분이 있는 액을 가득히 머금은 줄기가 되었다. 이 정도로 변화시키기 위해 어느 만큼의 지략이 필요했는지는 상상에 맡기겠다. 식물에게 독대신 당분을 머금게 한 것은 인간의 예지가 낳은 걸작이다.

그러나 셀로리에는 아직도 그 못된 버릇의 소지가 남아 있다. 이 독살자에게는 원래의 성질로 돌아가려는 마음이 언제나 있는 것이다. 그래서 재배하는 사람은 언제나 감시의 눈을 게을리할 수 없다.

셀로리에게 배반할 기미가 보이든가 옛날처럼 짙은 녹색으로 돌아가려는 눈치가 보이면 황급히 흙으로 덮어버린다. 빛만 차단하면 이 식물은 점잖아지며 며칠 있으면 줄기도 연해진다.

셀로리의 성미는 정말 까다롭다. 옛날부터 사람들은 그 성질을 완전히 교정하려고 노력했지만 성공하지 못했다. 지금도 줄기를 부드럽게 만들려면 흙을 덮어줘야 한다. 못된 성미는 이와같이 좀체로 교정되지 않는 것이다.

야생의 배는 어떤가? 그것은 사나운 가시로 무장한 무서운 관목이다. 그 열매는 조그맣고, 떫고, 딱딱하며 모래를 뭉쳐 놓은 것같다. 씹으면 이를 뜨게 할 것같은 불쾌한 과일이다.

최초에 이 다루기 어려운 관목을 믿고 먼 장래에 우리들이 즐겨 먹을 수 있는 배를 생각해 낸 인물은 어지간히 별난 발상을 가진 사람이었을 것이다. 오랜 시간을 두고 손질을 거듭한 결과 기적적으로 변신을 시켰던 것이다.

야생의 배는 예의를 차리게 되었다. 그 억센 가시를 없애 버리고 작고 맛도 없던 과일을 오늘날과 같은 훌륭한 과일로 바꾸었던 것이다.

포도도 처음에는 마찬가지였다. 포도알의 크기는 딱총나무 열매 정도였는데 인간은 땀흘려서 현재와 같은 포도송이를 만들어냈다. 지금은 이름도 잊혀진 초라한 잡초에서 밀을 만들어냈고 볼품없는 관목이나 매력없는 풀에서 야채와 과수를 길러냈다. 대지는 우리 인간에게 생존을 위한 지상(至上)의 수단인 노동을 강요하는 짓궂은 계모와 같은 것이다. 새 새끼에게는 풍부한 먹이를 제공하면서 토지와 우리들에게 던져주는 것은 가시돋친 들장미의 열매와 야생의 오얏(李)뿐이었다. 이 비참한 식량으로는 살아갈 수 없다. 그러나 불평은 않기로 하자.

필요에 대한 투쟁이야말로 인간의 위대함이기 때문이다. 지성으로 난관을 뚫고 가는 것이 우리 인간이며 하늘은 스스로 돕는 자를 돕는다는 격언을 실행하는 것이 우리인 것이다. 그래서 인간들은 언제나 무수한 식물 중에서 개량을 받아들일 수 있는, 성질이 유순한 식물을 찾아내려고 노력하고 있다. 대개의 식물은 사람이 아무리 손짓을 해도 완강하게 거절하고 자기들의 옛 습관에 매달린다.

그러나 처음부터 그런 운명에 있었거나, 인간을 위해 만들어졌거나 어쨌든 사람의 재배에 의해 우리들에게 대단히 요긴한 습관을 몸에 익힌 식물이 된 것이다.

그러나 개량의 결과는 그리 철저하지 못하다. 항상 손질을 하고 있지 않으면 개량된 그 상태가 영원하리라고 마음놓을 수 없다. 식물은 언제나 인간에 의해 길들여진 것을 후회하면서 기회만 있으면 본래의 상태로 돌아가려 한다.

독립에 대한 갈망은 강렬하다. 모두가 독립을 동경한다. 양배추까지도 밭에서 잘 자라고 있으면서도 벼랑 위의 고향을 그리워하고 그 커다란 머리로는 자유를 되찾을 궁리를 이리저리 하고 있다.

재배자가 몇해 동안 거름도, 물도 안주고 내버려 두거나 또는 그 씨가 바람에 실려 엉뚱한 곳에서 싹을 틔우면 양배추는 즉시 흰 잎을 걷어 올려 결구를 버리고 야생의 조상들처럼 녹색의 자유로운 잎으로 돌아갈 것이다. 그 뜨거운 열정을 스스로 포기하지는 않는다. 양배추에게는 자유로운 생활이 소중한 것이다. 하지만 사람들이 다시 잘 달래서 채소밭에 데려다가 영양분을 풍부하게 주고 구슬리면 양배추도 지난 일을 물에 흘려버리고 인간들의 권유를 받아들여 하얀 고갱이를 맺을 것이다.

배나무도 마찬가지다. 호인형의 배나무도 속으로는 야생으로 돌아가고 싶어 한다. 관목숲 속에서 참새조차 탐내지 않는 떫고 딱딱한 조그만 열매를 맺던, 선조들의 가난하지만 자유롭던 생활을 그리워하고 있다. 접목하는 번거로움도 없고 줄기에 가해지는 고통도 없으며 가지치기를 당할 때 체형을 받지 않아도 되는 그 자유롭던 생활을 배나무는 어렴풋이 더듬어보는 것이다.

묘포의 일꾼은 조심해야 한다. 이 나무에게 영양이 풍부한 흙을 줘서 속박받는 고통을 잊게 하는 것이다. 그렇게 하지 않으면 배나무는 머잖아서 전과 같은 조그맣고 떫더름한 열매로 돌아갈 것이다. 자기 자신은 그렇지 않더라도 자손들에게 과격한 사상을 주입시켜 그 종자에서 생기는 나무가 짓궂은 조그만 열매를 맺도록 할 것이다.

야생으로 돌아가려는 경향

 셀로리가 옛날의 독살자로 돌아가고 싶은 충동을 갖고 있다는 것은 너희들도 알고 있을 것이다. 그리고 채소밭에서도 흙의 어둠만이 그 무서운 충동을 누를 수 있다는 것도 우리들이 재배하는 다른 식물에 대해서도 같은 이야기를 할 수 있다. 그들은 인간의 노력과 지능에 의해 만들어진 것이며 자연에서 일탈한 것이다. 모두가 야생으로 돌아가려 하고 있다. 그러니까 오랜 재배로 길들여진 성격을 유지하고 나날의 식량이 되게 하기 위해서는 끊임없이 주의하고 노력해야 한다.
 대부분의 야채는 재배용으로 개량된 형태로 우리들에게 전해 내려왔다. 그 기원은 너무 아득해서 이미 사람들의 기억 속에 없다. 밀과 같은 일부 식물은 야생 당시의 형태가 아무 데도 남아 있지 않다. 적어도 아직까지는 발견되지 않았다. 양배추, 당근, 사탕무우, 순무우 같은 것은 야생형이 알려져 있다. 가령 원시적인 사탕무우는 바닷가의 모래땅에서 자생하며, 야생의 당근은 불모의 벌판에서 많이 볼 수 있다. 어느쪽도 자연 그대로로는 너희들이 알고 있는 풍부한 뿌리를 갖고 있지 않다.
 야생의 뿌리는 펜만한 굵기의 빈약한 주근계이며 갸름하기는 해도 살이 없고 당분도 없다. 전문가가 아니면 쥐꼬리 같은 야생종과 통통한 재배종이 일가붙이라는 것을 짐작하기도 어렵다. 야생 사탕무우의 말라빠진 섬유다발을 당분의 물기를 머금은 굵은 뿌리로 만들고, 또한 쥐꼬리 같은 야생 당근뿌리를 주먹만한 크기로 만들기 위해 인간은 어떤 노력을 했을까?

당근에 대해서는 농학자 빌모랑 씨의 훌륭한 시험을 더듬어 보기로 한다. 어디까지나 당근에 관한 얘기지만 여기에는 대단히 중요한 의미가 있다는 것을 잊어서는 안된다. 왜냐하면 인간이 어떤 방법으로 아무 가치도 없는 야생식물에서 먹을 수 있는 종을 만들어냈는지 그 방법을 다시 한 번 살펴보는 것이 그 주제이기 때문이다.

야생 당근은 1년생 식물이다. 겨우 펜만한 굵기의 주근을 땅에 내리고 키가 후리후리한 줄기를 뻗어서 황급히 꽃을 피우고 열매를 맺고 종자를 퍼뜨리고는 모든 것이 끝났다는 듯 죽는다. 1832년, 빌모랑 씨는 야생 당근의 씨를 최초로 뿌렸다. 토지는 부드럽고 깊고 거름도 넉넉해서 상당히 비옥했다. 야생 식물은 이처럼 풍성한 식탁을 받아 본 일이 없었다. 얼마나 만족했는지 상상할 만하다. 종자는 싹을 틔웠다. 밭은 완연한 녹색의 훌륭한 줄기로 덮이고 한편 꽃이 피었다.

그러나 뿌리 쪽은 단 하나도 살이 오르지 않았다. 모두가 호리호리한 쥐꼬리 같았다. 시험은 완전 실패였다. 야생 당근은 습관을 전혀 바꾸려하지 않았던 것이다. 당연한 일이었다. 뿌리는 땅에서 액을 빨아올리기 위해 있는 것이어서 쓸데없이 비만해지지는 않기 때문이다. 쓸데없다는 것은 인간에게 그렇다는 뜻은 아니다.

그런데 인간에게 필요한 것이 식물에게는 불필요한 것이다. 오히려 유해하기까지 하다. 그러니까 기름진 땅에 뿌리내렸다 해서 본래의 기능을 저해하는 체구가 될 턱이 없다.

영양을 듬뿍 주기만 하면 뿌리가 과식을 해서 뚱뚱해진다고 생각하는 것은 잘못이다. 절제는 당근에게 중요한 일이다. 식물의 번영이 걸려 있는 것이다. 특별히 마련된 땅이라 해도 줄기에 양분을 공급하는 자신의 임무를 잊지는 않는다. 임무를 완벽하게 수행하기 위해 당근은 위(胃)를 비워 놓는다. 옳은 일이다. 결국 식물의 경우 중대한 이유가 없는 한 뿌리는 결코 비대해지지 않을 것이다. 야생의 성격을 바꾸기 위해서는 양분을 충분히 주는 것만으로는 충분하지 않은 것이다. 분명히 다른 것이 필요하다. 요컨대 식물 자신이 인간이 원하는 변화를 달갑게 생각해야 하는 것이다.

괴근(塊根)의 역할은 식물의 죽음을 뛰어넘어 살아남는 눈을 다음 해에 기르기 위해 절약에 힘쓰는 것이다. 그러나 당근은 1년생이다. 말라 죽은 뒤에는 아무런 눈도 남기지 않는다. 따라서 당근의 뿌리는 장래를 생각할 이유가 없는 것이다. 그러므로 당근 뿌리를 괴근으로 만들려는 인간의 노력은 모두 실패로 끝난다. 인간을 위해서 뿌리가 절약을 꾀하리라고 생각한다면 어리석은 일이다.

하지만 겨울이 다가올 무렵, 어떤 방법으로 식물에 눈을 붙이는 데 성공한다면 아마도 뿌리는 이듬해에 그 눈을 기르기 위해 살찔 결심을 하고 빈약한 쥐꼬리도 식량의 풍부한 저장소로 바뀔지 모른다. 모성애는 어떤 기적도 가능하게 한다.

추위가 닥쳐 1년생 식물이 말라 죽을 시기에 당근에게 눈을 붙이게 하는 데는 두 가지 방법이 있다. 제1의 방법은 추위가 와서 식물이 그 활동을 중지할 때까지 식물이 완전히 생육을 마칠 시간적 여유가 없도록 씨를 늦게 뿌리는 것이다. 제2의 방법은 새싹이 나올 때마다 그것을 잘라 버린다. 꽃을 피우고 결실하는 것은 식물의 최고 목적이다. 그것이 이루어지지 않는 한 식물은 피폐할 때까지 계속해서 새싹을 틔운다. 빌모랑 씨는 이 두가지 방법을 동시에 시험해 봤다.

당근 문명의 역사

빌모랑 씨는 다음 해에는 야생 당근의 파종을 시기를 늦추어 4월에 했다. 싹을 틔운 식물의 줄기가 자라는 대로 잘라내고 아랫쪽의 잎만 소중하게 보존시켰다. 그래서 이 식물은 줄기도 꽃줄기도 크지를 못했다. 그러나 뿌리 쪽은 줄기를 잘라냈음에도 살이 조금도 찌지 않았다. 그 뿌리는 야생의 뿌리 그대로 가늘고 탄탄했다. 새싹을 제거한 것은 무의미했던 것이다. 뿌리가 지상에서 일어나고 있는 사태를 알아채고 나머지 눈이 겨울을 넘길 수 있도록 계획을 세우기도 전에 식물은 새로운 싹을 틔우는 데 지쳐 버렸던 것이다.

파종만 늦게 한 쪽도 결과가 좋지 않았다. 꽃을 피우고 열매를 맺을 시간적 여유가 있었던 것이다. 아마도 그 뿌리는 야생의 뿌리보다도 질이 나빴을 것이다.

당근의 사고(思考)의 흐름을 바꾸는 것은 이처럼 쉬운 일이 아니었다. 이태에 걸친 세심한 실험은 아무런 성과도 올리지 못했다. 당근의 파종을 좀 더 늦춰보면 어떨까? 다음 해에는 파종을 야생 당근이 한창 자라는 6월 말에 해보았다. 이 시기라면 당근은 싹을 틔우고 성장해서 꽃을 피우는 데 4개월밖에 없다. 야생 그대로라면 8개월의 시간이 있다. 6월 말에 파종하면 그들이 활동을 중지할 때까지 4개월 밖에 없다. 이처럼 기간을 반으로 줄여 본 것이다.

그런데 마찬가지였다. 6월 말에 파종한 대부분의 당근이 매우 빠르게 성장하여 키가 큰 줄기를 늘어뜨리고 씨까지 괫는 여유를 보였다. 실험 결과는 뻔했다. 그 뿌리는 의미있는 변화를 보이지 않을 것이다.

그런데 그중 5, 6그루는 이유는 알 수 없으나 성장이 늦고 줄기를 뻗지 못했다. 이 식물은 겨울이 닥치면 성장을 중단하고 그것을 다음 해로 미룰 수밖에 없는데 이것은 눈을 보호하기 위한 것이다. 이들의 뿌리는 식량을 저장하기 위해 직경 1.3cm정도의 괴근을 만들었다. 채소밭의 아주 질이 떨어지는 당근 정도다.

체제(體制)란 불가해한 힘을 갖는 것이다. 1년생 식물이 한 해에 성장을 다할 수 없는 상황을 만난다. 그러면 곧 감춰진 본능의 경고를 받고 식물은 습관을 바꿔 이듬해까지 살아 남아 마저 성장할 수 있도록 식량을 비축해서 힘을 기르는 것이다. 원래는 1년밖에 살지 못하던 것이 열매를 맺기 전에는 죽지 않으려고 2년을 사는 방법을 개발하는 것이다.

가장 어려운 제1보를 내디뎠다. 당근은 한번 살찐 뿌리를 경험하고 나면 아마 그 자손들에게도 그 새로운 방법을 전승할 것이다. 묘포에 남았던 5, 6그루의 괴근은 겨울을 보내고 이듬해 봄에 이식됐다. 줄기는 자유롭게 뻗어서 종자를 맺었는데 그 종자를 다음 해에 뿌려서 괴근을 갖는 식물을 많이 얻었다.

딸들의 대부분은 어머니의 성질을 닮았다. 수확의 2할 정도가 양질의 당근이었다. 가장 질좋은 것이 종자용으로 남겨져 1836년에 뿌려졌다. 1837년산은 더욱 양질이었다. 이제 당근은 통통하게 살이 올랐다. 1kg을 넘는 것도 있었다. 좋은 뿌리를 낳기 위한 불가결의 조건인 첫해에 열매를 맺지 않는다는 생존방식도 몸에 배어서 10분의 1가량이 꽃을 피웠다.

습관이 정착된 것이다. 당근은 2년을 넘겨 산다는 생존방식에 익숙해졌다. 당근에게 이것은 대단한 혁명이었을 것이다. 1839년산인 제4세대는 양적으로나 질적으로나 거의 우량한 뿌리만을 갖게 되었다.

역시 선택의 문제다. 오랜 관습을 지켜 해마다 꽃을 피운 당근의 비율은 거의 제로가 됐다. 변신은 이루어져 야생 당근은 채소로서의 당근이 됐다. 학문적인 지도와 합리적인 관리가 7년만에 이런 훌륭한 성과를 이루게 한 것이다. 여기서 당근보다 훨씬 반항심이 강한 여러 재배식물에 관해 생각해 보기로 하자.

습관을 바꾸는 데 적합한 식물을 수많은 식물중에서 골라내는 행운의 착상, 그 식물을 우리 인간에게 유용하도록 만들기 위한 끈질긴 시도, 한해한해 개량을 거듭해가는 노고, 다시 야생으로 퇴화하는 것을 막고 완전한 상태로 후세에 전하기 위한 연구, 그를 위해 필요했던 모든 것에 관해 생각해 보자.

이런 것들을 알게 된다면 순무우 한 조각, 국 속의 양배추잎 한 장 속에도 그것을 경작한 농민의 노고 이상의 것이 들어 있다는 내 생각에 동의할 것이다. 복성(復性)이 약한 야생종에서 야채를 만들어내기 위해서는 아마도 1백 세대에 해당되는 노동의 축적이 필요했을 것이다. 우리는 선인들이 만들어낸 야채를 먹으며 살고 있다. 이번에는 우리들의 힘, 사고의 힘과 노동의 힘으로 좋은 결과를 얻어내어 우리 후세들이 살아갈 수 있도록 해주는 것이 우리의 사명이 아닐까?

제 17 장
부정근(不定根)

딸기의 포복
갯보리와 알렉산더 대왕

제 17 장 부정근(不定根)

딸기의 포복

　대부분의 식물은 햇볕을 쬐기 위해 갖은 수단을 다하지만 어떤 것은 땅바닥을 기기만하는 식물도 있다. 겸손한 자세로 땅바닥을 기는 것은 나름대로 중대한 이유가 있다. 즉, 짧은 시간에 눈의 젖을 떼려는 것이다. 눈이 땅과 접촉하여 독립하면 자식이 많은 집은 부담이 줄어든다. 어린 싹을 문 밖에 내놓고 이제부터 혼자 힘으로 살아가라고 강요한다. 가슴 아프지만 어쩔 수 없다.
　식물은 여러가지 방법으로 이런 엄한 교육을 시킨다. 어떤 것은 재력이 있기에 자신의 눈에 주아(珠芽), 구경(球莖), 괴경, 살찐 뿌리 형태로 조잡한 식량을 저축한다. 어느 정도 축적이 되면 운명을 하늘에 맡기고 그 눈에서 손을 뗀다. 나머지는 말라 죽을 위험을 무릅쓰고 스스로 살아가야 한다. 갑자기 젖을 떼인 눈에게는 강한 체질과 식물로서의 노동에 견딜 수 있는 튼튼한 체력이 요구된다. 섬세한 기질 가지고는 견디지 못한다. 그래서 개중에는 부득이한 이주에 따뜻한 배려를 하는 식물이 있다. 딸기가 그 예다.
　어미 그루터기에서 길게 뻗은 가는 가지가 여러 가닥 땅을 기면서 나타난다. 이것을 포복지 또는 포복경이라고 부른다. 어느 정도 뻗으면 그 끝에 조그만 그루터기가 잎을 내고 스스로 살아나가기 위해 땅

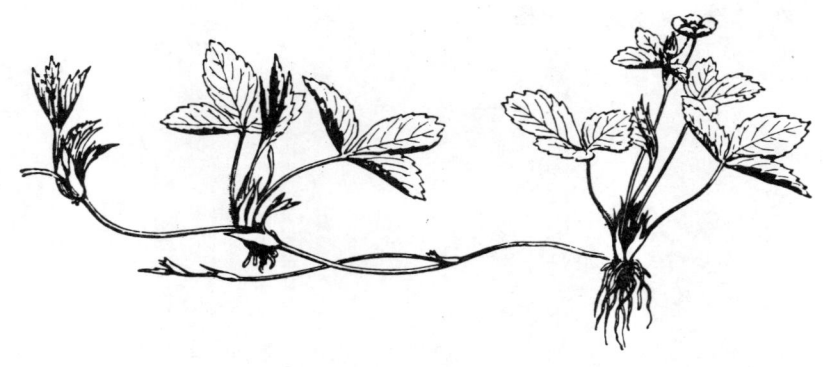
양딸기

에 뿌리를 내린다. 어린 식물에게 그 노동은 힘겨울 것이다. 아직 여린 조그만 뿌리가 볕에 타서 딱딱해진 흙을 뚫고 내려가야 한다. 혼자 힘으로 하려고 한다면 아마 제대로 해내지 못할 것이다. 몸이 너무 허약하기 때문이다. 그래서 땅 속에 뿌리를 내리기 위해 힘을 쏟고 있는 동안은 비축된 식량이 어미 식물로부터 포복경을 통해서 내려온다. 당분간은 뿌리를 내리는 일만 하면 된다. 식물의 빵인 수액을 조제하는 일은 생각하지 않아도 된다. 식량에 신경쓰지 않으니까 딸기의 새 싹은 잘 자라서 자리를 잡는다.

　인간이라는 커다란 그루터기의 눈인 우리들도 모두 뿌리를 내려야 한다. 정착하기 위해서 우리들은 격렬한 경쟁사회를 뚫고 나아가야 한다. 딱딱하게 굳은 땅을 돌파하는 식물의 작업보다 훨씬 어렵다. 사람은 일찍부터 하루하루 먹고사는 문제로 마음고생을 한다. 어버이의 재산인 포복지도 없기에 자신의 힘으로 앞길을 열어 나가야 한다. 대단한 일이다. 어려움이 크면 그만큼 영예도 큰 법이다.

　딸기의 그루처럼 도움을 받는 눈은 시간을 갖고 느긋하게 힘을 기른다. 혜택받은 포복경이 현재를 보증하고 장래를 쉽게 풀어갈 수 있도록 해준다. 이 행운에 걸맞게 행동하지 않는 자, 여유있는 시간을 마음을 풍족하게 하는 데 쓰지 않는 자는 부끄럽게 생각해야 한다.

상당히 강해진 딸기의 싹은 이번에는 자신이 가늘고 긴 잔가지를 내는데, 그것은 최초의 잔가지와 마찬가지로 땅을 기며 마디를 이루고 뿌리를 내린다. 앞의 그림에서 최초의 그루터기는 새 것보다 튼튼한 모양을 보이고 있다.

한 장의 잎사귀 측면에서 포복경이 나오고 그 맨끝의 눈이 이미 뿌리가 상당히 강한 새 싹으로 자라고 있다. 이 새 싹에서 나

갯보리

온 제2의 포복경은 제3의 마디를 달고 그 잎이 나고 뿌리가 보이기 시작한다. 이 제3의 마디에서 제3의 포복경이 생기고 있다.

이와 같이 무수하게 번식한 결과 어미 그루는 계절과 토양이 맞다면 여기저기에 뿌리를 내리는 많은 자식들, 일종의 식물의 식민지에 둘러싸인다. 분명히 식민지라는 이름이 어울린다. 사실상 이것은 어미 그루에서 이주한 눈이며 인구밀도가 높은 과밀한 나라의 주민이 더 나은 생활을 찾아 고국을 떠나 듯이 외지에서 자신의 운을 시험해보려고 하는 것이다. 식민지 바람에 들뜬 딸기가 페니키아의 훌륭한 도시 티루스나 무역상인 알버인을 흉내내는 까닭을 설명하는 것은 쉬운 일이 아니다. 식물에게도 정책이 있을 테지만 어떻게 시작하는지 우리는 거의 모른다. 그보다는 영국과 페니키아의 정치에 관해서 우리는 더 잘 알고 있다.

폭이 40km밖에 안되는 갸름한 불모의 땅, 남북과 동쪽이 산에 둘러싸인 국토에서 사는 페니키아인은 눈앞에 펼쳐진 대양에 진출해서 상

업에 종사할 수밖에 없었다. 농경지가 적었기 때문에 그들은 국제적인 세일즈맨이 되었다.

　기복이 심하고 암석투성이인 토지를 쟁기로 경작하기 어려웠던 그들은 선박으로 바다를 경작했다. 수확은 좋았다. 수세기에 걸쳐 그들은 세계의 상업을 독점했으니까. 그러던 중 탐욕스런 상인들은 새로 개척한 땅에 지점을 설치했고 그것이 마침내 식민지가 되어 번성했다. 북아프리카, 에게해의 섬들, 시실리아, 가리아, 스페인은 딜스와 시든의 과잉인구를 받아들였다.

　오늘날 바다에 둘러싸여 궁색함을 면치 못하는 영국은 세계 각국에 자국의 면직물, 고철, 석탄을 배분한다는 구실로 지구 여기저기에 거점을 구축하고 있다. 인도, 오스트레일리아, 안틸군도, 가이아나, 케이프타운, 말타섬, 지브롤터 등에 런던에서 넘친 술집들이 흘러들었다. 아센션 섬과 세인트헬레나 섬 등 사람이 살지 않는 바위까지도 무역상인들이 선착장을 만들고 대포를 설치하는 데는 충분했던 것이다.

　그것은 명백하다. 고대 페니키아인과 현재의 페니키아인인 영국인의 식민정신은 국토가 너무나 협소하다는 한계를 뛰어 넘기 위해 생겨났으나, 탐욕이 지나쳐 세계 여러 곳에서 수많은 문제를 일으키고 있다.

　이것이 딸기의 정책이라고 나는 생각한다. 야생의 딸기는 잡목숲에 살지만 조심하지 않으면 주변의 무성한 관목숲에 파묻혀 햇빛을 차단당한다. 식물은 빛을 보려고 그 가지로 집요하게 숲 속을 파고든다. 그 가지는 조금이나마 햇볕을 받으려고 끈질기게 뻗어간다. 그러다가 마침내는 더이상 지탱하지 못하고 가지로 땅을 기게 한다. 그렇게 되면 가는 끈 모양의 가지를 통해서 수액을 순환시키기가 부담스럽다. 그래서 먼 곳의 눈은 말라 죽을 위험이 있다.

　여기서 중대한 결단을 내린다. 굶주림은 엄한 충고자인 것이다. 공동체는 해체되고 눈은 독립을 선언한다. 어미 그루에서는 머지않아 식량공급이 중단될 것이다. 이렇게 예측한 눈은 서둘러서 자신의 뿌리를 내린다. 내 기억이 맞다면 딸기는 티루스의 뱃사람들을 흉내내고 있다. 다시 말해서 자국에는 여지가 없기 때문에 식민을 하는 것이다. 어린 싹을 잡목숲 속에서 죽게 하느니보다 차라리 그들을 먼 토지로 보내서 새로운 식물 도시를 개척하게 하려는 것이다.

갯보리와 알렉산더 대왕

게다가 딸기에게 야심이 없다고도 할 수 없다. 영국이 좋은 예이다. '달팽이가 딸기를 제멋대로 하게 놔둔다면 딸기는 삽시간에 그 식민지를 포복지의 천지로 만들 것이다'라는 말을 들은 일이 있다. 유럽이 영국을 감시하고 있지 않으면 세계는 런던을 수도로 하게 될 것이다. 딸기 쪽이 좀더 질이 나은 것 같아서 딸기의 그런 침략의도를 나는 믿지 않지만 갯보리 같으면 얘기는 달라서 그 야망을 숨기려 하지 않는다.

갯보리에게는 마케도니아의 알렉산더 대왕처럼 토지가 너무 협소하다. 농민이 괭이, 삽, 갈퀴 등 연장을 총동원해서 밭에서 갯보리를 추방하지 않으면 한정없이 번식해서 그 포복경이 드처를 점령해 버릴 것이다.

딸기얘기로 돌아가자. 처음에는 어미 그루 둘레에 뿌리를 내린 어린 싹은 포복경에 의해 어미 그루와 연결되어 있다. 식민지와 본국이 연락하듯이 늙은 식물에게서 어린 식물에게로 수액이 흐른다. 그러나 곧 어린애가 자신이 어른이 됐다고 느낄 때가 온다. 어미 그루에 매달려 있는 것이 부담이 된다. 자신의 생을 살고 싶고 자기가 마련한 수액을 마시고 싶어한다. 이때부터 어미 그루와의 관계는 끊어지고 그후 불필요하게 된 포복경은 말라버린다. 어린 싹 하나하나가 독립된 딸기 그루가 되는 것이다.

1681년에 한 무리의 열렬한 신자들이 신앙의 자유를 억압하는 정치적 갈등을 피해서 북아메리카를 향해 영국을 떠났다. 그리고 그곳의 울창한 삼림을 개간해서 식민지를 건설했다. 그 식민지는 오랫동안 모국의 고압적인 후견을 받아야 했다. 그러나 한 세기가 흐르고 이 식민지는 긍지를 갖는다. 스스로 위대한 운명을 예감했다. 합중국으로서의 운명이다. 그리고 오늘날 이 나라는 여러 국가의 선두를 걷고 있다. 긍지를 가지고 충분한 힘을 자각하고 자신을 영국과 연결짓고 있는 끈을 영원히 끊어 버린 것이다. 어느 시대에도 성숙한 식민지는 그와 같이 본국을 떠났다. 딸기의 무리도 마찬가지였다.

딸기가 무리로 퍼져나가는 이유를 주변의 관목숲이 방해가 돼서라고 했다. 그 이유는 그밖의 많은 식물들이 같은 조건 아래에서 포복지의 무리를 이루는 것으로 봐서 틀림없는 것 같다.

숲속의 조촐한 친구인 제비꽃도 그런 따위다. 제비꽃도 옆으로 퍼진다. 줄기를 땅 위에 누이고 여기저기로 뿌리를 내린다. 같은 원인이 같은 결과가 되는 것이다. 우리들의 정원으로 옮겨진 뒤로는 위로 뻗는 것을 방해할 장애가 없으니까 딸기도, 제비꽃도 포복경을 포기해야 할 것이라고 너희들은 말하고 싶겠지.

하지만 너희들은 거듭된 관습이 본성이 되어버린다는 것을 잊고 있다. 딸기는 재배되면서도 야생 시대의 조상들의 식민본능을 잃지 않고 있는 것이다. 많은 예외는 있지만 원칙은 그런 것이다.

즉, 싹을 틔운 환경 때문에 수직방향으로 성장할 수 없었던 식물은 옆으로 퍼져 땅을 기는 가지를 뻗으며 식민해 간다. 제비꽃이나 딸기의 예와 같이 가령 바닷가에서 해풍을 맞는 식물, 특히 남극·북극에서 자라는 식물이 그렇다. 몇 종류 안되는 식물만으로 이루어진 단조로운 초원이 아이슬랜드, 래프랜드, 그린랜드의 동토를 뒤덮고 있다.

한 그루의 관목도 키가 크려 하지 않는다. 그런 짓을 했다가는 칼로 찌르는 듯한 북풍을 맞아 단번에 죽고 말 것이다. 그래서 식물들은 조촐한 대로 서로 얽혀 몸을 비벼대며 가혹한 기상과 싸운다. 쉴새없이 불어닥치는 바람을 맞아 땅에 누운 가지는 진흙질의 토양에 가지를 뻗고 강한 부정근(不定根)에 의지해서 필사적으로 땅에 매달린다. 기상의 가혹함은 극지식물에게 식민본능을 깊히 새겨 놓은 것이다.

장소가 달라져도 땅이 불모이면 결과는 같다. 거의 모래뿐인 땅에 한 그루의 식물이 뿌리를 내린다. 양분이 부족하다. 여러 그루가 한 곳에서 양분을 섭취하면 사정은 더욱 어려워진다. 이 굶주린 식물은 어떻게 하는가? 먹이기 위해 자신의 눈을 먼 곳으로 보낸다. 그 눈을 땅에 눕히고 자력으로 뿌리를 내리게 하는 것이다. '필요는 발명의 어머니다'라고 개불알풀은 거듭 우리들에게 말한다.

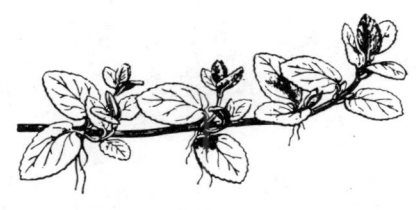

개불알풀

위의 그림은 그 잔가지다. 이 식물의 경우 불모의 땅에 뿌리내리는 것이 관례다. 이 식물은 벌거벗은 언덕 위에 붙어서 자란다.

우리 인간은 태어난 고향에 강한 애착을 갖는다. 동전 한 잎을 받고서 춤을 추는 오토 사보아의 가엾은 아이들에게 물어봐라. 억새풀이 잔뜩 섞인 검정빵조차도 없었던 고향을 생각하며 왜 눈물을 머금는가를 아이들은 대답할 것이다. 보리조차 가기 싫다던 땅, 흰 눈이 뒤덮힌 산, 그 산이 그리워서라고.

요컨대 개불알풀에게는 기름진 땅보다도 메마른 언덕을 좋아하는 나름대로의 이유가 있는 것이다. 그는 일정한 간격으로 뿌리를 내릴 수 있는 포복지를 써서 굶주림을 피하면서 그 눈을 옮겨간다,

식물이 부정근을 채용하는 환경을 열거하려면 한이 없다. 또한 눈에서 직접 뿌리를 내리는 이 방법은 식물이 넘어야 할 거리가 얼마이며 올라야 할 높이가 얼마인가에 따라 결정된다. 아메리카의 열대림에서는 그 열매의 향기가 좋아 널리 알려진, 줄기가 호리호리한 식물 바닐라가 썩은 고목 줄기에 기생하여 살고 있다.

바닐라는 선명한 녹색을 띤 다육질(多肉質)의 잎에 덮힌 긴 끈 같은 모양을 하고 있는데, 나무에서 나무로 뻗으며 숲 속의 어두컴컴한 그

남아메리카의 열대림에서는 부패한 고목 줄기에서 바닐라가 기생해 살고 있다

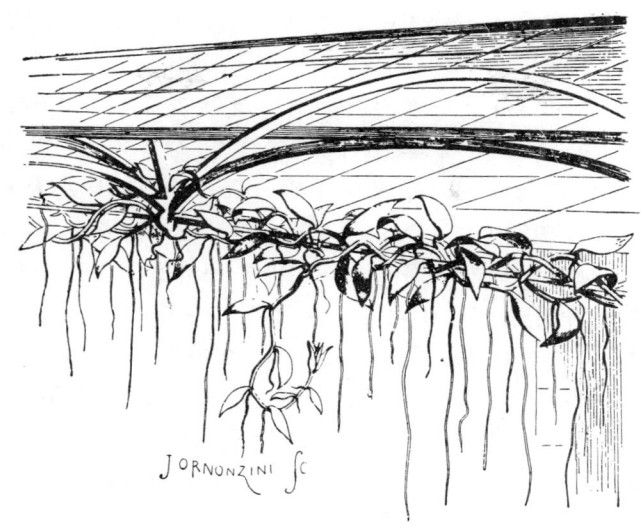

온실 속의 바닐라

늘을 피해서 높은 곳의 볕에 이르려고 한다. 기다가 뻗다가 하며 넘어 가는 거리는 상당하다. 당연히 줄기가 너무 길어서 뿌리에서 흡수된 양분이 제때 눈까지 흘러가기 어려운 시기가 온다.

그러면 바닐라는 굶주린 줄기의 편법을 활용한다. 그 눈에서 많은 뿌리를 내리는 것이다. 그중 몇개는 가까운 나무껍질의 아직 치유되지 않은 상처에 쌓인 부식토(腐植土) 속에 뿌리를 내린다.

그러나 대개의 뿌리는 큰나무 위에서 아래로 축 늘어져서 숲 속의 습기찬 공기 속을 표류하고 있다. 뿌리는 항상 수증기가 충만한 그 후덥지근한 공기 속에서 식물이 먹을 충분한 식량을 얻어 보급한다. 바닐라는 온실에서 재배되는 수도 있는데 무더운 온실 속에서도 곧 지주 둘레를 휘감고 자기가 태어난 숲 속에서와 같이 무수한 부정근을 공중에 매단다.

여기에서 말하기에는 너무 길지만 매우 논리적인 이유로 식물은 상황에 따라 자신의 눈에 자유를 주고 눈 자신의 힘으로 정착하고 뿌리

내리는 것을 허용한다. 분지는 보통 땅을 기는데 이것을 포복경이라고 한다. 개불알풀이 그 예이다.

어떤 것은 대단히 작은 잔가지를 길게 뻗어 맨끝에는 자연히 뿌리를 내리는 마디가 생기는데 그 잔가지에는 잎이 생기지 않는다. 씨를 퍼뜨리는 이런 종류의 줄기를 포복지 또는 포복경이라고 한다. 딸기, 제비꽃 등이 그 예이다.

그리고 포복경 또는 포복지에 생겨나는 뿌리를 부정근이라고 한다. 즉, 보통은 뿌리가 생기지 않는 곳에서 생기는 뿌리라는 뜻이다. 그런데 부정근이라는 표현은 좀더 일반적으로 어미 줄기의 아래쪽 끝 이외에서 발육하는 모든 뿌리에 적용되어야 한다. 부정근 중에는 땅 속에 뿌리내리지 않는 것도 있다. 기근(氣根)은 바닐라의 예와 같이 공중에 매달리는 것, 수근(水根)은 물 속을 떠도는 것이다.

제 18 장
꺾꽂이(揷木)와 휘묻이(取木)

부정근이 일으키는 기적
꼭두서니와 감초의 고민

제 18 장 꺾꽂이(插木)와 휘묻이(取木)

부정근이 일으키는 기적

 부정근의 역할은 대단히 중요하기 때문에 식물이 주변환경에 어떻게 순응하는가를 보기 위해 다른 예를 들어보기로 한다. 바다에서 머리를 추켜든지 얼마 안되는 산호섬의 석회질 땅을 개간하기 위해, 다른 식물을 위한 흙을 준비하기 위해, 그리고 마지막으로 인간이 살 수 있도록 하기 위해 우선 어떤 나무가 초대되어 길러진다. 이 나무는 야자나무와 함께 하늘이 부여한 역할을 담당한다.
 이 역할을 담당하는 것이 판다누스다. 그런데 바닷물이 스며들어 산호가 부서진 모래 위에서는 먹을 것이 궁하고 설자리도 불안정하다. 파도가 들이치고 바람이 평평한 섬의 지표를 강타할 때 이 나무는 어떻게 저항할까? 순수한 백토(白土) 속에 흩어져 있는 많지 않은 양분을 어떻게 흡수할까?
 이런 2중의 어려움에 대비하는 것이 보조뿌리다. 판다누스의 눈 여기저기서 억센 부정근이 뿌리를 내리고 있다. 뿌리 위쪽은 공기 중에 나와 있으나 아래쪽 끝은 산호 조각 사이에 끼어서 보통의 뿌리처럼 나무를 지탱하고 나무에 양분을 공급한다. 판다누스가 부정근으로 된 울퉁불퉁한 골격 위에 당당하게 버티고 서 있는 광경을 흔히 볼 수 있다.

앵초

앵초는 프랑스에서는 뻐꾸기꽃이라고도 한다. 봄을 알리는 뻐꾸기가 싹이 막 트기 시작한 나무 끝에서 단조로운 울음소리를 내고 있을 무렵에 이 풀은 노란 꽃으로 들판을 장식한다. 앵초는 지하경을 갖는다. 그 줄기 끝은 늙어서 시들어 가지만 다른 줄기가 새로운 싹에 의해 항상 다시 젊어지면서 뻗어간다. 이전의 주경(主莖)의 잔해는 썩기 쉬우므로 해마다 줄기를 만드는 것은 새로 생긴 눈이며 이 눈이 부정근에 의해, 썩어 없어진 최초의 뿌리와 대체된다. 그림은 앵초 한 그루인데 그 주경 한 면에는 낡은 잎이 남긴 흔적이 있다. 그리고 거기서 많은 부정근이 나와 있는 것을 볼 수 있다.

송악은 나무껍질, 또는 바위나 벽의 거친 표면에 뿌리를 뻗기 위해 줄기가 면에 접하는 쪽에만 짧은 뿌리 비슷한 반원근(攀援根)의 술을 달고 있다. 하지만 그것은 뿌리가 아니다. 적어도 뿌리의 역할은 하지 않는다. 위로 기어오르기 위한 도구이며 흡근(吸根)은 아닌 것이다.

빙벽을 오르는 등산인의 등산화에 붙어 있는 스파이크처럼 반원근은 식물이 벽을 수직으로 기어오르는 데 소용된다지만 송악의 반원근은 기회만 있으면 땅 속으로 들어가서 식물에게 양분을 공급하는 부정근이 된다. 이것은 지상에 펼쳐진 송악의 분지를 보면 알 수 있을 것이다.

인도에는 특수한 무화과나무속 식물이 있어 놀랍다. 자꾸만 늘어나는 세대는 줄기가 견딜 수 없을 정도로 무거운데 그 식물은 무게를 지

늙은 무화과와 그 부정근

탱하고 또한 땅과 연결시키는 데 대단히 교묘한 방법을 사용한다.

　공동체의 성원이 늘어감에 따라 이 무화과나무는 가지의 위쪽에서 목질(木質)의 지주(支柱)를 내려보낸다. 그것은 처음에는 동아줄처럼 공중에서 흔들거리지만 이윽고 땅에 닿아 뿌리를 내리는데 그 수만큼 조그만 기둥이 공동(共同)의 건조물을 받치고 있는 모양이 된다.

　가지가 해마다 넓어지고 그것을 떠받치는 데 필요한 지주가 내려와서는 땅 속으로 기어 들어가기 때문에 무화과나무는 얼마 뒤 울창한 숲처럼 돼버린다. 단 한 그루의 나무를 몇 천의 지주가 떠받드는 숲인 것이다. 이 수직으로 뻗은 지주들은 모두 부정근이다. 그리고 시간이 흐르면서 진짜 줄기와 같은 모습을 갖추게 된다. 이런 집단 세대는 어렵지 않게 살며 영원히 살기도 한다.

　그리고 인도의 네르부다 강 부근에 있는 무화과나무는 유명하다. 부정근으로 된 3천 3백 50개의 지주가 그 나무의 거대한 숲을 지탱하고 있어 단 한 그루의 나무이면서 마치 커다란 숲을 보는 느낌이 든다.

둘레가 다른 3천 3백 50개의 나무, 3백 50개의 커다란 줄기와 그보다 작은 3천 개의 줄기가 가지에 의해 연결되어 있는 장관을 상상해 보라. 그것이 거대한 무화과의 모습이다.

이 나무 밑에서 7천 명의 군대를 쉬게 할 수 있으며 지주를 모아 묶어 놓으려면 6백m의 줄이 있어야 한다고 한다.

전해 내려오는 얘기에 따르면 알렉산더 대왕은 병사들의 불평소리를 이기지 못하고 인더스 강가에서 대원정의 종지부를 찍으면서 이 무화과나무를 보았다고 한다. 알렉산더 대왕의 군단과 바우라바 왕 포로스의 코끼리 군단이 싸우는 것을 지켜 봤을 이 식물계의 대장로는 그 당시 대체 몇 살이었을까?

부정근에 대한 설명은 이것으로 충분할 것이다. 식물은 그 최초의 뿌리에 만족하지 않는다. 상황에 따라 또는 본능에 따라 줄기에서 부정근을 뻗고 가지와 잔가지를 낸다.

인간은 농경을 시작하면서 식물이 뿌리를 늘리는 경향이 있음을 알고 이 귀중한 잇점을 살리려고 뿌리를 뻗게 하는 데 힘을 기울였다. 인간은 계획적으로 식물들의 구조를 바꾸는 데 도움을 주었으며 식물은 이 꾐에 빠져들었다. 그래서 인간이 원하는 곳이라면 어디라도 뿌리를 내렸던 것이다.

이 목적을 이루기 위해 하나의 미끼, 단 하나지만 저항할 수 없는 미끼가 사용되었다. 양액(養液)을 듬뿍 머금은 신선한 토양이 그것이다. 이 유혹을 식물이 어떻게 견딜 수 있겠는가?

뿌리가 결여되어 있는 곳에 식욕을 돋구는 부식토를 손이 닿는 범위 안에 놓아둔다. 그러면 드물게 보는 반골이 아닌 이상 사회 일반의 원칙, 공동체 일반의 이익, 가족과의 유대 같은 것은 모두 잊어버린다. 맛있는 미끼에 유혹된 눈은 자신들을 위해 바삐 뿌리를 내려서 그것을 양액이 듬뿍 든 부식토에 심어 놓는다. 공동체의 다른 자들은 상관 않고 말이다.

아아, 우리 인간은 얼마나 약한 존재인가? 얼마나 많은 인간이 부식토만도 못한 유혹에 빠져 자기 의무를 잊고 조국을 잊고 명예와 금전이라는 거름에 뛰어들고 있는가?

　부정근을 내리게 하는 가장 간단한 방법은 줄기의 뿌리 밑에 흙을 돋아주는 것이다. 이것을 북준다고 한다. 흙에 파묻힌 부분은 곧 뿌리를 내린다. 가령 옥수수가 그렇다. 이 식물은 그대로 두면 부정근이라는 보조뿌리를 내릴 생각은 전혀 않고 통상의 뿌리로 만족한다.

　그러나 사람은 이 식물이 비바람에 쓰러지지 않으려면 보조근이 필요하다고 생각하기도 한다. 그럴 때 옥수수 뿌리에 복돋이를 해준다. 그러면 얼마 뒤 부정근의 다발이 나타나는 것이다.

꼭두서니와 감초의 고민

　꼭두서니는 신이 창조하신 대로라면 단 한 개의 뿌리로 족하다. 그 잔가지는 곧바로 설 힘은 없지만 다른 나무숲에 의지하여 그 뿌리 하나만으로 줄기를 지탱할 수 있다. 그런데 꼭두서니의 뿌리에는 값비싼 빨강 염료를 만들 수 있는 재료가 들어 있다. 그래서 인간들은 그 뿌리를 늘리려고 궁리한다. 사람들은 꼭두서니 밑둥에 복돋이를 한다. 가엾은 꼭두서니는 흙 속에 묻힌다. 하지만 실업가에게 연민의 정 같은 것은 없다.

　알다시피 의젓한 감초는 단맛이 나는 액을 뿌리에 머금고 있다. 이 감초도 사람들이 돈벌이를 위해 손을 대는 것을 그리 달가와하지는 않는다. 그런데 사람들은 그 단맛나는 뿌리를 늘리려고 감초의 아래 절반을 흙 속에 파묻는다. 경영자는 욕심을 채우기 위해 식물을 학대하고 질식시키면서 더 좋고 더 많은 것을 생산하라고 요구한다.

　식물 중에는 카네이션처럼 어미 줄기의 밑둥에 반듯하고 유연한 잔가지가 많이 생기는 것도 있다. 거기서는 새로운 모종을 얻을 수 있기 때문에 원예가들은 좋아한다. 빈틈없는 원예가들은 어떻게 하는가?

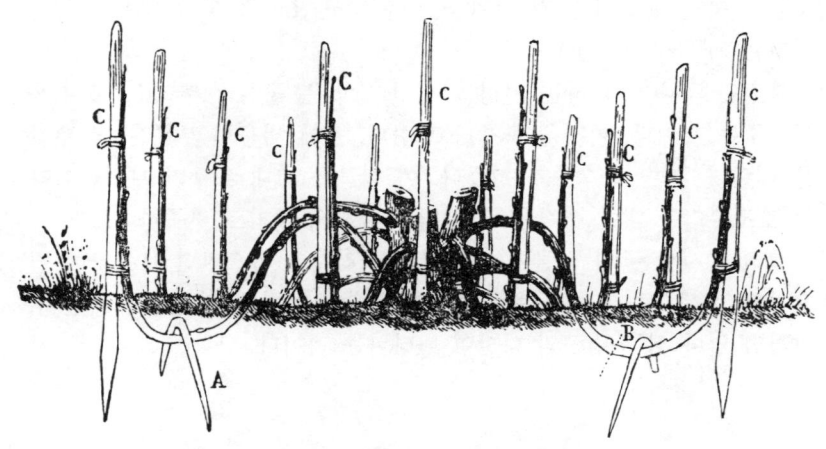

카네이션의 휘묻이

위의 그림에서 보는 바와 같이 줄기를 누이고 구부려서 휜 부분을 꺾쇠로 땅 속에 고정시킨 뒤, 끝을 다시 한 번 위쪽으로 세우고 부목을 대서 받쳐놓는다. 땅 속에 묻힌 부분에서는 얼마 뒤 뿌리가 나오는데 어미 그루는 뿌리가 돋을 때부터 눌려 시달려 왔던 줄기에 수액을 보낸다. A, B를 비롯하여 굽은 부분에서 부정근이 충분하게 돋는 것을 확인한 다음 원예가는 뿌리가 돋은 곳의 조금 앞을 잘라서 어미 식물과 분리시킨다. 분리된 잔가지는 하나하나 화분에 심어져서 이후 독립된 모종이 된다. 이 방법을 휘묻이(取木)라고 부르며 어미 그루에서 잘라낸 모종들은 자주(子株)라고 한다.

또한 협죽도처럼 휘묻이를 하기에는 가지가 유연하지 못한 식물도 있다. 이 가지를 억지로 누이면 부러져버린다. 그런데 사람은 참으로 간교하다. 반으로 쪼갠 화분을 협죽도에 달아매고 휘묻이하는 가지를 화분 속에 그대로 싸서 넣는 것이다. 그리고는 화분 속에 부식토나 이끼를 채우고 자주 물을 줘서 습기를 유지시킨다. 식물이 함정을 알아

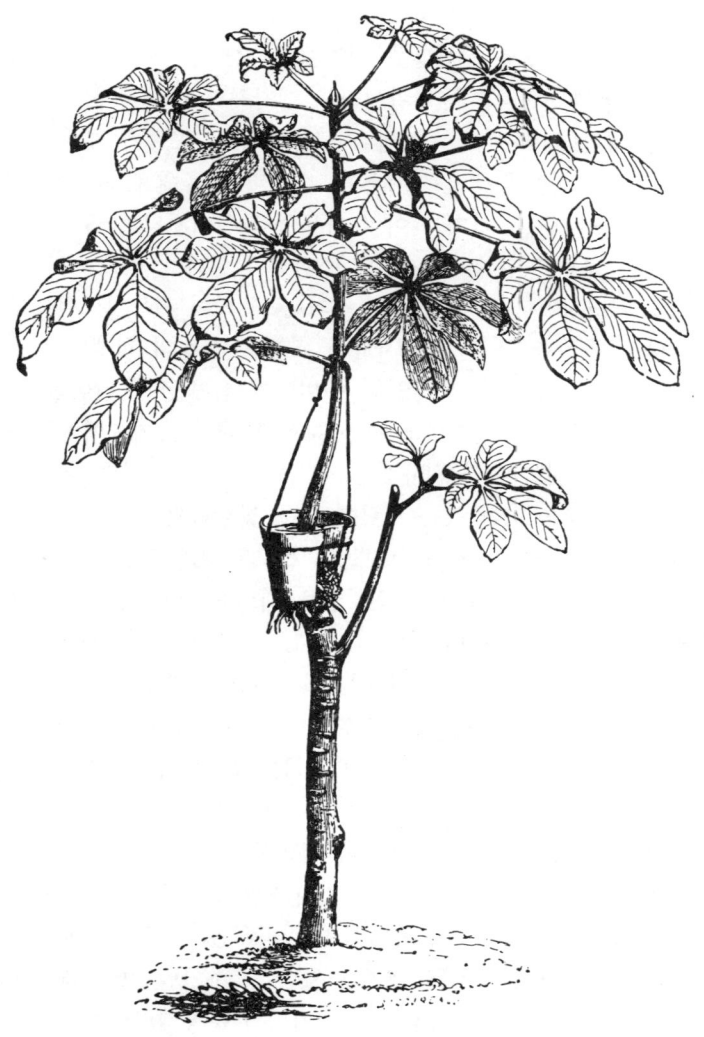

휘묻이하는 가지에 세로로 자른 화분을 매달아 놓은 모습

제 18 장　꺾꽂이(插木)와 휘묻이(取木)

챌까?
 이 경우 가지는 위치도 그대로이며 굽혀지지도 않았고 붙들어 매이지도 않았다. 유별나게 의심많은 성격이 아니라면 식물은 가지 끝에 만들어진 인공의 땅을 좋은 발판이라고 생각하고 순진하게도 화분 속에 뿌리를 내린다. 완전히 속아넘어가는 것이다. 공중에 매달린 화분 속에서 가지가 충분히 뿌리를 내렸다고 생각되면 원예가는 전정가위로 짤칵하고 잘라낸다. 가지는 어미 나무에서 떨어져나와 독립하는 것이다. 가지는 교묘한 원예가를 좀 더 조심해야 했다.
 흙 속에 뉘어지거나 깨어진 화분 속의 흙에 속아 휘둘이당한 그들의 운명을 나도 동정한다. 그들은 사람이 파놓은 함정의 희생자다. 하지만 처음부터 결박당하지도 않았고 어미에게서 별안간 떼어냈는데도 곧바로 정신을 차리고 원기 왕성하게 뿌리를 내리는 가지에게는 동정이 가지 않는다. 이놈은 가족의 정을 모르는 박정한 놈이다. 이처럼 도의에 어긋나는 짓을 하는 것은 독립에 너무 집착하기 때문이다.
 사람들 중에도 사정이 있어 울며불며 부모와 헤어져 언제까지나 슬픔에 잠겨 있는 자가 있는가 하면, 집을 떠나는 것이 즐거운지 눈물 한 방울 흘리지 않는 사람이 있다. 식물계의 박정한 자의 작태를 보자.
 버드나무 한 토막을 잘라 불필요한 잔가지를 처내고 막대처럼 만들어서 한 쪽을 땅 속에 묻어둔다. 위쪽이든 아래쪽이든 상관없다. 공기 속에 나오는 것이 머리든 다리든 습기있는 땅에서 물을 빨아올릴 수 있는 것은 마찬가지다.
 버드나무 토막은 며칠 지나지 않아 뿌리를 내린다. 아래 위가 같다고 했지만 역시 아래쪽을 땅에 묻는 것이 자연스럽다. 고집이 센 자라면 반발하는 경우도 있다. 거꾸로 심궈진 나무는 그런 취급에 반발하고 뿌리를 안내리겠다고 화를 낼지도 모른다. 하지만 그런 예는 아주 드물다. 버드나무는 워낙 먹보니까 어지간하면 순응해버린다.
 그러나 보통 이 방법을 사용할 때는 꽤 주의해야 한다. 우선 수액을 듬뿍 머금은 튼튼한 가지를 골라서 자른다. 자른 쪽의 끝을 그늘진 곳을 골라서 땅에 꽂는다. 그런 곳은 수분의 증발이 적고 기온도 온화하다. 종 모양(鍾形)의 유리 커버를 씌워 놓아야 할 대도 있다. 머리를 훈훈하고 습기 찬 공기 속에 있게 하면 가지는 대단히 만족한다.

편안하면 슬픔을 잊게 되는 것은 사람이나 식물이나 마찬가지다. 이 가지는 공동체에서 강제로 분리된 사실을 잊어버린다. 상처를 치유하고 뿌리를 붙이고 회복기를 맞이한 어느날 대기를 희구하게 된다. 이미 유리의 인큐베이터는 거추장스럽다.

원예가는 때를 보아 가지를 자유롭게 해준다. 그렇게 하지 않으면 절단당한 슬픔은 잊었다 해도 이번에는 향수를 견디지 못해 말라 죽을지도 모른다. 새로운 모종은 앞뜰 화단에서 많은 동아리를 늘려가고 있다.

가지 하나를 어미 나무에서 잘라내어 그 가지가 뿌리를 내리고 자력으로 살아갈 수 있도록 조건을 만들어주는 방법을 꺾꽂이(插木)라고 한다. 가지를 미리 잡아 매지 않는 점 등이 휘묻이와 다르다.

재질이 부드럽고 조직이 액을 많이 머금은 식물이 꺾꽂이에 가장 적합하다. 재질이 연한 버드나무나, 줄기 대부분이 두터운 세포조직으로 되어 있는 제라늄의 꺾꽂이에 실패했다면 그 사람은 솜씨가 여간 서툰 사람이 아니다. 사람이나 식물이나 의지가 약한 쪽이 그렇지 않은 쪽보다 어려움에 처했을 때 쉽게 순응하는 것이다. 하지만 나는 이런 사람을 친구로 갖고 싶지는 않다.

반대로 재질이 치밀하고 탄탄한 식물은 꺾꽂이에는 매우 반항적이다. 유리의 인큐베이터니 온실이니 하는 이야기를 이런 식물에게 해봐라. 이 식물에게는 모두 병원같은 느낌이 들 것이다. 이 식물들을 설득할 수 있다면 여러분의 솜씨는 대단하다고 할 수 있다. 이 식물은 꺾꽂이 화분 속에서 자기가 굶어 죽을 때까지 버틸 것이다. 얼굴이 창백해지고 잎이 축 늘어져도 옛집의 즐거웠던 추억에 잠기면서 주어진 것을 절대로 받아들이지 않고 죽음을 맞이할 것이다.

검은방울새(金翅鳥)의 울음소리는 숲 속을 밝게 한다. 이 새가 사람이 설치하는 새 덫에 갇혀 있는 것을 본 일이 있는가? 검은방울새는 처음에는 부리에서 피가 나도록 새덫 둘레를 쪼아대지만 어찌할 도리가 없다는 것을 알게 되면 깃을 세우고 눈을 감고 조금도 움직이지 않는다. 마치 새털 덩어리 같다. 먹이가 옆에 있어도 방울새는 한 톨도 먹지 않는다. 옆에 물이 있어도 절대로 입에 대지 않는다.

  용감한 동물은 스스로 아사를 택하는 것이다. 숲과 자유, 가정이 없어졌다. 이제 목숨은 이 새에게 부담스러울 뿐이다. 다음날 방울새는 다리를 추켜들고 누워 있다. 불쌍하게도 조그만 다리는 죽음의 냉기가 돌며 굳어 있다.

  참나무처럼 가지의 재질이 탄탄한 식물도 꺾꽂이를 하면 검은방울새와 마찬가지로 최후를 마친다. 위안을 받지 못한 채 식량을 바로 곁에 두고서도 굶어 죽는 것이다. 휘묻이만이 이런 성격을 이길 수 있다.

제 19 장
접붙이기

유모를 바꾼다
접붙이기는 왜 하나?
야생 배나무의 반역 본능

제 19 장 접붙이기

유모를 바꾼다

 식물사회는 공동체 전체의 행복을 위해 개개의 힘을 이용하면서도 눈에게 스스로 축적해서 살아 가고, 꺾꽂이나 휘묻이로 별개의 독립개체가 될 수 있는 자주성을 허용하고 있다. 이런 체제 덕분에 이제까지 열거한 예보다도 더욱 훌륭한 교화가 가능하게 되는 것이다.
 하나의 눈, 그리고 눈이 성장해서 된 가지는 하나의 독립된 존재이며 식물도시의 한 시민이다. 이 눈은 자기자신의 생명을 가지며 어느 의미에서는 한 그루의 식물이며 땅 위에 뿌리를 내리는 대신 자신을 낳은 가지 위에 뿌리를 붙이고 있는 것이다.
 앞서 본 바와 같이 싹을 틔우는 방법은 바꿀 수 있다. 눈은 가지에서 수액을 빨아올리지만 그 눈을 가지에서 떼내어 땅에 이식하면 부정근을 이용, 자력으로 양액을 빨아 올릴 수 있게 된다.
 마찬가지로 하나의 잔가지를 다른 가지에, 한 나무에서 다른 나무로 이식할 수 있지 않을까? 말하자면 유모를 바꾸는 것이다. 잔가지의 눈도 잘 적응할 것이다. 별안간 가지에서 땅으로 내려오는 것만큼 큰 일은 아니다. 사실 두쪽 모두 잘 적응해서 나무를 재배하는 사람은 자주 이 귀중한 성질을 이용한다.
 접붙이기라는 것은 한 나무의 눈을 다른 나무로 이식하는 것이다.

유모의 역할을 하는 나무를 대목(臺木)이라 하고 그 곳에 심는 잔가지 또는 눈을 접수(接穗)라고 한다.

접붙이기에 성공하기 위해서는 두 가지 필수조건이 있다. 이식된 눈이 새로운 유모 곁에서 자기 기호에 맞는 식량을 얻을 수 있어야 한다.

대마의 씨앗은 맛이 있다. 방울새들은 그런 사실을 분명히 보여준다. 부리 속에서 딱하고 깨져서 조그만 씨앗이 튀어 나온다. '이 맛있는 씨앗보다 나은 것은 없다'고 방울새는 말한다. 피가 철철 흐르는 고기 덩어리를 고양이가 어떻게 생각하는지 물어보라. 고양이는 생각만으로도 입에서 군침이 돌 것이다. 고기 덩어리를 방울새에게 주어보라. 절대로 부리를 갖다대지 않을 것이다. 고양이에게 대마의 씨앗을 주어보라. 고양이는 전혀 흥미없다는 듯이 쳐다 볼 것이다.

고기와 대마씨는 모든 동물이 다 좋아하는 음식은 아니다. 개를 우유목장의 초지에 풀을 뜯기려고 데려가는 사람이 있을까? 그런 사람은 없을 것이다. 동물의 기호에 맞는 음식물이 필요하다. 방울새에게는 대마씨, 고양이에게는 고기, 양에게는 풀이 필요한 것이다.

식물도 동물과 마찬가지로 기호가 다르다. 어떤 식물은 아주 좋아하는데 다른 식물은 질색하는 것이 있다. 식물 중에는 몹시 성미가 까다로운 것이 있다. 농민이 작물에게 어떤 음식물을 줘야할지 시름에 잠길 정도로 식물은 입맛이 까다로운 것이다. 그래서 상당히 능숙한 사람도 실수하는 수가 있다.

참 이상한 얘기라고 생각할지 모른다. 제 발로 걸어다니는 동물이라면 기호에 따라 먹이를 찾아 다닌다. 하지만 일정한 땅 속에 고정되어 있는 식물이 까다롭게 굴어 자기 손닿는 데 있는 액을 빨지 않는다니 말도 안되는 소리다. 그리고 흙 속에는 항상 같은 양분이 있고 식물은 그것을 먹는 게 아니냐는 것이다.

그러나 그 생각은 틀렸다. 식물도 어느 정도까지는 자기가 좋아하는 음식물을 선택하는 것이다. 어떤 것은 취하고 어떤 것은 외면한다. 사실 흙 속에 있는 생활용품의 원료의 종류는 대개 큰 변화가 없다. 물과 어느 정도의 염분과 약간의 기체다.

그러나 식물은 솜씨좋은 요리사여서 큰 비용을 들이지 않고 그것으로 맛있는 요리를 만든다. 달콤한 저장식품, 고무질의 시럽, 향기좋은 쥬스, 녹말질의 과육을 흙에서 얻은 서너 종류의 질 나쁜 약으로 조제해서 만들어낸다. 이런 것 모두를 설명하는 것은 좀 이를 것 같다. 다만 아주 평범한 식물이라도 기호가 아주 세련되었다는 것을 알고 있으면 된다.

요리솜씨가 가장 돋보이는 것은 똑같은 재료를 여러 방법으로 조리해서 갖가지 기호를 만족시키는 것이다. 식물들은 그런 소질을 세계의 요리사가 부러워할 정도로 갖추고 있다. 식물은 땅 속에서 섭취한 몇 가지 재료를 이용해서 충분하게 삶는다. 실로 수많은 방법으로 요리가 되기 때문에 무엇으로 무엇을 만들었는지 분간할 수 없을 것이다.

그런데 각 종자는 모두 자기 체질에 맞는 식사를 한다. 어떤 것은 녹말이라면 무조건 좋아하고 어떤 것은 단것을 좋아한다. 강한 향신료를 좋아하는 것도 있고 독도 약도 되지 않는 유제품을 좋아하는 것도 있다. 독미나리, 미치광이풀, 독말풀 등 독으로 입맛을 돋구는 좋지 않은 성질을 갖는 것도 있다. 혓바닥이 타는 것 같은 독주를 좋아하는 사람이 있는 것과 마찬가지다.

요컨대 식물의 종은 각각 흙과 공기라는 공통의 자원에서 섭취한 물질을 가지고 각기 하나의 기본식단을 만드는 데 그런 자기만의 양식(樣式)을 절대로 바꾸려 하지 않는다는 것이다.

그럼 자기와는 다른 식사를 하는 식물의 유모에게 보내질 눈이 어떤 슬픈 운명을 맞이하는가를 살펴보자. 눈은 벌꿀을 타서 달게 만든 젖을 먹고 싶은데 눈 앞에 기름끼 많은 요리가 나올 수도 있다. 또한 향기 높은 양액을 마시고 싶은데 김빠진 점액질의 액이 나올지도 모른다. 새끼양에게 개밥을 주는 것과 마찬가지이며 개에게 목초를 한아름 던져주는 셈이라 할 수 있다. 눈은 식욕을 잃고 말라 죽을지도 모르며 중독을 일으켜서 죽을지도 모른다.

　이런 까닭에 어떤 식물의 눈을 다른 식물에 접붙이기 위해서는 받침나무는 아무래도 같은 종류의 식량을 지니고 있어야 한다는 것을 알 수 있다. 그러기 위해서는 두 가지 식물, 즉 유모 식물과 젖먹이 식물이 같은 종이든가 적어도 매우 가까운 근친의 종이어야 한다. 왜냐하면 기호가 비슷하면 체제가 비슷하기 때문이다.

　장미에 라일락을, 오렌지에 장미를 접붙이기 하려는 것은 시간낭비일 뿐이다. 이 세 종은 잎도, 꽃도, 열매도 아무런 공통성이 없다. 이런 구조가 다른 데서 식사법의 차이가 생긴다고 단언할 수 있다. 장미나무의 눈은 라일락의 가지 위에서 굶어 죽을 것이며 라일락의 눈도 장미나무 가지에서 마찬가지로 죽을 것이다.

　그러나 라일락의 눈을 라일락나무에, 장미의 눈을 장미의 가지에, 오렌지나무는 오렌지나무에 접붙일 수는 있다.

　접붙이기의 폭을 좀 더 넓힐 수도 있다. 오렌지의 눈을 레몬나무에, 복숭아의 눈을 살구나무에, 벚나무 눈을 서양 자두나무에 접붙일 수 있는 것이다. 그 반대도 가능하다. 이런 식물에게는 긴밀한 연계가 있기 때문이다.

접붙이기는 왜 하나?

　그런데 왜 접붙이기를 하는가? 보리자나무에 보리자나무밖에, 배나무에 배나무밖에 접붙이기를 못한다면 원래의 나무를 그대로 두면 되지 않을까? 앞서 얘기한 대로 인간은 몇 세기 동안 끈질기게 개량을 거듭한 결과 처음에는 울타리감밖에 안되던 야생식물을 오늘날의 과수로 만들어냈다. 배나무 이야기를 떠올려보자.

　이 나무는 야생의 상태에서는 길다란 가시를 세운 무서운 관목이었다. 배는 모래알을 씹는 것같고 떫기만 하던 볼품없는 과실이었다. 이

야생의 자식을 사람의 지혜는 마침내 교화시켰다. 과육(果肉)이 연하고 커다란 열매를 만드는 데까지 그 성격을 변화시켰다. 하지만 그렇게 되기까지는 인간의 수많은 인내와 노고가 필요했다.

그런데 배나무는 지금도 인간에게 완전히 순종하지는 않는다. 마음 속으로는 옛날의 관목시대의 생활을 그리워하고 있다. 과수원의 배나무는 행복할 것이라고 생각할지 모르지만 실은 마은속으로 조용히 반란계획을 구상하고 있는 것이다. 저 초라한 야생배 시절로 돌아갈 궁리를 하고 있는 것이다. 다만 사람이 가까이서 언제나 감시하고 어떤 때는 부드럽게 어떤 때는 강압적으로 구슬리고 있으니까 그 기회를 얻지 못하고 있을 뿐이다.

이런 때 배나무는 본심을 속이고 있는 것이다. 자기가 해방되는 것은 어렵다고 생각하지만 연한 열매를 아예 무시해버리고 자신의 종자를 키운다. 그 종자에게 독립에 대한 열망을 불어넣는 것이다. 그러면 어떻게 되겠는가.

종자가 뿌려진다. 크고 과즙이 듬뿍 든 훌륭한 배에서 채취한 종자다. 그런데 어찌 된 일일까? 이 종자에서 생긴 나무에 연 배는 거의가 그리 실하지 않든가 질이 아주 떨어지는 것이다. 성질이 비교적 유순한 일부 나무에서만 어미 나무와 같은 열매를 맺는다. 이 종자에서 얻은 2세를 써서 또 한번 씨를 뿌려본다. 열매를 맺은 배는 질이 좀더 떨어진다. 이처럼 몇 대를 계속하면 열매는 갈수록 작아지고 떫고 딱딱해져서 끝내는 야생의 배로 돌아간다.

조상들이 맛본 기나긴 억압에 대해 보복을 하는 것이다. 증손들은 옹이투성이의 줄기와 탄탄한 가시, 두꺼운 잎과 먹을 수 없는 열매를 되찾는다. 사람이나 과수원이야 어떻게 되든 바위와 숲은 우리의 것, 개똥지빠귀는 우리의 친구—라는 것이다. 과수원의 고역을 벗어난 자들의 함성이 들리지 않는가?

또하나 예를 들겠다. 자태가 빼어나고 향기가 뒤어나며 자주빛이 선명한 멋진 장미와 어깨를 겨룰 꽃이 있을까? 이 멋진 꽃의 씨를 뿌린다. 그런데 이게 어찌된 일일까? 장미의 자식들이 초라한 풀섶이 돼 버리지 않는가. 하지만 조금도 놀랄 필요는 없다. 그 고귀한 꽃의 아버지는 들장미였던 것이다. 종자가 뿌려진 뒤 돌변해서 자기 가계 본래의 성격으로 되돌아 간 것이다.

　장미는 왕후귀족처럼 거드름을 피우며 제비꽃을 내려다 보는 졸부였던 것이다. 겸손했다면 비천한 가계를 잊었을 터인데. 재배하는 사람이 씨를 뿌려 이 거만한 졸부가 자기 선조가 누구였던가를 고백하게 했을 때 제비꽃은 빙그레 웃었을 것이다.

　예는 얼마라도 들 수 있지만 이 두 가지 예에서 볼 수 있듯이 과수나 관상용 식물의 종자는 씨를 뿌려서 번식시키려고 하면 비교적 짧은 기간에 야생으로 다시 돌아가버린다. 그럼 야생으로 돌아가지 않게 이들을 번식시키려면 어떻게 하는가?

　접붙이기를 하는 것이 좋다. 이것은 측량할 수 없는 자원이다. 접붙이기 덕분에 한 사람이 일생을 걸어도 다하지 못하는 식물에 대한 교화를 처음부터 다시 시작하지 않고 선구자들이 이루어 놓은 성과물을 그대로 이용할 수 있기 때문이다. 접붙이기를 통해서 우리는 개개의 노동에 조상들이 축적해 놓은 노동을 보태간다. 이 존경할 만한 작업이 어떤 것인지 살펴보자.

　집앞 뜰에 종자에서 큰 것인지 숲에서 날아온 것인지 모르는 한 그루의 열악한 배나무가 있다고 하자. 이 배나무에서 맛좋은 배가 열리도록 만들고 싶다면 어떻게 해야 할까?

　자생하는 어린 나무의 머리를 자르고 땅 위에 남은 줄기(幹)를 칼로 깊이 도려낸다. 다음에 질좋은 배나무에서 눈이 몇 개 달린 가지 한 개를 잘라낸다. 그 아래 끝을 비스듬이 자르고 이 접수(接穗)를 껍질과 껍질, 재(材)와 재가 딱 맞도록 받침나무의 도려낸 곳에 꽂는다. 마지막으로 전체를 졸라 매고 상처부위를 퍼티(putty)로 덮는다. 그리고 퍼티가 없을 때는 진흙을 바르고 헝겊으로 동여맨다. 나무에 대수술을 한 것이다.

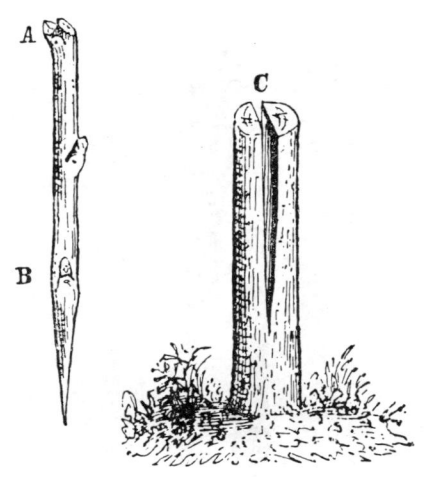
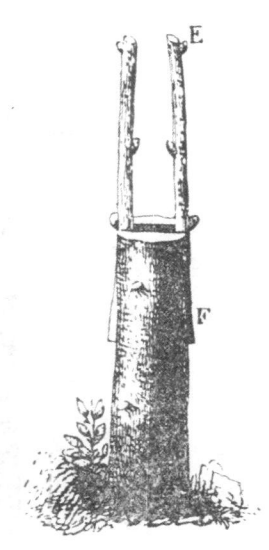

배나무의 접붙이기 AB는 접수, 아래 끝을
비스듬히 자른다. C는 접수를 꽂을 받침나무

받침나무 하나에 접수 두 개를 꽂은 모습

 칼질한 자리를 싸서 손질하지 않으면 썩어버려 모든 것이 실패로 끝난다. 공기를 차단하는 퍼티 덕분에 상처는 아물고 접붙이기한 가지의 껍질과 재는 도려낸 줄기의 껍질, 재에 딱 들어붙는다. 얼마 뒤 접수의 눈은 받침나무의 양분을 먹고 가지를 뻗는데 몇 년 뒤 야생 배나무의 머리는 재배된 배나무의 머리를 교대하여 접수를 대준 나무와 같은 질 좋은 열매를 맺는다.
 만일 더 많은 가지치기를 얻으려면 받침나무 도려낸 곳 양쪽에 한 개씩, 두 개의 접수를 꽂아도 괜찮다. 다만 그 이상은 안된다. 아무래도 접수의 껍질을 받침나무의 껍질과 접촉시켜 놓아야 하기 때문이다.
 식물의 생명활동은 무엇보다도 재와 껍질 사이에 형성되는 어린 조직 속에서 이루어진다. 이곳은 수액이 흐르는 곳이며 껍질의 층과 재의 층을 형성하기 위해 새로운 세포나 새로운 섬유가 만들어지는 곳이다. 따라서 접수와 받침나무의 접착이 가능한 곳도 이곳이며 그 외는 있을 수 없는 것이다.

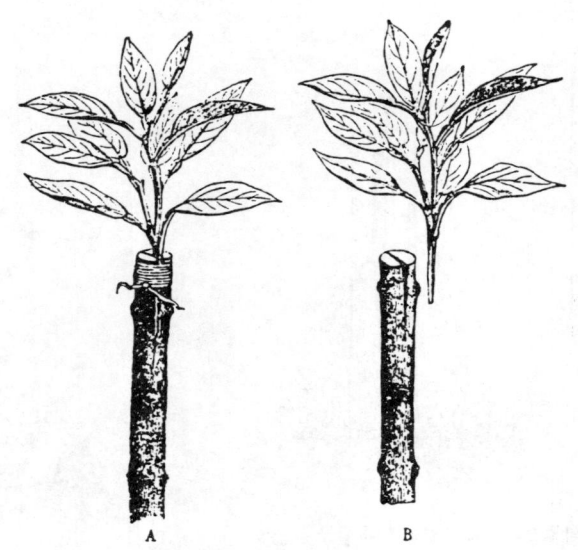

귤의 접붙이기 A는 접수를 받침나무에 꽂은 모습 B는 접수와 받침나무

야생 배나무의 반역 본능

상처가 완전히 아물고 크고 맛있는 배가 자라는 것을 안 야생의 배나무는 얼마나 화가 나겠는가. 즉시 반역의 본능이 끓어 오른다. 그리고 몰래 지하에서 줄기의 뿌리 쪽에서 배나무는 눈 하나를 낸다. 바로 자신의 것이다. 이 눈이 배의 열매 중에서 제일 딱딱하고 가장 떫은 열매를 맺을 것이다. 나무는 이 눈에게 열렬한 애정을 쏟는다.

그 눈은 배나무에게 큰 희망이다. 앞으로 복수를 해줄 것이라고 생각한다. 수액의 가장 좋은 부분을 이 눈에게 충분히 보내주자. 이 눈이야말로 직계이며 어느 날엔가 위쪽에 붙은 방해자를 내쫓고 주의주장이 다른 눈들을 몰아내는 직계의 후계자가 아닌가.

싹을 틔우고 얼마 동안은 비밀로 할 수 있다. 재배자에게 이 반역자가 발견되면 큰 일이다. 하지만 비밀이 밝혀지는 날이 언젠가 온다. 새 싹은 곧 대기를 만나고 싶어 한다. 싹은 꿈틀거리며 위로 뻗어 나

간다. 이 싹 때문에 길을 돌아가
야 하는 수액의 관이 1백 배나
더 일을 해야 할 만큼 기세좋게
뻗어 올라간다. 곧 배나무에게
복수를 할 수 있을 것 같다. 이미
접수의 눈은 공생(共生)하는 자가
너무 많이 먹기 때문에 굶주려서
얼굴이 창백하다.

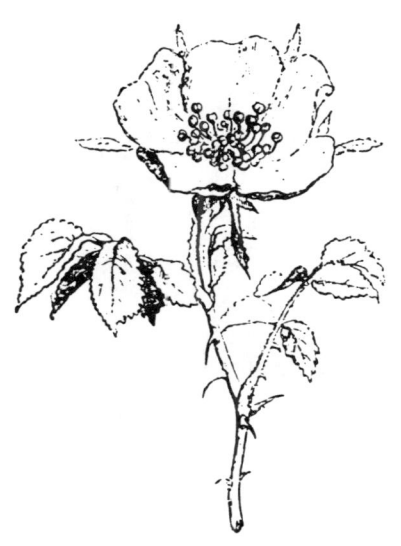

 다행히 이때 사람이 나타나서
이 엉뚱한 생각을 하는 싹을 전
정가위로 잘라내고 반항을 종식
시킨다. 아슬아슬한 찰나였다. 접
수는 가까스로 위기를 모면했다.
야생의 줄기에서 생겨난 힘센 어

꽃잎이 다섯 장인 찔레

린 싹은 자신에게 수액이 돌게 하면서도 모든 것을 꿰뚫어 보고 있었
을 것이다. 배나무가 재차 반란을 일으키지 말란 법이 없으므로 감시
를 소홀히 해서는 안된다. 싹이 하나라도 튼다면 곧 전정가위로 잘라
내야 한다.

 찔레, 즉 들장미를 사람들은 꽃밭에 거두어주었다. 이 꽃은 길가에
서 다른 들장미와 섞여서 가난하게 살아왔다. 그 관목은 훌륭하지는
못하다. 하지만 그 줄기를 보나, 잎을 보나, 열매를 보나 그것은 장미
다. 그렇지만 참으로 볼품없는 장미다. 꽃잎은 5장이며 그보다 많지도
적지도 않다. 엷은 담홍색을 띠고 있고 색깔은 희미하며 향기도 없는
꽃잎이다. 이 관목에 1백장이나 되는 호화판 꽃잎을 단 장미를 피워보
려고 한다.

 7월에서 9월, 수액이 오르는 시기에 야생종의 껍질에, 재에 이르기
까지 T자형의 칼자욱을 낸다. 그리고 칼로 벤 두 곳을 조금 들어 올리
고 예쁜 장미를 피우는 장미나무에서 눈이 하나 붙은 껍질 한 조각을

제 19 장 접붙이기 273

장미의 접수 B는 T자형으로 잘려진
야생의 받침나무
A는 눈(C)이 붙어 있는 껍질,
이 껍질이 접수이다

떼어낸다. 그 한 조각이 접수다. 접수의 껍질 안쪽에 있는 층층의 녹색 조직이 다치지 않도록 조심스럽게 재 부분을 껍질에서 떼어낸다. 그리고 접수를 받침나무의 껍질과 재 가운데 끼워서 접수의 껍질과 받침나무의 재가 꼭 붙도록 하고 자른 껍질을 닫고 끈으로 동여맨다.

다음해 봄 이식된 눈은 새로운 유모가 된 야생 장미에 튼튼한 뿌리를 내린다. 그러면 접붙이기 한 곳 위에 있는 야생의 나무를 잘라낸다. 얼마 있으면 들장미는 꽃잎이 1백 장인 장미가 된다. 이것이 눈접붙이기다.

병아리를 잘 까는 암탉에게 집오리의 알을 품게 하는 수가 있다. 암탉은 양자도 자기 친자식처럼 키운다. 병아리를 돌보듯 오리새끼를 돌본다. 노랗고 보드라운 털에 싸인 새끼오리가 유모의 말을 듣고 부르는 대로 암탉 날개 속으로 뛰어 들어갈 때까지는 문제가 없다. 그런데 물새의 본능이 눈뜨기 시작할 때가 온다.

이 이상한 병아리들은 개구리들이 개굴개굴 울어대고 올챙이가 헤엄치는 연못의 냄새를 맡기 시작한다. 새끼오리들은 한 줄로 서서 뒤뚱뒤뚱 연못으로 내려간다. 어미닭은 새끼들의 행동을 걱정하면서 그 뒤를 따라간다. 연못가에 이른 새끼오리들은 첨벙첨벙 물 속으로 뛰어든다. 놀란 것은 어미닭이다. 새끼들이 위험하다. 어미닭은 소리를 지르며 연못가를 뛰어다닌다. 그리고 어미닭은 노기가 충천해서 눈에서는 불꽃이 튄다. 모성애는 기적을 일으킨다. 어미닭은 보기만해도 겁을 내던 물 속으로 뛰어들어갈 태세를 갖춘다. 하지만 새끼오리들은 못들은 척 물 속에서 뛰어 놀며 올챙이를 쫓는다.

들장미 쪽은 양자로 들어온 눈이 손바닥만한 호화로운 장미 꽃을 피웠을 때 뭐라고 했을까? 아마도 이랬을 것이다.

"시대도 그렇고 풍습도 그렇고 이 발전하는 세상에서 대체 우리는 어디까지 가는가? 우리 조상들이 숲 속에서 살 때는 잎 다섯 장이면 만족했었다. 나도 그만하면 된다고 생각했다. 지금은 백 장, 천 장의 꽃잎이 없으면 행세하지 못한다. 이런 사치가 들장미의 딸들에게는 어울릴까."

장미꽃은 새끼오리만큼 완고해서 들장미의 충고에 귀를 기울이려 하지 않는다. 만일 장미가 살아나가는 데 들장미가 불필요했다면 맘대로 떠들라며 들장미를 숲으로 내쫓았을 것이다.

1백 종의 꽃잎을 단 장미 들장미의 딸치고는 대단하다

제 19 장 접붙이기

제 20 장
잎

잎의 구성
자기에게 가장 적합한 모양으로 만드는 잎

제 20 장 잎

잎의 구성

 가장 복잡한 잎은 엽신(葉身), 엽병(葉柄), 탁엽(托葉) 등 세 가지 부분으로 나뉜다. 엽병(잎자루)은 흔히 잎의 꼬리라고 불리는 것이다. 엽신은 엽병 끝에 있는 녹색의 박편(薄片)이다. 탁엽은 잎줄기 밑에 붙어난 두 개의 작은 잎사귀이다.
 엽신에는 두 개의 면이 있다. 좀더 매끄럽고 짙은 녹색이며 하늘을 쳐다보고 있는 겉면과 색이 엷고 표면이 거칠며 땅을 보고 있는 뒷면이다. 엽신에는 한층 두껍고 선이 뚜렷한 부분이 있는데 그것이 잎의 골격을 이루고 있다. 이것을 엽맥(葉脈)이라고 한다.
 엽맥은 대부분이 가는 새끼줄과 같이 꼬여 있는 섬유와 도관으로 되어 있고 그 뼈대 사이사이에 녹색의 세포가 차 있다. 잎이 땅에 떨어져 썩을 때, 세포 부분은 쉽게 무너져버리지만 엽맥은 그보다 저항력이 있어 오래

튤립의 잎 엽신, 엽병, 탁엽이 있다

라타니아

몬스테라

베꼬니아의 잎

아주까리의 잎

대나무의 잎

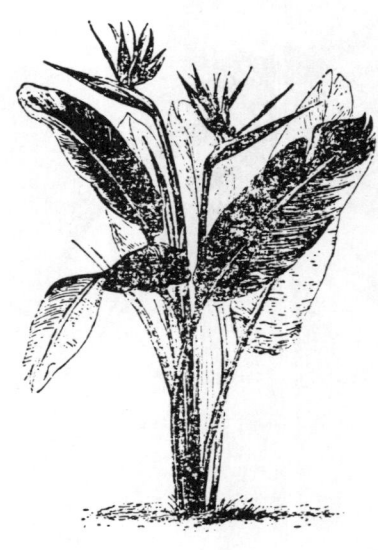

극락조화

남는다. 남은 엽맥은 우아한 레이스와 같다.

식물계에 두 민족이 있다는 것은 익히 알고 있다. 양쪽 다 꽃을 피우지만 그 습성은 사뭇 다르다. 그것은 배종(胚種)에게 하나의 유방, 즉 한 장의 떡잎(子葉)으로 젖을 주는 외떡잎식물과 두 장의 자엽으로 젖을 주는 쌍떡잎식물의 차이이다.

외떡잎식물은 일반적으로 솜씨가 서툴어서 골격의 저항력이 서로 지탱해주는 다양한 소편(小片)에 의해 생긴다는 가장 기본적인 원칙조차 모르고 엽맥을 평행하게 내닫게 한다. 그런데 쌍떡잎식물 쪽은 정역학(靜力學)의 법칙을 잘 알고 그 엽맥을 그물상태로 구성하고 있다.

이 때문에 외떡잎식물의 잎은 쪼개지기 쉽고 쌍떡잎식물의 잎은 튼튼하다. 이 두 가지 식물의 잎을 좀더 자세히 살펴보자. 왼쪽의 두 그림과 앞 페이지의 그림은 외떡잎식물이다. 엽맥이 평행으로 달리고 있는 모양이 뚜렷하다.

구조에 신경쓰지 않은 외떡잎

식물의 잎과 교차된 엽맥을 뻗어 뼈대를 단단하게 하는 쌍떡잎식물, 가령 베꼬니아와 아주까리의 잎을 비교하면 된다. 쌍떡잎식물의 잎은 원기 왕성하며 봄에도 강인해 보인다. 이것이야말로 건축 방법을 제대로 아는 식물이다. 이와 같이 엽맥으로 보면 잎의 종류는 두 가지로 대별된다. 외떡잎식물 중에서도 그림에 있는 토란과의 식물처럼 그물형의 엽맥을 갖는 예외도 있지만 보통 그물형 엽맥의 잎은 쌍떡잎식물에 속하며 평행선 엽맥의 잎은 외떡잎식물 특유의 것이다.

그물형 엽맥이 있는 외떡잎식물(토란과)

그럼 호도 잎을 보자. 그림을 보면 마치 잎이 양쪽에 네 장씩 달리고 위끝에 한 장 달린 가지처럼 보인다. 그런데 이 전체가 한 장의 잎이며 가지는 아니다. 가지는 절대로 끝에 잎을 달지 않는다. 가지는 힘이 다해서 말라 죽지 않는 한 맨끝에는 눈이 나 꽃을 붙인다. 가지는 절대로 스스로 떨어지는 법이 없다. 가지를 줄기에서 떼어내자면 반드시 어떤 힘이 작용해야 한다.

그런데 호도나무의 기관은 낙

호도의 복엽과 열매

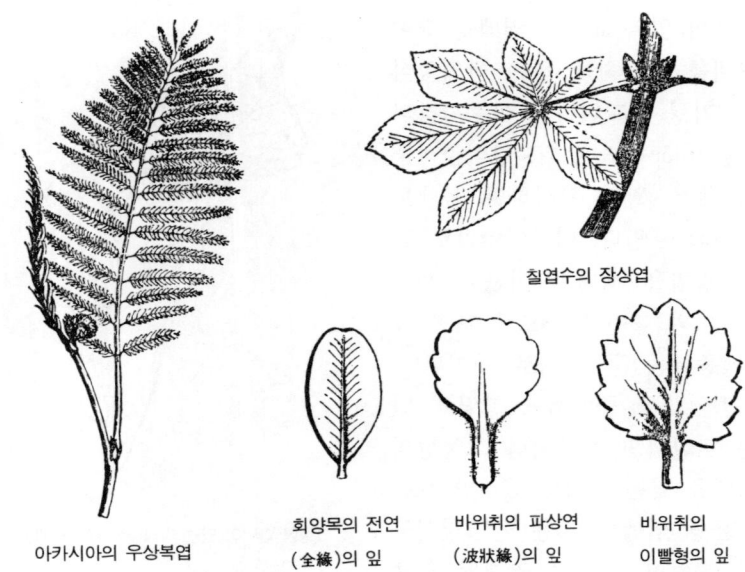

칠엽수의 장상엽

아카시아의 우상복엽 　회양목의 전연 (全緣)의 잎 　바위취의 파상연 (波狀緣)의 잎 　바위취의 이빨형의 잎

　엽이 질 때 나무에서 그림에 나와 있는 것처럼 전체가 떨어지는 것이다. 그 끝에는 눈도 꽃도 붙어 있지 않다. 그러므로 그 전체가 한 장의 잎이라는 말이다.
　다만 그 엽신이 한 장으로 이어진 박편을 형성하는 대신 공통의 엽병에 연결된 부차적인 박편 몇 장을 포함하고 있는 것이다. 이 엽병이 보통 잎 중앙에 있는 엽맥(葉脈)에 해당된다. 이런 잎을 복엽(複葉)이라고 부른다. 그리고 전체 잎 중에서 조그만 잎 한장한장을 가리켜 소엽(小葉)이라고 한다. 그러므로 호도나무 잎은 소엽이 9장이다. 이와 반대로 엽신이 한 장인 보통 잎을 단엽이라고 한다. 배나무, 버드나무, 월계수, 베꼬니아 등의 잎이 그 예이다.
　복엽도 여러가지다. 호도처럼 한 엽병에 직접 소엽이 붙어 있는 경우는 단순복엽이고 엽병이 가지를 치고 그 잔가지에 소엽이 붙었을 때는 재복엽이라고 한다. 잔가지가 다시 갈라지면 3회 복엽, 4회 복엽이라고 한다.

소엽이 한 장의 날개가지처럼 엽병 양쪽에 좌우대칭으로 모여 있는 복엽은 우상(羽狀：깃모양) 복엽이라고 한다. 그리고 엽병 끝에 소엽이 손가락을 편 손처럼 방사형으로 달린 복엽은 장상(掌狀：손바닥 모양) 복엽이라고 한다. 마로니에는 장상복엽이다.

  단엽 중 엽신 가장자리가 톱니 모양이나 파인 곳 없이 매끄러운 선으로 되어 있는 것이 있다. 회양목, 올리브, 월계수 등이 그렇다. 이런 경우 잎을 전연(全緣)이라고 한다. 그러나 보통은 깊이의 차이는 있지만 엽신 둘레가 톱니처럼 울퉁불퉁하다. 톱니 모양이 얕으면 이빨형이 된다.

  만약 거의 엽신의 반 정도에 이르러 엽신을 커다랗게 갈라놓는 모양이면 그 잎을 천열(淺裂)이라고 하고 톱니가 얕은 것을 중열(中裂)이라고 한다. 톱니가 중앙의 엽맥까지 이른 것은 심열(深裂)이다. 톱니가 엽병 끝 둘레에 방사상으로 들어갈 경우도 있고 중앙 엽맥에 좌우대칭으로 들어갈 경우도 있다.

  이와 같이 단엽에는 6종류가 있다. 장상복엽에는 천열, 중열, 심열이 있고 우상복엽에도 같은 세 가지가 있다. 그림으로 보도록 하자.

  애기똥풀의 우상심열단엽과 호도의 우상복엽은 전체적인 구성에서는 별로 다를 게 없다. 팔손이 장상심열단엽과 마로니에의 장상복엽도 거의 다를 게 없다. 그럼 복엽과 단엽을 구별할 수 있는 특징은 무엇인가?

  대단한 것은 아니다. 복엽에서는 잎을 이웃 소엽에 연결하는 엽상(葉狀)이 이어져 있지 않다. 각 소엽의 모양이 뚜렷하다. 단엽에서는 열편(裂片)의 원래 부분이 소엽이라고 이름할 만한 뚜렷한 윤곽이 없다.

  열편은 그림에 나온 애기똥풀 잎의 윗부분에서 볼 수 있듯이 중앙의 엽맥을 테두리하는 엽신의 가장자리를 따라 이웃하는 열편과 어느 정도 연결되어 있다. 이 얼마 안되는 부분을 제외한다면 단엽은 복엽이 될 것이다.

꽃아욱의 장상천열엽

아브틸론의 장상중열엽

세오룜의 우상천열엽

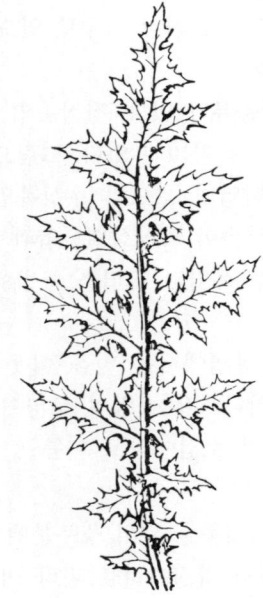
엉겅퀴의 우상중열엽

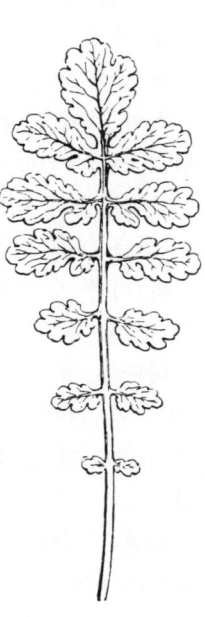
애기똥풀의 우상심열엽

어수리의 복엽　　　　　꿩의 다리의 복엽

  같은 얘기를 팔손이에서도 할 수 있을 것이다. 열편은 중앙 이하에서 엽신의 대부분이 이어져 있다. 이 연결점이 없으면 열편은 소엽이 되고 잎은 복엽이 될 것이다. 식물의 잎을 자를 때, 자연이 자국을 어느 만큼 선명하게 남기는가가 실은 단엽과 복엽의 차이를 가져 온 것이다.
  복엽의 소엽은 엽신 모양에서는 단엽을 닮았다. 호도나 회화나무처럼 전연(全緣)인 것도 있지만 어느 정도 이빨형이나 톱니형으로 열편인 것도 있다. 어수리나 꿩의 다리의 잎이 그 예이다. 엽신은 세포의 박편 조각이 조금 붙은 엽맥만으로 될 때도 있다. 세분화가 끝없이 되풀이되는 이런 잎들을 전부 거치(톱니이빨)라고 한다. 당근, 회향 및 큰회향이 그 예이다.
  잎이라는 의상을 재단할 때 식물은 한없이 풍부하다. 마음내키는 대로 무한한 창조력을 발휘하여 가위를 놀리는 예술가풍의 재단사다. 언제나 신선한 감각으로 식물을 재단하고 조립하고 주어진 모형, 즉 신이 내린 틀에 그대로 맞춰간다.

　인간의 예술은 그 아름다운 착상에 접근하려고 애쓰고 있다. 그런데도 식물학자는 잎을 형태별로 분류하고 언어로써 특징지우려 하고 있다. 미안한 말이지만 이 사람들은 음절의 힘을 빌려 식물과 격투하고 연필과 붓으로 예술가만이 재현하려다가 이루지 못한 것을 붙잡으려 하고 있다.

　그 결과 그리스어나 라틴어를 덮어놓고 써댔다. 그래서 귀설은 괴상한 어귀가 속출하고 마침내 식물학을 말의 과학으로 만들어 버렸다. 과학의 주문(呪文)을 좀 들어보라. Distiches, pedalees…… 얼마라도 있다.

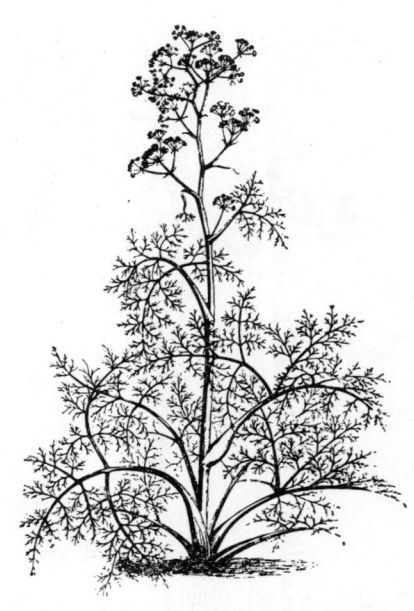

큰회향의 잎은 가늘게 찢어져 있다

　이 사랑할 만한 과학의 은어를 어떻게 생각하니? 꽃들이여. 아름다운 꽃들이여. 너희들을 가리키며 사람들이 모욕적이고 야한 말을 사용하다니 너희들이 무슨 나쁜 일을 저질렀다는 것인지…… 아니 너희들은 아무 잘못도 없었다. 너희들은 사람의 눈을 즐겁게 해주었다. 앞으로도 우리를 즐겁게 해줄 것이다. 사람들이 너희들을 괴롭혔던 야한 표현들은 언젠가는 곰팡이가 생겨 악취를 풍기면서 망각의 늪으로 빠져들어갈 것이다.

　여기서 나는 후회에 사로잡혔다. 식물학자들이 식물의 종을 묘사하는 데 귀에 설은 음절을 구사한 것이 정말 비난받아야 할 일일까? 아니, 이 음절들은 꽃을 묘사하는 데 마법 같은 힘을 발휘하는 수도 많다. 그래 정직하게 말하겠다. 그들을 탓해서는 안된다.

놀라울 정도로 수많은 종의 특성을 나타내는 데 그 구조의 기본적인 특성을 간결하게 표현하려면 일상의 언어로는 불가능하다. 한 낱말은 하나의 개념만을 나타내는데 그 하나를 충분하게 뜻하는 명확한 낱말이 필요하다. 어디에나 통용되는 불변의 주형(鑄型)처럼 관념을 그 속에 불어넣을 수 있는 정확한 언어가 필요한 것이다.

두 가지 과학이 있다. 난해하고 기술적이며 고집스런 학자의 과학과 비전문가 다시 말해서 우리들의 과학, 두 가지다. 양쪽 모두 자기들의 언어가 있다. 지금부터 우리들은 비전문가의 언어를 쓰도록 하자.

자기에게 가장 적합한 모양으로 만드는 잎

식물의 각 종은 자기에게 가장 적합한 형으로 잎을 재단하고 나면 그 뒤 웬만큼 대단한 일이 아니면 자기가 선택한 것을 절대로 바꾸려 하지 않는다. 식물은 시시때때로 변하는 유행에는 둔감하다. 보리자나무는 딱총나무의 잎을 부러워하지 않으며 자기 잎에 만족하는 딱총나무는 전나무의 잎을 빌려입지 않는다. 최초의 전나무, 최초의 딱총나무, 최초의 보리자나무가 그랬듯이 그들은 지금도 그 잎을 달고 있다.

하지만 잎 모양이 정해져 있다고 해서 그것이 절대적인 것은 아니다. 식물도 인간처럼 나이를 먹으면서 자기 옷을 바꿔가는 것이다. 잎은 일생의 단계마다 취향이 바뀐다. 어린 싹이 처음으로 붙이는 두 장의 잎, 자연이 만드는 잎, 소위 씨앗이 만드는 잎(떡잎)은 그 뒤 생겨나는 잎과는 모양이 다르다.

이 잎은 그 뒤 생겨나는 잎이 어떤 톱니 모양을 하더라도 거의 자른 자국이 없다. 이것은 무우의 하트형 떡잎, 당근과 파세리의 조그만 혓바닥 모양을 한 떡잎을 보면 알 것이다.

잎이 줄기의 토대에서는 또다른 형태인 경우가 많다. 약간 변하고

헬레보로스 아래에서 위로 올라가면서 잎이 변화하고 있다

있거나 이행기 형태로 보통의 잎과는 다른 것이다. 그리고 꽃 가까이에 가면 잎은 한층 작아지고 세분화되지 않아 모양이 단순하며 때로는 녹색이 엷어지고 꽃빛에 가까운 색조를 띤다. 이 잎은 최초의 잎과는 모습이 너무 다르기 때문에 포대(苞)라는 특별한 이름으로 부른다.

그림에 있는 헬레보로스를 보면 줄기의 토대에서 꼭대기로 올라가면서 잎의 형태가 변화하는 것을 느낄 수 있을 것이다. 방사형의 가늘고 긴 띠로 나누어진 잎과 엽액에서 꽃이 나와 있는 잎이 전혀 다르다. 꽃 가까이에 있는 폭넓은 혓바닥 모양의 잎이 포대이다.

뿌리와 꽃 가까이에서 나타나는 변화를 제외하면 잎의 모양은 대개 달라지지 않는다. 줏대가 없는 탓에, 드물게는 우리가 알 수 없는 이유로 한 가지에서 난 잎이 그 이웃끼리도 서로 다른 경우도 있다. 참식나무가 그 예다. 미국 캐롤라이나 산(産)인 이 희귀한 나무는 보통 잎과 두 개의 열편과 세 개의 열편을 교대로 달고 있다.

매화마름은 봄이 오면 조그맣고 하얀 꽃을 피우며 늪의 일원이 된다. 이 매화마름 일부와 순채와 같은 수상식물이 노리고 있는 것이 무엇인지는 설명하기 쉽다.

물 위에 뜨는 위쪽 잎에는 째진 곳이 없다. 완전히 물 속에 가라앉아 있는 아래쪽 잎은 가는 술로 나누어져 있다. 물 위로 떠오르는 잎

참식나무의 잎

매화마름   미나리아재비

제 20 장 잎

은 식물의 호흡기인 셈이다. 물 속에는 식물이 호흡해야 하는 성분이 공기 중보다 훨씬 적다. 그래서 흡수면을 넓히기 위해 잎을 가는 띠 모양으로 나눈 것이다.

이 식물은 물고기의 호흡기, 즉 아가미를 본땄다. 아가미도 무수히 많은 작은 박편으로 되어 있는데 그것이 아가미의 빈 속에 가지런히 들어 있다. 물고기는 아가미를 통해서 공기를 머금은 물과 만나 기운 좋게 헤엄치며 다니는 것이다.

쇠귀나물도 원리는 같다. 공기 중의 잎은 화살촉 같은 모양을 하고 있는데 그것이 이 식물의 프랑스어 이름을 붙이는 근거가 되었다. 물에 젖어 있는 잎 부분은 1m가 넘는 긴 리본 모양을 하고 있다.

식물 중에는 인간의 변덕에 희생되어 잎 모양을 상당히 바꾼 것도 있다. 가지를 늘어뜨리고 있는 아름다운 '수양버들을 보고 사람은 생각했다. 수양버들이 그 잎을 달팽이의 껍데기처럼 말고 있으면 더 보기 좋을 텐데.' 순진한 수양버들은 잎을 말았다. 하지만 더 예뻐지지는 않았다.

딱총나무는 좀 달라지게 해보고 싶다는 원예사의 유혹에 빠져서 그 잎을 깊게 쪼개진 모양으로 만들었다. 그러나 이런 예는 극히 드물고 자연의 원칙은 살아 있다. 즉, 종(種)은 각기 자기 양식에 충실한 것이다.

잎의 자루인 엽병에 대해서는 그만 얘기하겠다. 많은 식물들이 그까짓 것 쓸데없는 것이라며 엽병없이 지내고 있다. 엽병이 없는 경우는 무병엽이라 해서 잎이 직접 가지에 붙어 있다.

오히려 탁엽에 대해서 좀더 살펴보자. 탁엽은 앞서 말한 대로 엽병의 끝부분에 붙어 있는 잎의 돌출부다. 그런데 탁엽은 많은 식물에서 볼 수 있으나 모든 식물에게 다 있는 것은 아니다. 자유롭게 쑥쑥 발육해서 잎의 본체로 오인되는 수도 있고 엽병에 이어져 있거나 탁엽끼리 이어져 있는 수도 있다. 또 줄기를 둘러싸고 멋진 목도리처럼 엽초(葉鞘)를 형성하는 경우도 있다.

엽병이 없는 별꽃   구우즈베리에는 엽병이 있다

수영의 탁엽

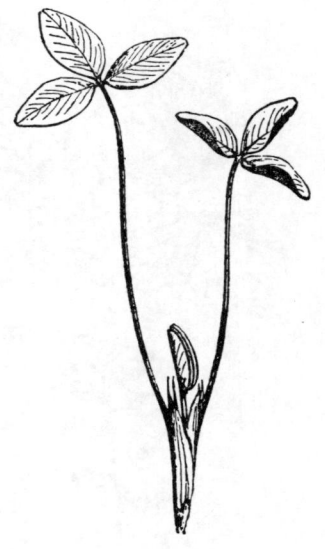

토끼풀

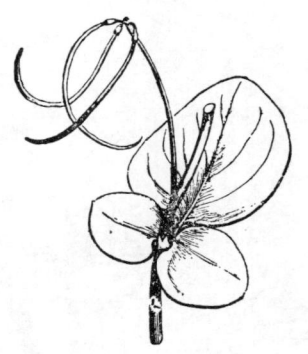

토끼풀의 탁엽

식물에 따라서 탁엽은 생명이 매우 짧다. 동료인 잎이 다 성장하면 떨어진다. 제라늄의 줄기 꼭대기를 주의해 보자. 갓 태어난 잎이 좌우에서 커다란 탁엽에 둘러싸여 있는 것이 보인다. 튤립도 마찬가지다. 잎이 완전하고 힘있게 모두 커 버리면 탁엽은 시들어서 떨어진다. 무화과도 그렇고 특히 고무나무는 가장 철저하다. 어린 잎은 원추형으로 말리고 겹치는데 그 하나하나가 탁엽으로 된 긴 두건을 쓰고 있다. 그러다가 시기를 봐서 탁엽의 두건은 떨어지고 숨겨져 있던 윤기있는 잎이 나타나서 미소짓는 태양아래서 말렸던 잎을 펼친다.

제 21 장
•
변태

짚 위에서 나눈 어린시절의 이야기
덩굴손의 신비
호박과 오이의 수작

제 21 장 변태

짚 위에서 나눈 어린시절의 이야기

　추억이여. 어린 시절의 추억이여. 내 마음속에 돌아오라. 호기심에 눈뜨는 그 무렵은 이제부터 자신이 걸어 들어갈 세계에 대한 즐거운 상상을 꿈꾸는 때이다. 나의 추억이여 돌아오라.
　그 시절에는 보리수확의 계절이 끝날 때까지 밤이 되면 아이들은 보리짚단 속에 둘러앉아 옛날 얘기에 시간 가는 줄 몰랐다. 마른 침을 삼켜가며 온 신경을 얘기하는 사람에게 쏟았던 것이다. 마치 여왕 데이도의 궁정사람들이 아에네이스의 입에서 트로이아와 이리언의 불행한 사건들을 들을 때처럼.
　엄지손가락 소년의 모험담을 들은 날도 있었다. 길을 잃지 않으려고 길가에 뿌려놓은 빵조각을 새들이 쪼아 먹었기 때문에 일곱 명의 애들이 숲속에서 길을 잃었다. 엄지손가락 소년은 나무 꼭대기에 올라가서 먼 곳에서 반짝이는 불빛을 발견했다. 모두가 그 방향으로 달려갔다. 쿵!쿵! 아이들은 문짝에 몸을 부딪쳤다. 그곳은 사람을 잡아먹는 도깨비의 집이었다. 원체 우리들은 어렸기 때문에 상상만으로도 몸이 부들부들 떨렸다.
　장화를 신은 고양이 얘기를 듣던 밤도 있었다. 간교한 고양이는 들판에 나가 손바닥에 보리 한 알을 올려 놓고, 자루를 펼쳐 놓고 새끼

프랑스의 동화 『엄지손가락 소년』

메추리를 기다린다. 어리숙한 새끼 메추리가 걸려들었다. 바보같은 토끼새끼도 자루 속으로 뛰어 들어갔다. '나라 안의 들짐승이 모두 자루 속에 들어갔다'고 애들은 수군댔다. 너무 흥분한 나머지 얘기를 크게 바꿔버렸다. 이건 애들이니까 그렇다고 치자.

의젓한 신사가, 금박표지의 책에 이름을 남길 만한 인물까지 말못할 이유로 해서 부끄러움도 없이 거짓말을 한다면 변명의 여지는 없다. 그런 예가 많은 것이다.

얘기는 고양이가 가짜 카라파스 후작으로 분장한 방아간집 아들보다 앞서서 사람을 잡아 먹는 도끼비한테 가서, 네가 할 수 있다면 여러가지 짐승의 모습으로 변해보라고 덤벼드는 대목에 이른다. 이 도깨비는 좀 어리숙해서 여러가지로 변신했다. 그리고 마지막에는 쥐새끼로. 일석이조다. 고양이의 발톱이 번개처럼 뻗었다. 쥐새끼는 잡히고 도깨비는 먹히고 말았다. 도깨비의 성은 그후 유산으로 이 고양이만을 받은 방아간집 아들의 것이 되고, 그는 고양이 덕분에 진짜 카라파스 후작이 되었다. 그리고 공주와의 결혼축하연이 벌어졌다.

다음이 푸른 수염의 소름끼치는 비극이다. 그날 밤은 너무 흥분해서 무심코 옆에 있는 아이의 손을 잡아보고 아아 동무들이 있구나 하고 마음을 놓았다. 이런 무서움을 참을 수 있는가. 피가 찐득찐득한 방, 푸른 수염의 일곱 명의 아내가 갈고랑이에 매달려 있는 그 죽음의 방, 핏자욱을 도저히 닦아낼 수 없는 저주받은 열쇠를 너희들은 기억하고 있을 것이다. 푸른수염이 나타났다. 장소는 탑 속이다. 죽음의 공포에 목이 쉰 불쌍한 여자가 물었다.

"안느 언니, 누가 오는 게 보이지 않아요?", "내려와!" 계단 아래서 푸른 수염의 굵은 목소리가 들려왔다. 숫돌에 큰 식칼을 가는 소리가 들려온다.

신데렐라가 우리들의 걱정을 풀어줬다. 언니들은 한껏 차려입고 무도회에 가버렸다. 신데렐라는 무거운 마음으로 냄비가 끓는 것을 보고 있었다. 거기에 이름짓기 요정이 등장한다. 그녀는 말한다. "뜰에 내려가서 호박을 따오거라" 요정이 속이 텅빈 호박을 지팡이로 내려치자 그것은 금빛마차로 변했다. 그녀는 또 말했다.

"신데렐라야, 쥐덫의 뚜껑을 열어라!" 뚜껑을 열자 여섯 마리의 쥐가 도망쳤으나 마법의 지팡이가 닿는 순간 쥐들은 아름다운 여섯 마리의 얼룩말로 변했다. 수염이 보기좋던 쥐는 당당한 콧수염을 단 마차몰이 마부로 변했다. 나무 밑에서 꾸벅꾸벅 졸고 있던 여섯마리의 도마뱀은 옷을 잘 차려입고 하인이 돼서 마차 뒤에 올랐다. 마지막으로 가련한 아가씨의 헌옷은 금실은실로 수놓은 의상으로 바뀌었다. 의상에는 기라성같은 보석이 박혀 있었다. 신데렐라는 유리구두를 신고 무도회로 향했다. 그 다음부터는 여러분들도 모두 알고 있을 것이다.

쥐를 말로, 도마뱀을 하인으로 바꿔놓는 것쯤 손쉽게 처리했던 요정의 수양어버이들, 가는 곳마다 기적을 일으키던 우아한 요정들 당신들은 어디로 가버렸는가? 돈에 눈이 어두운 우리들 세상이 싫어서 도망쳐버렸나? 저 높푸른 하늘에 올라가 경멸에 찬 눈으로 우리들 세계를 내려다 보고 있나? 이제 영원히 이 지상에서는 사라져버렸는가?

아니 그렇지는 않을 것이다. 다행스럽게도 당신들은 아직 우리들 가까이에서 살고 있다. 그래서 어린이다운 상상의 세계를 멋진 공상으로 키우고 성숙된 정신을 현실의 훌륭함으로 길러간다. 신데렐라의 요정인 환상은 언제든지 꿈 속에서 호박을 금마차로 만들 수 있다. 신들의 대요정인 현실은 호박을 쓰지 않고도 말과 마차, 마부와 하인을 만들어낸다. 아무리 여러번 인생을 거듭한다 해도 그 훌륭함을 다 말할 수 없다. 그리고 좁디 좁은 이 세상에 살고 있는 우리들이 얼마만큼이나 얘기할 수 있을까? 그래서 식물의 요정이 가져다주는 변태(變態)에 대해 조금 설명하는 것만으로 그치겠다.

많은 식물들은 긴 잔가지를 뻗는데 그것이 쇠약했을 때는 후줄그레 땅을 기게 한다. 신데렐라처럼 이 잔가지들도 언니들이 간 무도회에 가고 싶었을 테고 태양의 축제에 가고 싶었을 것이다. 나비들이 춤추고 꿀벌들이 나는 높고 양지바른 울타리 위에 올라 가고 싶을 것이다.

이 식물들도 자기들을 축제에 초대해줄 귀공자를 만나지 못한다고 단언할 수는 없다.

어느날 밤 아직 날이 밝지 않은 시간에 요정이 찾아온다. 요정은 가엾은 잎의 눈에게 가볍게 손을 댄다. 그러면 그 잎은 조그만 손이 되어서 옆 가지를 붙들고 거기 달라붙어 있던 식물을 태양의 축제장으로 끌어 올린다.

덩굴손의 신비

식물학은 요정이 몇 장의 잎의 변태로 만든 이 손을 덩굴손이라고 이름붙였다. 그것은 매끄러운 한 줄 또는 가지치기한 실 모양이 되어 손에 쥔 것을 나선형으로 휘감는다. 그리고 신데렐라 얘기에서 도마뱀이 변신한 여섯 명의 하인이 그랬던 것처럼 곧 마차 뒤에 올라 탔다.

스위트피의 잎에서 생겨난 손도 그게 마치 자기들의 일이었던 것처럼 옆의 가지에 달라 붙는다. 그 가느다란 실 모양의 손은 가지의 지주(支柱)를 찾으려면 여간 민감하지 않으면 안된다. 그 손은 눈으로 볼 수 없기 때문에 적당한 가지가 있는 곳을 짐작으로 붙들고 나선형으로 그리고 규칙적으로 휘감아 올라간다. 요정의 마법 지팡이가 닿지 않았다면 보잘 것 없는 풀 한 포기가 이런 기적을 일으킬 수 있었을까?

잎은 스위트피를 볕에까지 들어올리는 손, 덩굴손이 되었다. 하지만 벌거벗은 채 축제에 나간다는 것은 이만저만한 실례가 아니다. 옷으로 다른 잎이 필요하다. 요정이 하려고 한다면 그 수양아들에게 보석을 박은 금실은실의 천으로 옷을 지어줄 수도 있다. 하지만 이 옷은 너무 무겁고 위생적이지도 않으며 취향에도 맞지 않는다. 단순한 것이 아름답다는 것을 알고 있는 요정은 그런 어리석은 짓은 하지 않는다.

예쁘게 꾸민다고 번쩍번쩍하는 돌맹이를 귓불에 달고 유리나 금속의 세공품을 손목에 감는 것은 우리 인간뿐이다. 부(富)를 몸에 휘감고

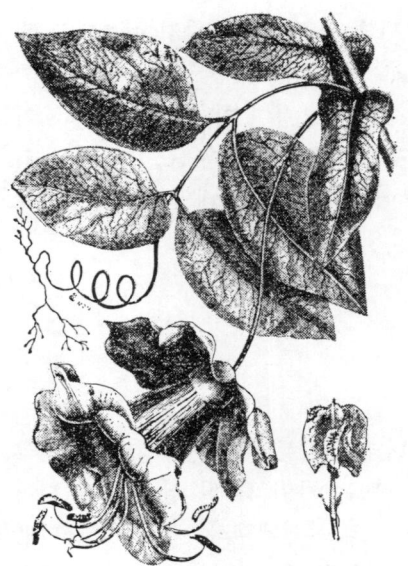

연리초 마지막 소엽이 덩굴손으로 변하고 엽병이 넓어지고 있다

마지막 소엽이 덩굴손으로 변하고 있는 고베아

탁엽연리초 잎이 모두 덩굴손으로 바뀌고 탁엽이 잎을 대신하고 있다

스위트피는 줄기·탁엽·엽병이 모두 잎처럼 되어 있다

호화롭게 치장해서 더욱 보기 흉한 몰골을 하고 있는 것이다.

　식물은 훨씬 교양이 있어서 그런 짓은 하지 않는다. 그래서 요정은 수양아들에게 단지 다른 잎을 달아주는 것으로 만족한다. 요정이 탁엽을 만지면 탁엽은 진짜 잎사귀처럼 싱싱한 녹색으로 변해간다. 요정의 손이 뼈와 가죽만 남은 엽병에 닿으면 엽병은 잎 모양의 막으로 넓어진다. 가지에 닿으면 가지는 편편해지고 녹색을 띠며 잎이 된다. 탁엽도 엽병도 가지도 모두 태어나면서부터 잎이었던 것처럼 잎의 기능을 한다.

　우선 이 기묘한 변태의 예를 들어보겠다. 이것은 진실이지만 환상적이다.

　스위트피에 가까운 종인 잎이 넓은 연리초(連利草)를 보라. 이 식물은 소엽 다섯 장으로 이루어진 잎을 갖고 있다. 그림에서는 소엽 중 두 장이 남아 있다. 나머지 세 장은 어떻게 되었을까? 세 개의 덩굴손이 돼버린 것이다. 연리초는 이 손으로 울타리의 꼭대기까지 올라간다. 변태한 소엽(小葉)을 대신하기 위해 엽병이 그 끝을 두 장의 커다란 날개로 만들어서 온전한 한 장의 잎이 되어 있다.

　또다른 연리초, 탁엽연리초에는 이미 한 장의 잎도 없다. 전부가 덩굴손으로 바뀌어버린 것이다. 그러나 탁엽이 잎을 대신해서 크게 넓어져 있다. 스위트피는 소엽 두 장을 남기고 나머지를 모두 덩굴손으로 바꿔버린 대신 엽병, 줄기, 탁엽이 모두 잎 모양의 막을 펼치고 있는 식물의 예이다.

　경우에 따라서 식물은 자기 잎을 매우 소중하게 생각해서 덩굴손으로 바꾸지 않는다. 거기에는 까닭이 있다. 까닭이 있는 것을 의심하지 않지만 그것을 추정하기는 어렵다. 그럼 요정이라면 어떻게 할까? 큰일이라고 생각할까? 천만에, 잎이 없으면 다른 것을 찾을 것이다. 신데렐라의 요정은 마차를 만드는 데 호박이 없었으면 곤란했을까? 한 쪽만 남은 나무구두로도, 지글지글 끓고 있는 냄비로도 요정은 마차를 만들어냈을 것이다.

포도의 가는 잔가지는 위로 오르기 위해 덩굴손이 된다

식물의 요정도 덩굴손을 만드는 데 잎이 없다고 해서 당황하지는 않는다. 잎의 엽신을 그대로 둔 채 요정은 엽병을 나선형으로 휘감게 한다. 그렇지 않으면 한련에서 볼 수 있듯이 적어도 열쇠형으로 구부린다. 또는 한구석에서 다소곳이 있는 아주 여린 가지를 발견한다. 그리고 이 병약한 가지를 튼튼한 덩굴손으로 만들어버린다.

포도나무가 그 예이다. 포도나무의 덩굴손은 분명히 포도송이가 되는 가지와 비슷한 가지다. 하지만 잘 봐야 한다. 꼭 포도송이가 생기는 곳에 있고 잎과는 서로 마주보고 있다. 그리고 포도송이를 몇 개 매단 덩굴손을 보는 경우도 드물지 않다. 어린 가지가 덩굴손을 만들기 위해 열매의 가지, 즉 포도송이의 가지 몇 개를 희생시킨 것이다.

희생은 컸지만 포도나무가 그 가지를 활력이 넘치는 태양 광선 앞에 펼치지 않았다면 어떻게 그 풍부한 액을 만들 수 있었겠는가. 포도는 덩굴손을 고상한 목적을 위해 사용했다. 즉, 우리들

오이의 덩굴손

을 위해 태양광선을 병 속에 담으려고 위로 올라갔던 것이다.

여주의 덩굴손

호박과 오이의 수작

호박, 오이, 그밖에 오이과의 식물도 가지를 덩굴손으로 변형시킨다. 그런데 땅바닥에 벌렁 누워 있는 뚱뚱보 호박은 덩굴손을 어찌하려는 것인가? 좀 가르쳐줬으면 싶다. 높이 올라가고 싶어도 너무 뚱뚱하지 않은가. 오이만해도 왜 그런 것을 원하는가? 도토리 대신 표주박이 떨어진다는 생각만으로도 그 옛날 라 퐁테느의 우화 속에서 가로가 자기 코를 걱정한 것이나 비슷하다. 표주박이 당분간은 나무에 올라가는 일이 없기를 바랄 뿐이다.

그래도 호박은 높이 올라가고 싶은 일념으로 자기 가지를 덩굴손으로 만든다. 다행히 그 소망은 이루어지지 않지만, 그렇기로서니 자기 자랑을 위해 어리석게도 열매를 달았을 자기 가지를 희생시킨 야심가 식물님, 당신의 요정은 당신의 응석을 너무 받아주는 것은 아닌가.

식물은 그 동기에 대해서는 일체 말하지 않은 채 보통의 잎을 없애면서까지 그 잎의 엽병을 잎 모양으로 넓히는 경우가 있다. 그런데 덩굴손이 필요해서 이런 변태가 생기는 것은 아니다. 변태가 생기는 식물은 키가 큰 훌륭한 나무일 수도 있는데 큰 나무는 하늘을 향해 꼿꼿이 커 올라가기 때문에 아무런 도움도 필요로 하지 않는다. 엽병을 잎 모양으로 변형하는 이 불가사의한 습성에 대해 그 원인을 설명하고 싶지만 솔직히 말해서 나도 그 까닭을 모른다.

여기서 잎으로 변한 두 가지 예를 들어보려고 한다. 둘 다 아카시아의 일족이다. 위쪽 그림에서는 아래쪽에 있는 잎의 엽병 자체가 훌륭한 한 장의 잎처럼 보이고 보통 잎은 그 위에 얹혀 있는 조그만 부속품인 것 같다. 다른 두 장에서는 변태가 그리 진전되지 않았다. 그래도 그 엽병과 중앙의 엽맥이 벌어져 있는 것으로 보아 전체적으로는 변태 경향을 보이고 있다. 아래쪽 그림에서는 몇 장의 복엽이 넓어진 엽병에 의해 대체되고 있다.

이처럼 잎으로 변형된 엽병과

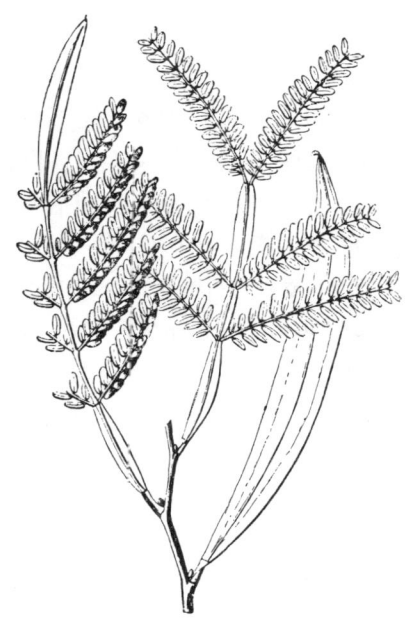

위엽이 있는 아카시아

제 21 장 변태 307

루스쿠스

가지를 위엽(僞葉)이라고 한다. 보통 엽신은 수평으로 누워 있는데 가엽(假葉)의 엽신은 수직으로 선다. 이 수직으로 선 엽신 때문에 가엽이 무성한 나무들은 광선을 유달리 반사한다. 가엽을 갖는 아까시아의 조국 오스트레일리아의 숲을 찾아간 최초의 탐험가는 그 이상한 반사광선에 놀랐다고 한다. 그러나 이 나라에서는 식물학자가 초목을 보고 놀란 일이 한두 번이 아니다. 이 땅에서는 식물의 불가사의한 환상으로 가득 차 있기 때문이다.

하지만 식물의 불가사의를 찾아서 먼 곳까지 갈 필요는 없다. 프랑스에도 튼튼한 관목으로 품위가 있고 사시사철 푸르며 12월이 되면 빨간 산호색의 커다란 열매를 맺는 호랑가시나무의 울타리를 보면 된다. 딱총나무의 퇴색한 백색을 배경으로 녹색이 선명한 잎과 빨간 열매가 조화를 이루어 딱총나무의 수(髓)의 수관(樹冠)이 그것을 한층 돋보이게 한다.

이 호랑가시나무는 프로방스 지방에서 그리스도교의 우정의 빵, 크리스마스 때 십자가를 넣는 축복의 빵으로 쓰인다. 성탄절 전야 호랑가시나무의 가지로 장식한 빵이 식탁 위에 경건하게 놓인다. 빵은 그 집안의 가장 연장자의 축복을 받으면서 설날까지 식탁의 주인이 된다.

설날이 되면 이 빵은 찾아드는 가난한 사람을 위해서 잘린다. 가난한 사람이 찾아들지 않을 때는 그 집 아들이 문 밖에 나가서 현관문을 두드리고 손을 내밀어 가난한 사람의 몫을 받는다. 다음은 인간과 인간에게 생명을 주는 동물과의 소박하고 감동적인 회식이다. 성스러운 빵 조각이 여러 가축에게 분배된다. 양, 고양이, 개, 닭 모두 자기 몫이 있다. 이 일이 끝나면 집안 식구가 나머지를 나눈다.

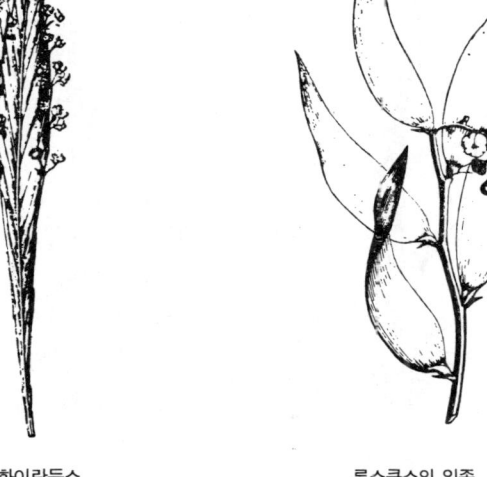

화이란두스   루스쿠스의 일종

 그런데 크리스마스의 성스러운 빵과 어울리도록 장식하기 위해서는 호랑가시나무를 특별하게 키울 필요가 있다. 눈 아래에서도 산호빛의 열매를 맺을 수 있게끔 결실을 늦게 보게 해야 할 필요가 있는 것이다. 그러기 위해서는 북풍과 된서리를 견디어낼 수 있도록 줄기와 잎이 탄탄해야 한다. 이 나무는 성스러운 회식의 역할을 이미 알고 있다는 듯이 대담한 결단을 내렸다. 잘 됐으니까 망정이지 그렇잖았으면 엉뚱한 짓을 했다고 욕을 먹을 뻔했다.
 품위가 있고 탄탄한 관목이 되기 위해서 별 의미가 없는 잎을 달지 않기로 한 것이다. 잎은 달지 않았지만 그 가지를 납작하게 만들고 녹색의 탄탄한 꽃받침으로 만들어 겨울을 견딜 수 있도록 했다. 여기에도 요정이 지나갔다. 그렇지 않았다면 어떻게 관목이 가지로 잎을 만들 수 있었겠나. 어떻게 그런 독창적인 아이디어가 떠올랐을까? 무척 유능하다고 생각하고 있는 우리들도 그런 기묘한 변태는 생각하지도 못할 것이다.

화살통덩굴의 일종

아이디어만 떠올리면 그것으로 다 되는 것은 아니다. 그것을 완전하게 실행해야 한다. 이 면에서 호랑가시나무는 능숙했다. 그 잎을 여러분들은 어떻게 생각하는가? 역시 잎이라고 생각할 것이다. 어느 정도 탄탄하고 품위 있는 잎이라고. 하지만 그것이 잎이 아니라 변태한 가지라는 것을 증명하겠다.

우선 엽신의 수직방향의 배치를 보라. 엽신을 눈여겨 본 사람이라면 이 특징만으로도 모양이 다른 이 잎의 본성을 알아차린다. 진짜 잎이라면 엽신이 수평이어야 한다. 엽신의 방향이 이런 것은 가엽뿐이다. 그리고 이 잎을 닮은 박편의 토대부분에 얼핏 봐서는 모르지만 자세히 보면 조그만 꽃받침이 있다. 이 꽃받침이 정상적인 잎이다. 이 관목이, 나도 원한다면 남처럼 잎을 붙일 수 있다고 우리에게 말하기 위해 흔적을 남겨 놓은 것 같다. 진짜 잎의 엽액에서, 즉 잎임을 보여주는 꽃받침의 엽액에서 무엇이 나올까. 눈과 가지가 나온다. 이들 꽃받침의 엽액에서 생겨나는 녹색의 박편은 그러니까 가지인 것이다.

그뿐이 아니다. 잎 위에 잎이 달리는 경우는 절대로 없으며 잎 위에 꽃이 피고 열매가 열리는 법도 없다. 이 모든 것은 가지에서만 가능하다. 문제의 호랑가시나무의 잎을 다시 자세히 보자. 엽신의 중앙에 조그만 잎의 다발이 달려 있는 것이 보인다. 그 다발의 중심에서 꽃이 뻗어 있다. 이 꽃이 나중에 빨간 열매가 되는 것이다. 그런 까닭에 이 관목은 가지가 잎을 대신하는 것이다. 거기에 잎과 꽃과 열매가 달려 있기 때문이다.

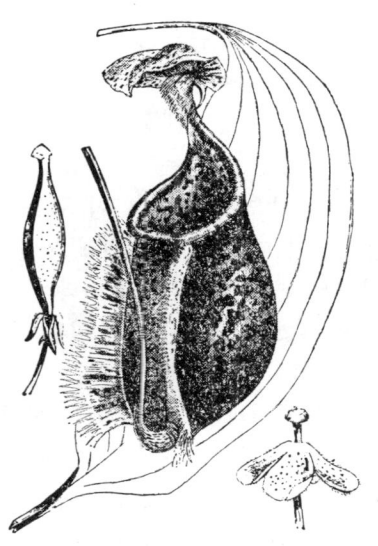

화살통덩굴

몇 가지 식물이 이 방식을, 납작하게 만든 가지로 잎을 만드는 방식을 채택했다. 앞에서 두 가지 예를 보았다. 루스쿠스에서는 꽃이 가짜 잎을 덮고 있고 화이란두스에서는 진짜 잎인 꽃받침이 넓어진 가지 밑둥에 모습을 보이고 있다.

스리랑카나 마다가스카르에 있는 식충식물은 우리들을 또다른 불가사의로 유도한다. 이 식물은 거의가 잎인데 엽신은 우선 가엽

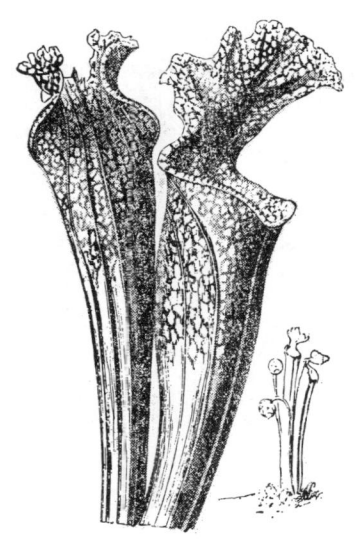

사라세니아

으로 넓어지고 끝은 덩굴형으로 오그라드는데 그 끝이 맑은 물이 가득 고여 있는 우아한 항아리가 된다. 이 물이 멋진 음료이다. 이 이상한 그릇 전체가 엽병인데 항아리 뚜껑은 본래의 잎이다.

이 뚜껑은 낮에는 열려 있고 밤에는 닫힌다. 항아리의 물은 빗물도 아니고 이슬도 아니다. 이 풀은 야간에 왕성한 증발작용으로 수분을 뿜어내기 때문에 낮을 위해 물을 저장해 놓는 것이다. 밤이 되어 뚜껑이 닫히면 수액이 많이 나와서 항아리 속의 수위가 올라가지만 해가 뜨면 뚜껑이 열려 수분의 일부는 증발하고 일부는 식물 자신이 마셔서 줄어 든다.

경우에 따라서 식충식물은 사람에게도 그 청량한 음료를 나눠준다. 목이 마른 나그네는 이 풀에게 다가가서 목을 축이고 한 장의 잎에서 증류수의 그릇과 언제나 물이 가득한 물병을 만들어 주는 요정에게 감사하는 마음을 갖게 된다.

미국의 사라세니아도 식충식물를 흉내내고 있으나 식충식물에는 훨씬 미치지 못한다. 그 잎의 대부분은 갸름한 뿔 모양으로 부푼 주머니를 가지고 있는데 그 속에 빗물을 저장하고 있다.

제 22 장
공격 무기

식물의 무장(武裝)
날카로운 비수를 좋아하는 선인장

제 22 장 공격 무기

식물의 무장(武裝)

　등반도구와 보조잎, 또한 청량음료를 넣는 주머니를 만들어서 식물은 대단한 발명의 재능을 보여주었다. 그런데 식물은 무기를 만드는 일도 훌륭하게 해낸다. 생울타리의 인목(鱗木)은 살구가 향기좋은 자신의 열매를 아끼듯이 자기의 떫은 열매를 소중히 생각한다. 말동무인 산사나무는 산사나무대로 그 몹쓸 작고 빨간 열매를 자랑한다. 어떤 열매라도 자기 열매만 못하다는 것이다.
　이웃집 인목은 지의(地衣)의 하얀 수염 그늘에서 산사의 자기 자랑을 비웃는다. 산사의 작은 열매가 어떻다는 것을 잘 알고 있는 것이다. 산사의 열매는 정말 보잘 것 없다. 하지만 그것을 큰소리로 말한 일은 없다. 이 이웃친구는 참을성이 없는 편이니까 자칫하다간 된 꼴을 당할까봐 조심하는 것이다. 산사 쪽은 남 앞에서는 인목을 비웃지만 마음속으로는 변함없는 충성과 우정을 느끼고 있다.
　"안녕하세요, 이쪽 이웃분, 안녕하세요, 저쪽 이웃분, 어제밤엔 어땠습니까? 과수원에 개똥지빠귀가 뭘 훔치러 들어오지 않았습니까?" 이런 식이다. 그러나 조금 떨어진 곳에서 들장미와 마주치게 되면 이렇다.
　"저 바보같은 자식, 형편없는 열매를 달고서도 그게 대단한 것처럼

인목의 가시

생각하고 있으니, 친애하는 당신, 저 나무가 당신처럼 장미빛 꽃을 피우겠어? 당신같은 열매는 또 나처럼 예쁘고 빨간 열매를 달 수 있겠어? 그런데……" 이 정도에서 그치기로 하자. 입버릇 나쁜 작자들의 말을 되풀이하는 것은 점잖치 못하니까.

이 기회에 이웃끼리는 겉으로는 친한 척, 뒤에서는 흉보는 것이 속성이라는 것도 배워두자. 하여튼 인목도, 들장미도, 산사도, 자기 열매가 제일이라고 생각하고 있다. 그리고 그 열매를 지키기 위해 이들은 무기고를 만들기 시작한 것이다.

인목은 원래 열매를 달지 않는 가지를 뾰죽하게 깎아서 단도를 만들었다. 어느 사회에서나 검객이니 자객이니 하는 사람은 비생산적인 사람들이다. 아무것도 할 수 없으니까 남의 배에 구멍을 내는 직업을 택한 것이다.

인목도 가족 중에서 제일 나쁜 자, 희망없는 가지를 골라서 그 끝을 뾰죽하게 만들어서 호위 군단을 만드는 것이다. 무장한 이 가지는 아름답다고 말할 구석이 없다. 4~5장의 초라한 잎과 한 자루의 창. 이 조악한 가지에는 절대로 꽃이 피지 않을 것이다. 식물학에서는 이것을 가시라고 한다.

이처럼 무장한 인목은 자기가 안전하다고 생각하고 있다. 의심은 많으면서 앞을 볼줄 모르는 관목이다. 개똥지빠귀가 스스럼없이 드나들텐데.

약삭빠른 개똥지빠귀는 네 무기 위에 솜씨좋게 걸터 앉을 테고 네 무기를 우습게 알고 마음만 먹으면 아무 거리낌없이 네 열매를 먹어치울 것이다. 먹이를 잠시 저장하기 위해 너의 가시에 매달든가 꿰어놓을 것이다. 염소도 지나는 길에 몸털을 가시에 남겨서 새둥지의 재료로 쓰이게 할 것이다.

이렇게 해서 개똥지빠귀도, 때까치도 네 싸움 잘하는 성질을 이용할 것이다.

세상살이는 온순해서 손해볼 일 없다. 싸움 좋아하고 성미급한 자가 도리어 그 어리석음 때문에 이용당하고 웃음거리가 된다. 인목의 생각은 너무 완고하다.

산사는 뒤에서 이웃 인목의 흉도 보지만 그래도 그에게는 좋은 점이 있다고 생각한

낙상홍의 가시

다. 가시 말이다. 산사는 자신의 조그만 열매를 지키기 위해 인목을 본따서 뾰죽하게 깎은 잔가지로 칼로 된 벙커를 만든다. 그밖에도 많은 식물들이 같은 식으로 방어태세를 갖추고 있다. 가령 주엽나무는 줄기 여기저기에 나온 잔가지를 탄탄한 가시로 만든다. 또 낙상홍은 가지 끝을 바늘 모양으로 만든다. 야생의 배와 야생의 모과나무도 그렇다.

교육의 힘은 정말 대단하다. 건달로 떠돌던 시절에는 무시무시한 단도를 지니고 다니던 배나무와 모과나무도 사람손을 거친 뒤로는 그 흉폭하던 본능을 잃어버린 것이다. 바늘 모양의 가지를 다는 습관을 버린다. 야생같았으면 가시를 돋게 할 가지에 탐스러운 배나 모과를 열게 한다. 그리고 완강한 가시 끝을 무디게 하고 단 물을 흘린다. 자객은 부지런한 일꾼이 되었다. 이런 기적은 들은 일이 없다.

웃으면서 장난삼아 고양이새끼를 때려 죽이는 아이들, 개구리배를 터뜨리며 즐기는 아이들, 철없는 야생의 아이들의 교육은 언젠가 바로잡힐 것이다. 엄격한 교육이 자비의 맑은 눈물을 가르치고 광폭한 가

지를 얌전한 가지로 바꾸는 것이다. 모과의 개심에 앞서는 기적이다.
　절약을 하면서 전쟁도구를 만들려고 생각하는 식물은 보통의 잎을 공격무기로 바꾼다. 일부분의 잎을 바꿀 뿐이다. 그렇다고 해서 병기고가 초라해 보이는 것은 아니다. 솜씨를 발휘해서 경비를 줄이기 때문이다.
　성미 고약한 가지들 때문에 골치를 앓던 인목이 그 가지를 창기병으로 만드는 것은 무리가 아니다. 그 가지가 열매를 맺지 않는다는 것을 알기 때문에 그것을 나름대로 활용하는 것이다.
　그러나 대추, 매발톱나무, 야생의 구우즈베리 그밖의 많은 식물은 들일을 시키기 위해 그 눈을 기르는 것이지 병영생활을 위한 것은 아니다. 자기들의 잎이 싸움꾼이 되는 것을 달가와하지 않는다.
　그런데 이들 관목은 무기광이다. 그럼 어떤 무기를 가지고 있을까? 몇 장의 잎을 별모양의 창이나 또는 단순한 침으로 바꿔버린다. 이들 호전적인 잎의 엽맥에는 온순하고 느긋한 기질을 가진 눈이 태어난다. 이 눈들은 보통 잎으로 싸여 있다. 하지만 언니들은 이 보통 잎을 본받으려 하지 않았다. 성격은 얼굴 인상까지 바꿔버리는 것이다.
　소크라테스는 태어날 때는 추남이었지만 그 훌륭한 정신이 그의 낮은 코를 가려버렸다. 하지만 사나운 일에 열심인 매발톱나무 잎의 무서운 얼굴을 잊어버리려면 어떻게 해야 하나? 이 잎의 어디가 가사에 전념하는 동생과 닮았을까? 출생증명이 밝혀주지 않았다면 친자매라고는 생각지 못했을 것이다.
　아카시아나무와 대추나무는 탁엽을 이용하여 토대 부분에 두 개의 예리한 단도를 만든다. 이것은 비용이 싸게 먹히며 편리하다. 구우즈베리 나무는 더욱 절약에 힘쓴다. 이 나무는 식물들이 보통 이용방법을 잘 모르는 재료를 잘 이용한다. 세 개의 바늘같은 가지를 만드는 것이다. 더구나 엽병이 붙어 있는 부분에 가시 모양의 섬모(纖毛)를 두른다. 개똥지빠귀한테 그 열매를 도둑맞았다 해도 조심하지 않아서 그런 것은 아니다.

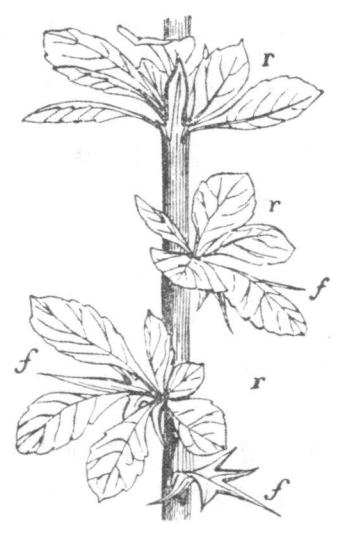

매발톱나무 f는 가시로
변한 잎 r은 보통 잎

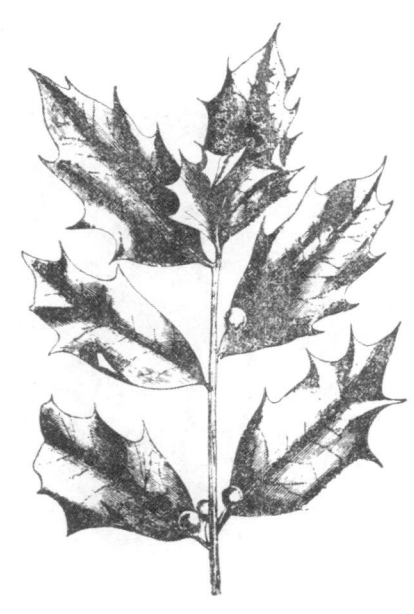

호랑가시나무

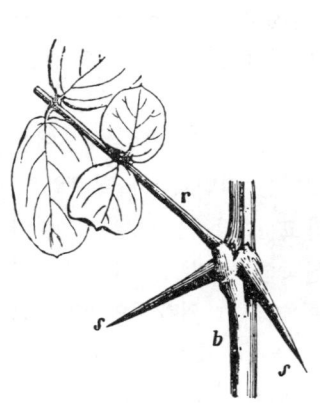

아카시아 r은 엽병 s는 가시로
변형된 탁엽 b는 가지

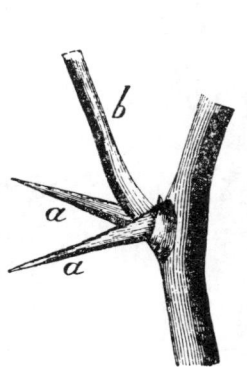

대추나무 a는 가시로
변형된 탁엽 b는 엽병

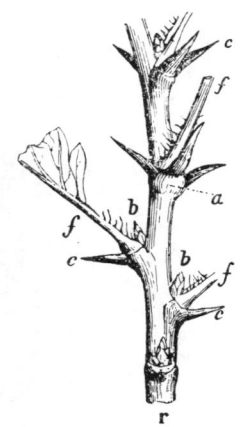

라즈베리 c는 가시로 변형된
엽침(葉枕) f는 잎의 토대부분

제 22 장 공격 무기 319

좀더 싸게 먹히게 복엽의 공통의 엽병 맨끝을 칼처럼 만드는 식물도 있다. 또는 호랑가시나무나 엉겅퀴 일족처럼 엽맥을 엽신 밖에까지 무시무시하게 내밀고 있는 것도 있다.

날카로운 비수를 좋아하는 선인장

특히 날카로운 비수를 좋아하는 것은 붙임성없는 선인장 일가다. 좋아하는 정도가 아니라 열광한다. 고슴도치 비슷한 갑옷을 원한다. 대추나무가 그 열매를 지키기 위해 잎 아래에 가는 장도를 가지고 있다 해도 그건 자신의 열매 때문이니까 양해할 만하다.

그러나 선인장 일가는 무엇을 지키겠다는 것인가. 그 열매일까? 종자라고 주장하는 모래가 섞인 찐득찐득하고 맛도 없는 과육의 열매를 지키기 위해서인가? 자만으로 가득찬 당신 열매에 손은 안 댈 테니까 칼은 뽑지 말아 주십시오. 너무 맛이 없으니까.

당신 꽃은 정말 훌륭합니다.

선인장

훌륭하다는 것은 인정하지만 누가 꽃 가까이 가겠습니까. 그리고 당신 꽃은 아주 생명이 짧습니다. 해떨어질 무렵 꽃이 피고 이튿날 해가 뜰 때는 벌써 시들어버립니다. 그 병약함 때문에 당신은 그렇게 의심이 많아졌습니까? 폐를 앓는 가엾은 사람은 오래 살지 못합니다. 병약한 아이의 응석은 무엇이든 들어주듯 당신도 꽃의 향기 속에서 최초이자 최후의 잠이 들 때까지 아무리 사치해도 아깝지 않은 것이다. 잠시 잠깐의 생애를 편안하

장미의 가시   b는 떨어진 가시
a는 가시가 떨어진 흔적

게 해주고 달팽이의 이빨이 닿지 않도록 지켜주기 위해 당신은 잎이라는 잎은 모두 무서운 가시다발로 바꿔서 누구도 침범할 수 없는 벙커로 당신의 꽃을 에워싸고 있는 것이겠지요.

  장미는 자식을 지키기 위해 그렇게 큰 희생을 치르지 않는다. 껍질의 코르크층을 예리한 갈고리 모양으로 밀어올릴 뿐이다. 이런 종류의 갑옷은 에귀용(Aiguillon)이라고 한다. 가시, 즉 에핀(épine)와 혼동해서는 안된다.

  전자는 잎과 가지와 탁엽이 규정된 체제를 잃고 새로운 기능에 적합하도록 변화한 기관이다. 따라서 일정한 장소, 그것을 만들어낸 원래의 기관이 있던 장소에 나타난다. 그리고 줄기에서 여간해 떨어지지 않는다. 이에 비해 후자는 불필요한 부속기관으로 어디에나 멋대로 나타나며 껍질에게 그리 상처를 입히지 않고 떨어진다. 가시덩굴은 잘 알려진 예이다. 이 갑옷이 탄탄하고 꽤 예리하면 식물은 틀림없이 사나운 풍모를 갖출 것이다.

까마중이 그 증인이다. 무서워하지 말고 가까이 가서 봐라. 채소밭의 가지도 가시가 있는 잎을 세워서 허세를 떨고 있지 않은가? 악의없는 야채님, 누구에게 공갈치려 하나요? 하얀 앞치마를 두르고 도끼를 들고 털모자를 쓰고는 으스대며 걷고 있는 사람 좋은 식품점의 아저씨 같은 꼴이다.

식물의 공격무기 중 걸작은 쐐기풀의 털이다. 그 모델을 제공한 것은 다름아닌 살모사다. 조심하지 않아 양지 쪽에서 낮잠을 즐기고 있는 무서운 뱀을 놀라게 했다고 하자. 뱀은 돌연히 또아리를 풀며 용수철처럼 몸을 일으켜서 네 손을 깨물고는 곧 몸을 서리고 물러날 것이다. 순식간이다. 또아리 가운데서 뱀의 대가리가 여전히 너를 노려보고 있다.

너도 뱀이 다시 공격해 올까봐 도망을 치겠지만 때는 이미 늦었다. 깨물린 손에 빨간 점이 두 개 나 있고 바늘로 찌른 것같이 아파온다. 괜찮겠지 하고 너는 안심할 게다. 그런데 그게 아니다. 벌써 빨간 점 둘레에 납색의 멍이 생기기 시작했다. 아픔과 함께 손이 부어 오른다. 그리고 팔 전체로 번져간다. 이윽고 식은 땀이 흐르고 호흡이 곤란해지며 눈이 흐릿해진다. 정신이 아득해지며 경련이 일어나고 황달이 전신으로 번져간다. 빨리 손을 쓰지 않으면 죽음에 이를 것이다.

구조받기 전에 어떻게 하면 좋을까? 증상은 빨리 진전된다. 우선 독이 혈액 속으로 흘러드는 것을 막기 위해 물린 부분의 위를 졸라맨다. 그리고 상처 주위를 눌러서 피를 뽑아낸다. 또는 좀더 효과적인 방법인데 입으로 독을 빨아낸다. 그리고 되도록 빨리 암모니아로 상처 부분을 바른다. 빨갛게 달아오른 쇠붙이로 지져도 좋다. 이 정도 해 놓으면 살모사에게 물린 상처가 돌이킬 수 없는 지경에까지 이르는 일은 드물다.

모든 뱀은 혓바닥을 갖고 있는데 혀는 두 가닥으로 갈라져 있으며 매우 유연하고 빠른 속도로 왕복운동을 한다. 그리고 뱀은 이 혀로 벌레를 잡거나 날름거리면서 그들 나름의 감정을 표현하기도 한다.

가시까마중의 가시

제 22 장 공격 무기

뱀 중에 살모사를 비롯한 몇 종류는 무서운 독의 기관을 가지고 있다. 그 기관은 두 개의 갈구리 모양인데 위턱에 붙어 있는 길고 날카로운 이빨이 그것이다. 이 갈구리는 움직인다. 뱀의 의사에 따라 공격을 위해 서기도 하고 칼집에 든 칼처럼 잇몸에 있는 홈에 눕기도 한다. 그래서 뱀은 자기 독 때문에 해를 입지 않는다. 또한 그보다도 젊은 갈구리가 그 뒤에 붙어 있어 현재의 갈구리를 쓰지 못하게 되었을 때 그 역할을 대신한다. 이 두 이빨이 살모사의 유일한 무기다. 앞서 말한 빨간 두 개의 점은 이 갈구리가 남긴 자국이다. 살모사는 그것으로 독을 주입한다.

우두를 놓는 법을 기억하고 있는가? 의사는 란세트의 끝으로 유리판에서 와친 액을 한 방울 묻힌다. 그리고 이 독이 묻은 바늘로 팔뚝을 찌른다. 가볍게 찌르기 때문에 그렇게 아프지는 않다. 몇 시간 뒤면 찌른 자리가 아물지만 와친이 들어 있어서 곧 고름이 생기므로 기분이 불쾌해진다. 하지만 이렇게 함으로써 우리는 무서운 천연두에서 해방될 수 있는 것이다.

메스 끝으로 혈액에 접종된 한 방울의 와친이 이런 해를 입히는데 더욱 강한 물질이라면 얼마나 심한 해를 입힐까? 불결한 외과기구 때문에 생긴 조그만 상처 때문에 일어난 죽음으로 인해 사람들은 수없이 슬픔을 맛보아야 했다.

교묘한 살인자 살모사는 갈구리로 찌른 상처 속에 무서운 액체, 자신이 조제한 독약을 집어넣는 것이다. 그것은 냄새도 맛도 없고 어찌 보면 전혀 해롭지 않은 것같다. 물이라고 해도 좋을 정도다. 혓바닥으로 핥아도 입으로 마셔도 이 액은 아무런 반응도 일으키지 않는다. 그러므로 입으로 독액을 빨아내도 상관이 없다. 그런데 일단 혈액 속에 들어가면 엄청난 힘을 발휘하는 것이다.

상처에 독액을 주입하기 위해 갈구리는 속이 비어 있으며 끝에는 조그만 구멍이 나 있다. 막질(膜質)의 관이 독액을 이빨 구멍으로 나른다. 그리고 조그만 주머니가 그 액을 저장해 놓는다. 독액은 특별한 기

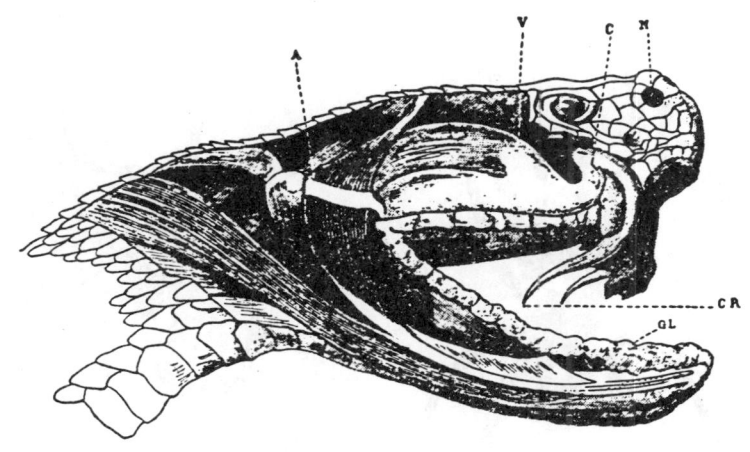

살모사의 머리 V는 독선 CR은 독이빨 A는 독선을 수축시키는 근육에 붙어 있는 건(腱) C는 독액의 통로 GL은 첨선 N은 콧구멍

관, 독살자의 조제실에 해당하는 독선(毒腺)이 만든다. 그림은 살모사의 독과 관련된 기관이다.

살모사의 이 극악한 무기는 완성도가 높기 때문에 다른 독사들이 그것을 그대로 흉내낼 수 없다. 물론 이런 기관이 있는 알제리의 사하라사막에 있는 뿔독사는 몇 시간만에 사람을 죽이고 가라가라 뱀은 거의 순식간에 소를 죽인다. 무기 면에서 솜씨가 기막힌 곤충들도 살모사에는 미치지 못한다.

무기에는 반드시 독을 만드는 선, 그것을 저장하는 주머니, 상처에 독을 주입하는 구멍이 있는 바늘이 있다. 다만 종류에 따라서 무기의 설치장소가 다르다. 거미는 두 개의 독 갈구리를 입 어귀에 접어서 간직하고 있다. 전갈은 바늘을 꼬리 끝에 달고 있고 벌은 바늘 끝이 무디어지지 않도록 배안의 케이스에 감추고 있다.

살모사의 독주머니를 흉내내는 자가 식물 중에도 있다. 몇몇 식물은 땅벌처럼 독을 바른 바늘을 지니고 있다. 쐐기풀은 우리에게 가장 가

제 22 장 공격 무기 325

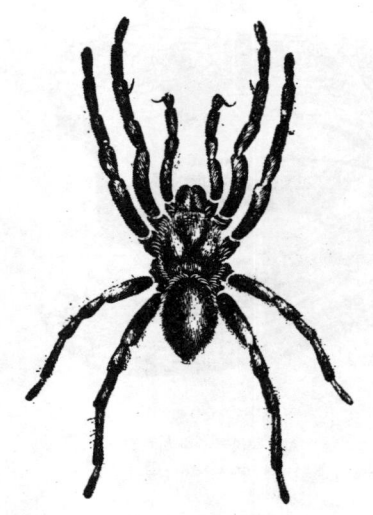

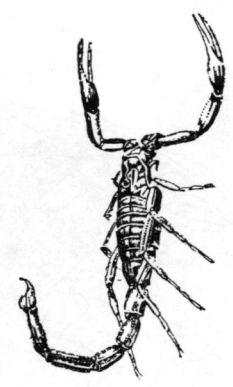

전갈은 독침을 꼬리끝에 달고 있다

거미는 두 개의 독 갈구리를 입어귀에 접어두고 있다

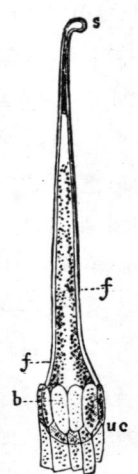

쐐기풀의 털   b는 표피 속에 있는
털의 뿌리   f는 독액을 머금고
있는 털 내부   s는 가시의 끝

까운 한 예이다.

이 풀은 몇 천 개나 되는 독침을 가지고 있다. 그것들을 거꾸로 세우고 이 악마는 폐허의 잔해 속에서 또는 길바닥에서 음흉한 흉계를 꾸미고 있다. 상대를 가리지 않으며 손이 닿으면 당장 피부가 벌겋게 부어 오르고 통증이 온다. 쐐기풀의 무기인 무시무시한 털은 속이 비어 있고 아래에 둥근 구슬이 부풀어 있으며 위 끝에 눈이 달려 있다. 빈 속에는 독액이 그득 들

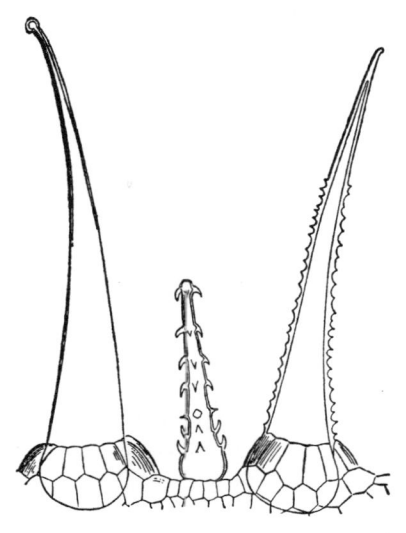

로아사의 독이 있는 털

어 있다. 이 털 하나가 피부를 찌르면 끝에 달려 있는 눈이 부서지면서 독을 머금은 병의 입이 열리고 독액이 찌른 상처로 흘러 들어간다. 그러면 우선 가려워서 견딜 수 없게 된다.

해를 끼치는 정도는 다르지만 살모사처럼 못된 장난을 하는 것이다. 이 풀은 모양도 험악한 저질의 악당이지만 미국의 로아사는 겉모습이 의젓한 악당이다. 이놈도 독이 있는 털을 사용하기 때문에 평판이 대단히 나쁘다. 그 무기는 쐐기풀과 같은 구조지만 위험성은 훨씬 더 크다.

제 22 장 공격 무기

제 23 장
식물의 잠

양송이의 고백
고통의 시련
식물이 잠잘 때

제 23 장 식물의 잠

양송이의 고백

　동식물과 친밀한 나라 인도에는 우화도 풍부하다. 우화 하나를 보자.
　어느날 언제나 온순하던 식물들이 자신들의 운명에 대해 불평을 털어 놓았다. 이상한 정보를 들은 것이다. 그것은 자기들보다 나은 존재, 더 충실하고 활동적이며 풍요롭게 일생을 사는 동물들의 생애에 대한 정보였다. 이 중대한 정보가 어떻게 새 나갔는지는 아무도 모른다. 갈대가 그 숲에서 집을 짓고 있던 입이 가벼운 물새한테 들은 것을 여기저기 퍼뜨려버렸는지도 모를 일이다. 식물 세계에서 이 얘기는 선망의 소리와 함께 끝없이 번져갔다.
　버드나무의 빈 구멍에서 사는 버섯은 자신의 슬픔을 이끼에게 고백했다. 이웃집 양반, 동물은 어떤 식으로 살아가는지 좀 가르쳐 주세요. 동물은 이동한다고요? 자기 뜻대로 왔다갔다 하며 자기가 좋아하는 곳에서 식탁을 펼치고 아침은 여기서 저녁은 저기서 한다고요? 우리들은 당신이나 나나 버드나무 줄기를 벗어날 수 없습니다. 이 나무도 나이를 먹더니 점점 인색해 지는군요. 먹는 것이 너무 형편 없습니다. 나도 여기서 나가고 싶습니다.
　이끼가 말을 받았다. 나는 바로 옆에서 흐르는 맑은 시냇물을 느낄

붉은 방울새

수 있습니다. 껍질에 매달린 채 가끔 구름에서 내려올 빗물을 기다리지 않고 동물처럼 시냇가에 가서 실컷 목을 축이고 싶어요. 동물들은 우리보다 훨씬 행복해요. 정말 동물이 제일이라니까요.

양송이는 너무 부러워서 눈물까지 흘렸다. 별꽃은 별꽃대로 생울타리 속에서 중얼거렸다. 나를 그늘 속에 가둬놓는 진저리나는 이 숲 속에서 절대로 나갈 수 없다는 말인가? 붉은 방울새야, 넌 정말 좋겠구나. 내 씨를 까먹고는 단숨에 언덕너머로 날아가서 그늘이든 양지든 마음대로 선택할 수 있으니. 쐐기풀의 친척인 잡초는 벽이 흙먼지로 자기를 더럽힌다고 불평을 했다.

갯보리는 포복지를 내뻗어도 식량을 찾을 수 없는 모래가 불만이었고, 미나리아재비는 여름에 물이 마르는 도랑이, 찔레는 뿌리를 죽이는 자갈이 마음에 들지 않았다. 크든 작든 정주생활에 싫증이 난 모든 식물은 마음대로 이동할 수 있는 동물들의 행복한 처지를 부러워했다.

특히 대(大) 삼림의 나무들이 반항을 시도했다. 제일 덕을 보는 것은

갈대와 물새

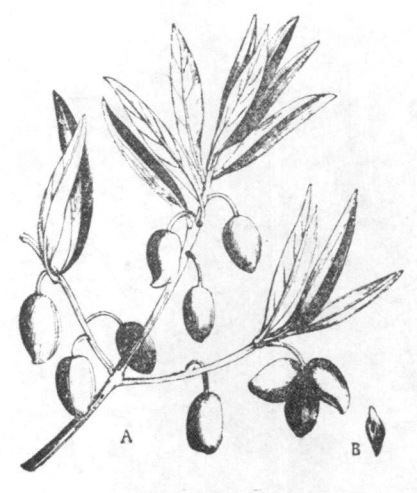
올리브 나무

거목이다. 거인의 발걸음으로 이 산에서 저 산으로 뛰어 다니고 여름에는 눈덮인 산으로, 겨울이면 눈이 없는 산으로 마음대로 나다닐 수 있다면 전나무는 얼마나 행복해 할까? 참나무는 어떤가? 남 프랑스의 올리브나 북부의 낙엽송과 가깝게 지내고 싶지? 포플라도 기꺼이 개울가의 흙밭을 떠나 대지를 구경하러 갈 것이다.

호랑가시나무와 그 일당의 악의에 찬 선동도 있고 해서 식물들의 불만은 높아만 갔다. 항의의 소리가 일제히 울려퍼졌다. 식물에게도 동물처럼 움직일 수 있는 기능이 필요하다고.

이 염원은 신에게 도달했다. 신은 항의자들이 분별을 되찾도록 하기 위해 식물 요정의 우두머리를 파견했다. 하늘의 사자가 나타나자 숲도, 목장도, 울타리도, 늪지도 모두 잠잠해졌다.

우리 사람들 세상에서도 그렇지만 제일 용감하게 불평을 늘어놓던 작자가 여차할 때는 가장 소심하다. 단순한 흥분을 반란으로 몰아가려던 호랑가시나무는 무슨 볼일이 있다면서 한 마디도 입을 열지 않았다. 참나무는 발언을 회피하기 위해 자기에게는 설득력이 없다면서 슬그머니 도망쳐버렸다. 입장이 곤란해진 너도밤나무는 자기 열매를 익혀야 한다고 말하면서 슬그머니 빠져나갔다. 귀족인 월계수는 자기 영지에 잡혀버렸다. 다른 귀족들도 모두 같았다.

만사가 끝났을 때 그들은 아무 부끄럼없이 분배받을 자격도 없으면서 자기 몫을 달라고 요구할 것이다. 마치 바리케이트 뒤에서 대포가

식물들의 어머니 요정

제 23 장 식물의 잠

침묵했을 때 숨어 있던 은신처에서 나와 혁명의 전리품을 분배받기 위해 달려드는 승려와 같다.
 요컨대 신의 사자 앞에서 자기 생각을 말하기 위해 조그만 식물들과 마음이 너그러운 관목들만이 남아 있었다. 식물들의 분수모르는 요구사항을 듣고 요정이 빙그레 웃었다.
 동물들처럼 맘대로 돌아다니고 싶다고요? 바보들같으니 움직인다는 것이 어떤 일인지 알고는 있나요? 그것은 힘을 기르는 일과 그 힘을 사용하는 일, 두 부문으로 나뉘어집니다.
 동물의 조직은 계속해서 움직이기에는 너무 허약합니다. 휴식을 해야 비로소 활동할 수 있으며 보기에는 죽은 것같은 잠을 자면서 활력을 만드는 겁니다. 자고 있을 때는 살아 있어도 살아 있는 것같지 않습니다.
 당신들은 계속적인 삶, 신중하며 느긋한 발걸음으로 몇 세기를 계속하는 삶 대신, 낮에는 활기가 넘치지만 밤이면 무(無)로 떨어지고, 다음날에는 다시 생생해지는 단속적인 삶, 더구나 짧은 세월에 다 해버리는 삶을 원하는 겁니까? 당신들 잠을 한번 자보겠어요?
 많은 식물들이 새로운 유혹에 빠져서 네!라고 대답했다. 요정은 오른손으로 공중에 무엇인가를 그렸다. 그러자 찬성한 식물들은 깊은 마취상태에 빠졌다. 죽음이 찾아온 것같았다. 잎은 제각기 눈 시절에 취하고 있던 자세로 줄어들었다. 엽병은 가지 쪽으로 쓰러지고 꽃은 꽃잎을 닫고 식물들은 마침내 강한 햇볕을 쬔 것처럼 시들어버렸다. 그것을 보고 참나무, 월계수 등은 입을 굳게 다물어버렸다. 사태가 별로 좋지 않은 쪽으로 진전되는 듯했다.
 요정이 명령을 내렸다. 자고 있던 식물들이 눈을 떴다. 모두가 큰 타격을 입은 것같았다. 식물들은 자는 동안에 구겨진 잎을 황급히 다시 펴고 화관의 주름을 고치고 엽병을 다시 일으켜 세웠다. 독설가들이 그럴줄 알았다고 비웃었는지는 신만이 아는 일이다. 인간이든 식물이든 남에게 잘못된 길을 권해 놓고 상대가 마침내 재난을 입으면 웃으며 기뻐하는 것을 자주 볼 수 있다. 요정은 계속했다.

움직이든가 기계의 태엽을 감아주기 위해서는 잠자는 것만으로는 충분치 않습니다. 또한 움직일 때를 기다리고 있는 덫을 조심할 수 있는 경험을 쌓아야 합니다. 넘어지면 가지가 꺾일 수 있고 모난 돌에 뿌리가 상할 수 있다는 것을 알아야 하며 장애물에 이마를 부딪힐 수 있고 벼랑으로 굴러 떨어질 수 있다는 것도 알아야 합니다.

이런 경험을 동물들은 엄격한 조언자에게 교육을 받아 위험을 무릅쓰고 몸에 익히는 것입니다. 이 과정에서 많은 동물이 뼈를 다치기도 합니다. 그래도 동물이 되고 싶은 사람은 나오세요.

아무도 대답이 없었다. 요정이 얘기한 가차없는 조언자, 동물에게 살을 베고 뼈를 깎는 훈련을 시킨다는 이 조언자 얘기를 듣고 생각을 다시 하게 된 것이다. 훈련이 어떤 것인지 모두 알고 싶어 했지만 자기가 해보려는 자는 없었다. 서로 옆구리를 쿡쿡 찌를 뿐이었다. 요정이 임무를 끝냈다고 생각하고 하늘로 올라가려는 찰나에 조그만 풀 한 포기가 그 무서운 실험을 해보겠다고 결심하고 나섰다.

역시 여기서도 작은 놈이다. 피가 뜨겁고 헌신적인 것은 대개 작은 놈이다. 이 용감한 작은 풀은 그후 미모사라고 불리게 되었다.

요정은 손가락 끝을 그 풀에다 댔다. 기적이 일어났다. 식물이 동물이 돼버린 것이다. 작은 잎이 흔들리기 시작하더니 전체가 다 흔들렸다. 이때 흔들리는 잎들 속에서 공포의 비명이 터져 나왔다. 귀가 예민한 요정만이 그 소리를 들을 수 있었다.

미모사가 동물이 되는 것을 거부한 것이다. 동물로 변하는 그 순간, 새로운 삶의 어귀에 선 그 순간에 미모사는 고통을 예감한 것이다. 극심한 고통에서 깨어나자 미모사는 고통의 무서움을 친구들에게 얘기했다. 그것을 들은 식물들은 모두 지금 그대로 있자고 맹세했다. 영원히 동물의 특권을 단념한 것이다.

요정은 양귀비와 수레국화와 데이지의 치마자락을 휘날리며 하늘로 날아갔다. 그러나 그때 잠들었던 식물은 지금도 잠자고 있다. 고통을 경험했던 미모사는 살짝 손가락을 댄 것만으로도 공포에 사로잡혀 작아져버렸다.

고통의 시련

고통은 동물의 특권이다. 식물이 동물과 다른 점이 무엇이냐고 묻는다면 어리석은 질문이라고 여러분은 웃을 것이다. 누가 고양이와 양배추를, 소와 참나무를 혼동하겠느냐고 말할 것이다. 맞는 말이다. 하지

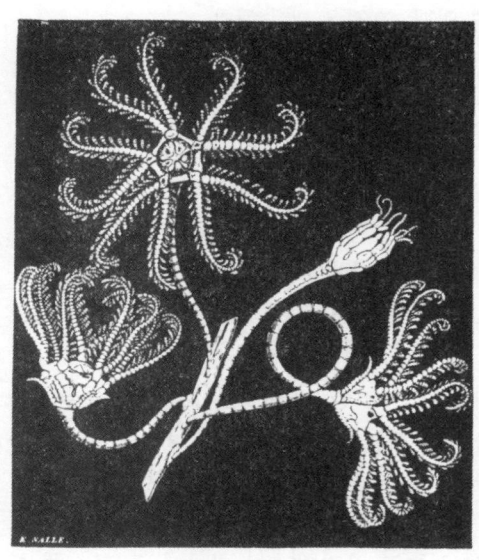

이것은 꽃일까 동물일까?
결정방법은 고통이 있느냐 없느냐다

만 생물의 낮은 단계로 더듬어 내려가면, 가령 폴립에 이르면 과연 그 차이가 명명백백할까?

폴립은 꽃이 피어 있는 모양을 하고 있다. 또한 겉모양이 관목 같은 돌을 지주로 하여 산다. 폴립 모체가 식물인지는 몇 년 동안 폴립 모체가 해양식물로 생각돼 왔을 만큼 판정하기 어렵다. 이런 애매한 생물의 성질을 확인하려면 과학의 정밀한 연구가 이룩한 성과의 도움을 받아야 한다. 이런 식물은 식충류(植蟲類)라는 말로 표현하는데 이것이 바로 우리들이 오랫동안 이 문제에 대해 불확실했다는 증거다. 식충류라면 글자그대로 식동물을 의미한다.

바다 속에는 그밖에도 겉모습으로는 구별하기 어려운 동물의 종이 많이 있다. 바위 위에 홀로 진홍색을 띤 큰 원형의 아네모네와 같은 꽃을 피우는 것도 있고 우아한 꽃장식처럼 파도 사이를 흘러다니는 꽃

다발 모양인 것도 있다. 또한 청홍색으로 테를 두른 결정체가 버섯과 비슷하며 절대로 다리로 서지 않고 물 속을 흐느적 흐느적 흘러다니는 것도 있다. 접착성 있는 길다란 띠, 잎 모양의 술, 거품, 젤리 덩어리 형태인 것도 있다.

이것들이 정말 젤리, 거품, 버섯, 꽃, 식물, 동물인가? 무엇으로 판별하는가? 아픔이다. 육체가 육체이기 위해서는 우선 고통스러워 해야 한다. 바늘 끝으로 찔렀을 때 아파서 몸을 움추리는 것은 고등의 삶을 사는 것, 동물의 삶을 사는 것이며 아픔에 반응이 없는 것은 모두 불완전한 삶, 식물의 삶을 사는 것이다.

이상한 일이다. 이 세계에서는 고통과 완성이 서로를 요구한다. 우리들 자신이 바로 그 예이다. 인간도 동물의 모든 종이 그렇듯이 육체적 고통을 피할 수 없다. 앞으로 닥칠 위험을 피할 수 있도록 위험을 미리 알고 조심시키는 조언자에게서 벗어날 수 없다.

화상의 아픔은 불조심을, 곤두박질쳤을 때의 아픔은 중력의 냉혹함을 인간에게 가르쳐준다. 경험이 없는 철없는 아이는 등잔불을 손으로 잡아 끄려 한다. 앗, 뜨거워라! 불꽃의 배신 덕분에 어린아이는 교훈을 얻는다. 다시는 불꽃을 만지지 않을 것이다.

인간은 상하기 쉬운 육체를 지켜야 하기 때문에 육체적 고통에 대한 엄한 교육을 받지 않으면 안된다. 인간에게는 또한 정신적 고통이라는 고귀하고 무서운 특권이 있어서 우리들은 시련의 도가니에 빠진다. 우리들은 이를 통해 변화하고 강해진다. 불에 의해서 귀금속의 불순물이 제거되는 것과 마찬가지다.

아이들이여, 인생의 시련이 너희들을 기다리고 있지만 그러나 각오를 단단히 하고 자신을 가지고 견디어 나가자. 고통을 앞두고 뒷걸음질쳤기 때문에 식물은 고등생물이 될 수 없었던 것이다. 불멸의 운명을 약속받은 우리가 시련을 두려워 해서야 되겠는가.

고통의 깊은 뜻은 헤아릴 수 없으므로 이제 그런 철학적 물음에서는 벗어나기로 하자. 그리고 빨리 식물 애기로 돌아가자.

식물은 잠을 잔다. 그러나 모두 그런 것은 아니다. 요정 앞에서 의견을 말해야 했을 때 비겁하게도 엉거주춤했던 참나무, 호랑가시나무, 월계수 등 잎이 탄탄한 식물은 자지 않는다. 잎이 부드러운 식물 특히 복엽의 식물이 잠을 잔다. 잠을 잔다지만 밤시간에 낮과는 다른 모양으로 잎을 펼치는 것이다.

동물은 종에 따라 휴식하는 자세가 다르다. 암탉은 횃대에 올라 한쪽 다리를 올리고 머리를 날개깃에 파묻는다. 염소는 배를 감싸면서 웅크리고 고양이는 난로가에서 둥그렇게 말고 잔다. 소는 옆으로 눕는다. 고슴도치는 동그란 공이 되고 뱀은 또아리를 튼다.

식물이 잠잘 때

마찬가지로 식물에게도 나름대로 잠자는 법이 있다. 시금치는 저녁이 되면 잎을 줄기 위쪽으로 세우고 아직 부드러운 새 싹의 맨끝에 붙인다. 새 싹에게 천막을 쳐주는 것이다. 이 천막은 햇볕이 들면 다시 열린다. 개울가의 봉선화와 노랑물봉선화는 그 반대다. 줄기 아래쪽으로 잎을 눕히는 것이다.

왜냐고는 묻지 말기 바란다. 나는 무지하기 때문에 현행범으로 체포될 것이다. 열매를 지키기 위함인가? 노랑물봉선화는 열매를 만져도 곤란할 것이 없다. 그 열매는 조금만 손을 대도 터져서 씨를 날리고 껍데기는 양피지처럼 말려 올라간다. 그래서 간지름을 잘 타는 이 식물은 프랑스에서 '참을 수 없어요. 저한테 손대지 마세요'라는 뜻의 귀여운 이름이 붙었다. 앞에서 잎은 여문 씨를 지키기 위해 아래로 향하는지도 모르겠다고 했다. 나는 그것을 전혀 믿지 않는다고 덧붙여야겠다.

암탉이 왜 한 쪽 다리로 자는지 우리들이 그 까닭을 알고 있는가? 동물의 일상생활에서의 이런 세세한 점에 대해서 우리들은 그 이유를

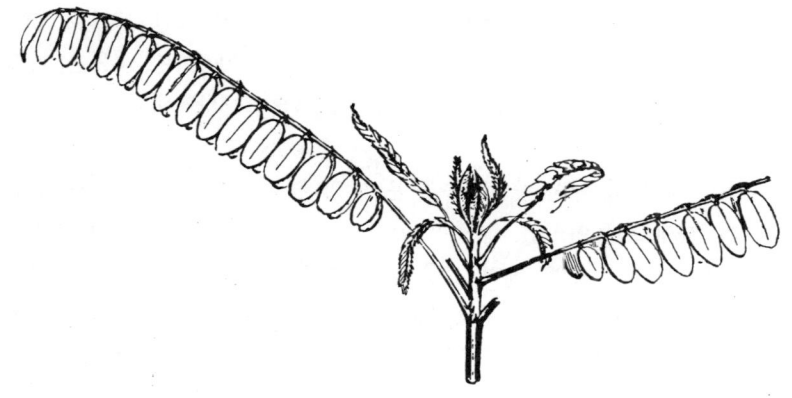

자고 있을 때의 낭아초

보통 때의 복엽

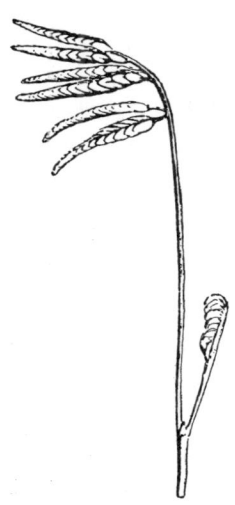

자고 있을 때의 복엽

제 23 장 식물의 잠

아직도 모르고 있다. 봉선화나 시금치에게 밤에 왜 그런 자세로 있는 지 그 비밀을 가르쳐 달라고는 말하지 않기로 하자. 어떤 식물은 이렇 게 자고 다른 식물은 그 반대로 잔다. 왜일까? 그것을 대답할 수 있는 것은 요정뿐이다.

과학이 확실히 말할 수 있는 것은 밤의 휴식시간 중 잎은 싹이었던 시절의 자세로 돌아가는 경향이 있다는 것뿐이다. 새 싹이었던 시절, 잎은 솜털의 배냇옷에 싸여 깊은 잠을 잔다. 별 기교없이 원추형이나 소용돌이형으로 마는 잎, 부채꼴로 접는 잎, 오른쪽 절반을 왼쪽 절반 에 겹쳐서 둘로 접는 잎, 주름투성이 잎이라는 식으로 대체로 요람 시 절의 습관에 따르면서 좋아하는 자세를 취한다. 첫 인상이 가장 뿌리 깊게 남는 법이다.

사랑하는 아이들아, 잘 기억해 두어라. 어른이 되면서 되는 대로 사 는 인간이 되기 싫거든 어릴 때부터 공부하고 정돈하는 습관을 들여야 한다. 조심스럽게 너희들의 잎을 접어두어라. 어른이 되어도 비슷하게 접게 마련이기 때문이다. 함부로 하다가는 나중에 반드시 후회하는 날 이 올 것이다.

밤의 휴식시간에 기발한 모습을 취하는 잎은 대체로 복엽이다. 낮동 안에 아카시아, 미모사 또는 앞뜰에 흔히 심는 날개형의 복엽 나무들 을 관찰한다. 저녁 해질무렵에 또 한 번 관찰한다. 잎들에 이상한 변화 가 일어나고 있을 것이다. 나무는 표정을 바꿔버렸다. 낮동안은 하나 의 엽병 좌우에 펼쳐진 소엽이 은은한 모습, 남의 눈을 끄는 힘찬 모 습을 보여주고 있다. 그런데 밤이 되면 피곤해진 소엽들이 겹쳐서 잔 다.

나무의 무성함이 사라진 느낌이다. 슬프고 고달픈 표정이다. 이 나 무는 병을 앓고 있는 것일까? 물이 부족하여 괴로워하고 있는 것일까? 그렇지 않다. 잠을 자고 있는 것이다. 잠을 자기 위해 잎을 접고 있다. 이튿날 동이 트면 나무는 한층 더 싱싱하게 잎을 펼칠 것이다.

잠자는 상태를 확실히 보도록 하자. 자귀나무는 341페이지 아래에 있는 두 개의 그림처럼 깨어 있는 상태에서 펼친 소엽은 하나의 엽병을 축으로 잎을 앞뒤 평평하게, 부분적으로는 기와지붕처럼 한 장이 다른 한 장과 겹친다.

콩과의 낭아초는 아침해가 뜨면 소엽이 수평으로 펼쳐진다. 태양의 움직임에 따라 이 소엽은 차츰 위로 올라간다. 정오가 되면 소엽은 하늘을 향해 수직으로 선다. 그후 다시 아래를 향해 수그러들고 해가 떨어지면 하나의 엽병 아래쪽으로 서로 등을 대고 완전히 늘어져버린다.

막질로 부풀어 있는 꼬투리가 풍선을 닮은 풍선콩나무는 그 소엽이 정반대 방향으로 잠을 잔다. 밤이 되면 잎을 세우고 엽병 위에서 잎의 표면을 대고 자는 것이다. 메릴란드의 긴강남차의 종류는 밤에는 소엽을 하나의 엽병 아래로 늘어뜨린다. 낭아초처럼 뒷걸음질 치는 식으로 잎을 눕히는 것이다. 이렇게 되면 마주보는 소엽은 싸운 뒤 부부가 침실에 든 것처럼 등을 대고 자는 꼴이 된다. 두 사람이 지혜롭다면 아무 소리 않고 사이좋게 얼굴을 맞대고 발만 살짝 돌리고 잔다. 다같이 침실에 드는데 어째서 낭아초의 소엽은 등을 돌리고 자고 긴강남차는 끌어 안고 자는가?

제 24 장
미모사(잠풀)

사람처럼 어른이 된 잎 깊은 잠 못들어
충격받으면 벌벌 떠는 미모사

제 24 장 미모사(잠풀)

사람처럼 어른이 된 잎 깊은 잠 못들어

 아이들아, 너희들은 아무 베개라도 상관하지 않지? 날개깃이나 양털이나 바위 위에서도 너희들은 조용하게 자고 원기를 회복한다. 훨씬 훗날에 걱정 때문에 너희들의 베개에 가시가 돋힌 것같고 걱정거리가 머리를 떠나지 않게 되었을 때, 어른은 이렇게 잠들기 어려운 것인지 싫도록 경험하게 될 것이다. 노인의 잠은 더욱 얕다. 지난 세월의 추억들이 꼬리를 물고 노인을 잠못이루게 한다. 너희들처럼 머리속에 아무 걱정도 없고 부드러운 이불 속에서 깊은 잠을 자는 것과는 다르다.

 그런데 잎은 대단히 생각이 많다. 집안 일을 처리하고 아이들의 장래도 걱정해야 한다. 수액을 가지고 음식을 만들어야 한다. 눈이 잠을 깼을 때 그 앞에 요리한 식사를 마련해 주어야 한다. 모든 잎이 똑같이 잠을 잘 수는 없는 것이다. 어린 잎은 다행히 너희들처럼 아무런 걱정도 없다. 지난 일도 앞으로의 일도 별로 신경을 쓰지 않는다. 그래서 어린 잎의 잠은 축복이다. 해가 지면 곧 새처럼 자고 날이 새면 해가 중천에 떠오를 때까지 단잠을 잔다. 그러나 어른이 된 잎은 깊이 잠들지 않는다. 나이가 많아지면 전혀 자지 않을 수도 있다.

 특히 세인트 헬레나 섬이 원산인 아카시아는 나이에 따라 잠자는 모습이 바뀌는데 이 변화가 볼 만하다. 어린 시절 이 작은 관목의 날개

모양의 작은 잎은 매일 밤 깊은 잠을 잔다. 그러나 몇 달이 흘러 아카시아가 번성하면 사정은 달라진다. 이렇게 게을러서는 사업을 잘 할 수 없다고 생각한 아카시아는 잠만 자는 잎을 내쫓아버리는 것이다. 그 다음에 다른 가지에 똑똑하게 일할 수 있는, 절대로 잠을 자지 않는 단엽(單葉)이 나타난다. 물론 식물 모두가 세인트 헬레나의 아카시아처럼 철저할 수는 없다. 잠꾸러기를 단번에 잠을 안자는 단엽으로 바꾸는 것이 아니라 나이가 듦에 따라 소엽(小葉)의 잠을 줄여 나갈 뿐이다.

 빛은 활동을 위해 있고 어둠은 휴식을 위해 있다. 식물은 그것을 우리들처럼 잘 알고 있다. 어둠이 오면 자고 해가 뜨면 눈을 뜬다. 안개나 구름이 짙게 깔려 태양빛을 가리는 것만으로 식물에 따라서는 자야 할 시간이 아닌 데도 잘 정도로 빛의 효과는 대단하다. 식물처럼 구름이 깔려 있다는 구실도 없는데 대낮에 낮잠을 즐기는 무기력한 사람도 있지만.

 밝은 빛이 드는 곳에서 어두운 방안으로 옮겨 놓으면 잠자는 식물은 곧 잎을 접는다. 어둠 속에서도 잠을 재우지 않으려면 어떻게 하면 좋을까? 방안에 불을 밝혀서 대낮처럼 해놓으면 식물은 잠을 깨고 태양 아래 있을 때의 자세를 취한다. 연구가들은 실험을 통해 인간이 품고 있는 의문을 자연에게 묻는다. 그리고 그들은 식물의 가장 사소한 비밀을 털어놓게 하기 위해 외교관이 터키나 러시아황제의 정책을 탐지하는 데 사용한 지략 그 이상을 동원한다.

 그중 한 사람인 유명한 식물학자 드 칸돌은 대단히 민감한 식물에게 번갈아가며 인공적인 빛을 쬐고 어두운 곳에 놓아보자는 생각을 하게 되었다. 다만 자연 질서와는 반대로 낮에는 식물을 어두운 방에 가두고 밤에는 램프로 방을 밝혔다.

 이 급격한 변화로 처음에는 식물은 갈피를 잡지 못했다. 무리가 아니다. 낮을 밤으로 밤을 낮으로 만들었으니 식물이 어리벙벙할 수밖에. 대낮의 어둠 속에서 이룬 잠은 처음에는 불규칙하고 얕았다. 아무

것도 아닌 일에도 잠을 깼다. 원래의 잠자는 시간이 아니기 때문이다. 램프의 불빛 아래서 밤을 새울 때도 처음에는 눈이 게슴치레 했다. 때때로 미모사(이것이 실험대에 선 식물이다)는 잎을 구부리고 꾸벅꾸벅 졸다가 깜짝 놀라서는 정신을 차렸다. 기품있는 식물은 낮에 잠을 자는 법이 없었던 것이다.

식물의 습성과 이를 바꾸려는 학자들의 싸움은 대단했다. 마지막엔 학자들이 승리했다. 미모사는 자신의 시간대를 바꿨다. 낮에 자고 밤에 깨어 있게 된 것이다.

그러나 이 실험이 끝났을 때 미모사는 창백하게 쇠약해져 있었다. 자주 밤샘을 하고 아침에 늦잠을 자는 것은 건강에 매우 해로운 것이다. 실험결과는 그런 일까지 가르쳐 주었다. 인간도 미모사는 아니지만 노상 밤샘놀이에 정신을 팔았다가는 조만간 그런 꼴이 되고 말 것이다.

재미없는 연설을 오래 듣는다든지 단조로운 파도소리를 오래 듣고 있으면 주의력이 흔들리고 졸음이 온다. 완만한 동작을 장시간 계속하고 있으면 신체는 단조로운 자극에 흔들려서 머리가 멍하게 되고 몸이 나른해져 졸음이 온다. 식물도 이 두 가지 마비상태에서 벗어날 수 없다.

무엇을 얘기하려는 것인지도 모르는 대 변설가인 바람이 수풀 속을 휘휘 불어가며 잎을 언제까지나 옆으로 흔들고 있으면 졸음의 두 가지 조건이 찾아와서 식물은 졸음을 느낀다. 어이없게도 돌풍의 소용돌이 속에서 흔들리면서 잠을 자는 것이다.

바람에 부대끼고 있는 아카시아를 관찰해 보라. 잎을 닫고 잠옷차림인 것을 알 수 있을 것이다. 바람의 단조로운 소리보다도 흔들거리는 움직임이 식물의 마음을 더 흔들어 놓고 있다고 나는 생각하고 싶다.

어떤 종류의 식물은 장시간 되풀이되는 가벼운 충격에 의해 잠을 잔다는 것이 그것을 증명한다. 가령 괭이밥(작장초)의 경우를 보자. 괭이밥은 장식용으로 재배되는 종류가 있는데 그중 몇 가지는 프랑스의 들

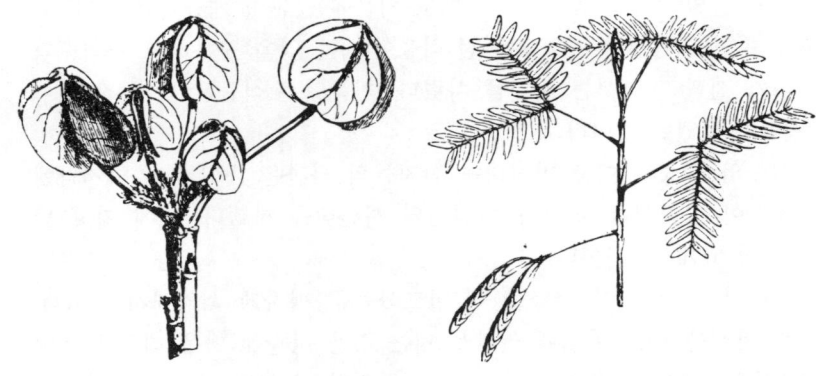

자고 있는 괭이밥의 잎　　　미모사의 잔가지　한 장의 잎만이 늘어져 있다

에서도 발견된다.

　괭이밥을 잠시 계속해서 가볍게 두들겨 주면 소엽이 중앙의 엽맥을 따라 반쯤 닫히면서 이윽고 엽병에 기대어 잠자는 자세로 있는 것을 볼 수 있다. 어린 아이들이 자장가를 되풀이해서 들으면서 잠드는 것처럼 소엽은 기분좋게 반복해서 두들겨 주면 잠을 자는 것이다.

　식물의 잠은 우리들의 잠과 얼마나 닮았을까? 그것은 알 수 없다. 알려져 있는 것은 잠이 식물의 생활 중에서도 매우 주목할 만한 현상이라는 것이다. 빛은 모든 생물에게 분명히 작용하고 있지만 그것은 빛이 교차적으로 비추다가 말았다가 하는 것으로 일어나는 순수한 기계적 결과라고 생각되고 있을 뿐이다. 그런데 또다른 현상, 좋든 싫든 식물한테도 동물생활의 어렴풋한 그림자가 있다는 것이다. 그 현상의 몇가지를 들어 보겠다.

충격받으면 벌벌 떠는 미모사

미모사는 안틸 군도가 원산인 초본식물이다. 감응성이 아주 뛰어나서 분재로도 재배되고 있다. 미모사에는 2종의 날개형 복엽과 갈구리 모양의 가시로 무장한 줄기, 둥글고 작은 술로 된 꽃이 있다.

미모사를 햇볕에 있게 해보자. 잎은 전부 펼쳐진다. 그리고 한 장의 소엽, 가령 줄기 끝의 조그만 소엽에 가볍게 손가락을 대본다. 순간적으로 그 소엽은 비스듬이 일어서고 반대편의 대칭되는 소엽도 같이 일어서며 엽병 위에서 서로 표면을 댄다. 그뿐만이 아니다. 동요는 퍼져 간다. 한 줄로 늘어서 있는 끝에서 다른 끝으로 명령이 전해진다. 두 번째 있는 한 쌍의 소엽이 덩달아 움직이며 세 번째, 네 번째가 뒤따라 움직인다.

책상 위의 카드가 차례로 넘어지는 도미노 현상같은 형국이다. 어어하는 동안에 한 줄이 모두 쓰러진다. 다만 카드와 미모사가 다른 점이 있다. 카드는 한 카드가 다음 카드에 충격을 주어서 그 충격이 차례차례 전해지면서 카드 전체가 쓰러지는 것이다.

그런데 미모사에서는 충격은 전해지지 않는다. 바로 앞의 소엽에 밀려서 쓰러지는 것이 아니라 소엽 자신의 힘으로 쓰러지는 것이다. 그러나 전달되는 것이 있다.

최초의 소엽이 받은 충격 소식이 전달되는 것이다. 정보를 들은 다음 소엽이 위험을 감지하고 쓰러져서 죽은 시늉을 한다. 한 무리의 곤충이 위험을 느낀 순간 순식간에 모여서 전혀 움직이지 않는 것과 마찬가지다.

어떤 우편배달 아저씨가 그 뉴스를 전해 주는지는 알 수 없다. 하지만 아무리 발걸음이 빨라도 한 줄의 잎의 끝에서 끝까지 동시에 전달할 수는 없다. 얼마간의 시간이 걸릴 것은 분명하다. 소엽이 차례로 일어서는 것은 그 때문이다.

사건이 대단치 않을 때는 이웃 서너 쌍에게만 경고를 해 방어태세를 취하게 한다. 충격이 좀더 심한 경우에는 소엽은 급속도로 차례차례 겹치고 엽병의 일부는 한 다발이 되어 하나의 엽병 분기점을 축으로 해서 줄기 아래쪽으로 늘어져버린다. 한 장의 잎 전체가 망연자실하고 있는데 통지를 받지 못한 다른 잎들은 태양빛 아래서 희희낙낙 잎을 펼친 그대로 있다.

위험이 공동체 전체를 위협하는 중대한 것이라면, 그런 격심한 충격이라면 큰 소동이 벌어진다. 순식간에 뉴스는 전체에게 퍼져서 잎 전체가 시들어버린다. 공동체 전체에 대한 방어태세로 들어가는 것이다.

너희들에게 그림이 아니라 진짜 미모사를 보여주고 싶구나. 너희들이 손가락으로 건드리게 해보고 싶다. 미모사가 벌벌 떨며 죽은 시늉을 하는 것을 보며 너희들은 내 얘기를 떠올릴 것이다. 사람들이 보통 생각하는 것처럼 식물과 동물이 그렇게 다른지, 동물만이 감수성이 있고 아픔을 느끼는지 생각하게 될 것이다.

위험은 사라졌다. 미모사는 마음을 놓는다. 벌써 소엽은 슬금슬금 잎을 반쯤 펼치며 위험이 완전히 지나갔는지 살피고 있다. 엽병은 천천히 원래의 위치로 돌아가고 잎이 서고 잎이 열린다. 동요가 끝난 식물은 자신을 위로해주는 태양에게 웃음짓는다. 그러나 위험이 다시 닥치면 전과 같은 공황상태에 빠진다.

미모사는 아주 조그만 일에도 놀란다. 지나가던 풍뎅이 날개가 스쳐도, 바람에 날리는 모래가 부딪쳐도 햇빛이 너무 강해도, 구름이 그늘을 드리워도 기절해버린다.

고등한 생명은 짐이 된다고 요정이 말했지만 바로 그대로다. 때려도 두들겨도 꿈쩍 않고 잠을 자고 무엇이든 가리지 않고 먹어치우는 잡초들은 관념에 사로잡힌 엘리트족을 비웃는다. 우리들 말로 한다면 '자기가 무슨 시인이라고'하며 웃는 것이다.

파리지옥은 미국의 캐롤라이나가 원산이다. 잎은 둥글며 잎을 둘로 나눈 중앙의 엽맥이 경첩처럼 움직여서 양쪽 잎이 합친다. 잎의 표면은 끈적끈적한 섬모(纖毛)로 덮여 있다. 곤충이 거기 앉으면 반으로 꺾어지는 잎의 양쪽 끝이 늑대의 입처럼 닫히면서 교차된 섬모 그늘 속으로 곤충을 잡아 넣는다. 곤충이 죽거나 움직이지 못할 만큼 쇠약해질 때까지 잎을 절대로 펴지 않으며 노획물을 토해내지도 않는다. 그런데 덫에 걸린 벌레가 죽은 뒤에 그냥 토해버리는 것은 무슨 기분풀이인가?

거미가 그물을 쳐서 덤벙대며 날아드는 벌레를 잡는 것은 이해할 만하다. 거미도 먹어야 살며 벌레는 거미가 일상적으로 먹는 음식이니까. 하지만 아무 목적도 없이 살상행위를 하다니, 식인종도 그런 끔찍한 짓은 하지 않는다.

아니, 내가 잘못 생각했다. 문명국가라는 프랑스에서도 가끔 일어나는 일이다. 심한 경우는 즐기기 위해 사람을 골탕먹이는 수도 있다. 하지만 아이들의 나쁜 장난은 피비린내 나는 로마황제 카리큘러의 얘기에는 미치지 못한다. 너희들도 이런 야만스런 장난꾸러기를 용서해준 일이 있을 거다. 자기가 얼마나 나쁜 짓을 하고 있는지를 모르는 파리지

파리지옥

경첩갈구리

옥을 용서해 주듯이.

참혹한 얘기에서 화제를 돌리자. 이런 일이 다시 또 일어난다면 나라안이 희망을 잃고 말 것이다.

식물은 밖에서 오는 자극 때문에 움직이기도 하지만 자발적으로 운동을 하기도 한다. 그 잎은 세 장의 소엽으로 되어 있다. 앞의 한 장은 꽤 크고 양편의 두 장은 대단히 작다. 큰 잎은 단지 자고 깨는 것을 번갈아 하고 있다. 다른 두 장은 밤낮없이, 특히 더운 계절에는 시계의 초침처럼 제깍제깍 움직이고 있다. 움직이는 방향은 서로 반대다. 하나가 위로 올라가면 하나는 아래로 내려간다. 소엽은 교대로 쉴새없이 뛰어 올랐다 내렸다 한다.

프랑스 온실에서 볼 수 있는 인도산 된장풀은 움직임이 원 고향에서처럼 민첩하지는 못하다. 그린피스와 강남콩의 잎에서도 매우 약하지만 비슷한 움직임을 볼 수 있다. 우리들이 흔히 볼 수 있는 식물도 자세히 관찰해 보면 경첩갈구리처럼 스스로 운동하는 것이 많다고 생각해도 좋다. 다만 일반적으로 그 움직임이 매우 미약해서 우리들 눈으로는 느끼지 못하는 것이다.

제 25 장
잎의 배열

식물은 어떻게 '건축하나
오리나무의 나선계단
솔방울의 과학

제 25 장 잎의 배열

식물은 어떻게 건축하나

잎이 가지의 아래에서 위로 차례차례 어떻게 붙어 있는가를 주의깊게 본 일이 있는가? 아마 없을 것이다. 눈만으로는 부족하다. 생각하며 관찰하는 눈이 필요하다. 그러므로 여러분이 보았다 해도 막연하게 보았을 것이다. 따라서 잎과 가지가 어떻게 배열되어 있느냐는 질문을 받는다면 '되는 대로'라고 대답할 수밖에 없다.

그런데 집을 지을 때 건축가는 돌을 되는 대로 쌓아 올리는가? 건축가는 오랜 시간을 두고 설계도를 만든다. 그리고 일단 건축을 시작하면 끊임없이 직각자, 수평기 등을 사용해서 집을 수직으로 똑바로 세우려고 노력한다. 아무리 초라한 집이라도 건축가는 기초를 다지기 위해 평면질서의 고상한 과학인 기하학의 도움을 받는다.

대(大) 건축사인 신은 그 손으로 훌륭한 건축물인 식물 위에 콤퍼스를 사용할 필요는 없었겠지만 아무튼 잎을 아무렇게나 배치하지는 않았을 것이다. 이 세상의 모든 것은 영원한 조화를 기준으로 하여 만들어져 있다. 모든 것, 즉 무게·길이 등 일체가 측량되어 있는 것이다.

이끼류의 가장 작은 줄기까지도 거만한 바벨탑을 스스로 본땄다. 훌륭한 나선형으로 그 잎을 배열하고 있는 것이다. 쉽게 설명해 보겠다.

우리들은 집을 지을 때 땅을 깊이 판다. 판 부분에 돌로 기초를 단단하게 한다. 이 기초 위에 1층을 세우는 것이다. 주거 자체는 그것으로 됐다. 그러나 땅값이 비싸니까 높은 석조건물을 올려 세울 수 있도록 토대를 탄탄하게 하고 또한 그것을 최대한 유효하게 사용해야 한다. 다시 말해서 수평으로 늘어 놓으면 토지와 비용이 너무 많이 들어가니까 위를 향해 높이 쌓아 올라간다.

식물의 수입은 한정되어 있다. 그들은 우리들처럼 알뜰하게 살림을 꾸려가야 한다. 토대를, 뿌리를 최대한 활용해야 한다. 이웃 식물의 공간도 남겨주면서 토지를 되도록 효과적으로 사용해야 한다. 그래서 식물의 집도 수직으로 고층화하는 것이다.

갯보리처럼 남의 땅을 침범하는 식물이 있기는 하다. 이런 따위는 기초도 채 다지지 않고 새로운 얼마되지 않는 땅을 노리고 기어나간다. 인간이 욕심많은 잔디풀을 어떻게 밭으로 몰아 넣는가는 벌써 얘기했다. 다행스럽게 이 잡초는 예외적이다. 보통 식물은 태양 아래, 대기 속에 수직으로 당당하게 고층건물을 세우는 것이 원칙이다. 긴다든가 하는 엉뚱한 짓은 하지 않는다. 이 점은 식물의 건축가나 인간의 건축가나 비슷하다. 그러나 다른 점도 있다.

우리는 건물을 위로 쌓아 올린다. 3층집 아래는 2층집 사람이 살고 있다. 소란을 피우면 아래층 사람이 피해를 본다. 층을 거듭하는 데는 여러가지 문제가 따르는데 그 해결책이 쉽지는 않을 것같다. 그런데 식물들은 아주 훌륭한 방법을 생각해 냈다.

식물은 문제가 많은 우리들 식의 고층건물을 세우지 않는다. 아니, 그러기보다는 층층이 되는 것을 되도록 뒤로 미룬다. 이웃집 사람들이 밤중에 시끄럽게 굴까봐 그러는 것이 아니다. 식물은 조금이라도 다른 식물의 휴식을 방해하는 일은 하지 않으려는 것같다. 서로 그림자를 드리워서 햇빛을 차단해서 남에게 피해를 주는 일은 피하고 싶어 하는 것이다. 우리들은 자기 집안에서 조용히 있고 싶어 하지만 잎은 햇빛이 필요한 것이다. 하늘을 쳐다보지 못하면 잎은 살 수 없다. 자기 집 바로 위에 이웃집 잎이 겹칠 때, 말하자면 남의 집 마루가 자기 집 천

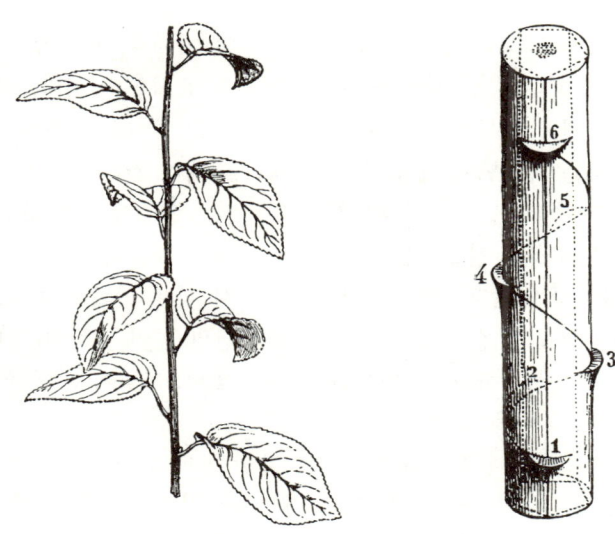

벚나무의 가지 오른쪽은 잎의 위치

장이면 하늘을 쳐다볼 도리가 없다. 그럼 식물은 어떻게 하는가?

가지 밑에서 꼭대기까지 나선형의 계단을 만드는 것이다. 이 계단은 기하학적으로 정확한 규칙성이 있으며 같은 간격의 발판을 따라 올라간다. 높은 탑의 나선층계라고 생각하면 될 것이다. 계단의 기초가 되는 곳에 식물은 최초의 잎을 단다. 두번째 잎은 그 조금 위 최초의 잎에서 약간 빗나간 곳에 자리를 잡는다. 그 위에는 역시 두번째 잎에서 약간 빗나간 곳에 제3의 잎이, 이런 식으로 계속되며 잎은 서로 겹치지 않도록 가지 둘레를 돌며 올라간다.

잎의 계단이 가지 둘레를 똑같이 일주한다면 아래위의 잎이 겹치지 않을 수 없다. 그러나 나선형으로 돌아 올라가기 때문에 겹치는 것을 피할 수 있으며 두 개의 잎이 설사 겹치더라도 거리가 상당히 떨어져 있으므로 아래쪽 잎의 빛을 가릴 걱정은 거의 없다. 윗층 사람의 발소리는 들리더라도 그 정도로 떨어져 있기 때문에 아래층 사람이 괴로움을 당하는 일은 거의 없을 것이다.

제 25 장 잎의 배열 359

359페이지에 나와 있는 그림은 벚나무의 가지다. 오른쪽 그림은 벚나무 잎을 떼어내고 잎이 붙었던 위치만을 표시한 것이다. 최초에 싹이 튼 잎1에서 출발하자. 여기서 다음 잎으로 한 계단 올라가는데 그림의 가지를 휘어도는 가상(假想)의 계단을 따라 간다.

   다음은 2층이다. 여기에 제2잎이 달린다. 제1잎에 그림자를 드리우지 않도록 자리를 잡고 있는 것을 알 수 있을 것이다. 제3잎은 제1, 제2잎과 겹치지 않는다. 좀더 올라가 보자. 제6잎에 이르러 비로소 제1잎 바로 위에 자리잡게 된다. 그러나 5층 계단의 높이 때문에 제1잎이 빛이나 공기를 섭취하는 데 아무런 지장이 없다. 이렇게 되면 설사 잎이 겹치더라도 불만을 말할 이유가 없는 것이다.

   제6잎으로부터 위로도 마찬가지로 계단을 배치하면서 올라 간다. 제1잎에 겹친 제6잎 다음에 제7잎이 제2잎에 겹치지만 역시 제2잎이 빛과 공기를 받는 데 장애가 되지 않는다. 다시 말하면 다섯 계단 올라갈 때마다 잎은 수직으로 같은 위치에 겹치는데, 이 다섯 장의 잎의 그룹은 서로 겹치는 일이 없다.

   나선형 계단의 제일 아래에 있는 잎 한 장이 처음으로 위의 잎과 겹치게 되는 그 잎의 일순(一巡)을 사이클이라고 한다. 벚나무에서는 그 사이클이 5가 된다. 출발점 제1잎에서 2, 3, 4, 5를 거쳐 6에서 아래 위가 수직으로 겹치기 때문이다. 사이클은 순환, 일주를 의미한다. 사이클은 다시 똑같은 사이클을 되풀이 하며 위로 뻗어 올라간다. 이때 아래 위로 겹치는 잎의 간격을 개도(開度)라고 한다. 그런데 벚나무의 경우에는 한 사이클을 이룰 때 나선을 두 번 그리므로 개도는 2/5가 된다.

   그럼 모든 식물이 벚나무와 똑같은 나선을 그릴까? 아마도 잎의 배열이 다를 것이다. 식물은 덮어놓고 남을 모방하지는 않는다. 식물은 건축할 때 전체적으로는 공통적이지만 부분적으로는 각기 독특한 건축 기술을 발휘한다.

오리나무

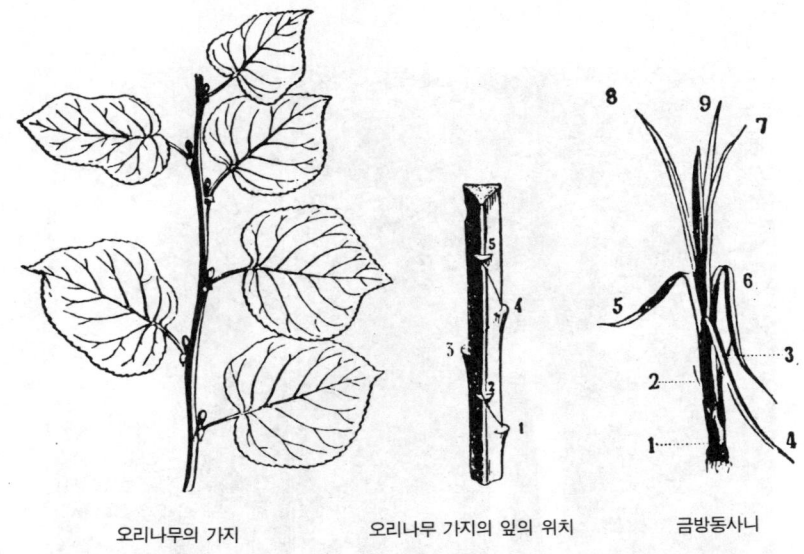

오리나무의 가지 　　　 오리나무 가지의 잎의 위치 　　　 금방동사니

오리나무의 나선계단

　시냇가의 오리나무는 나선을 어떤 식으로 만드는가? 그림에서 비탈길을 더듬어서 세어보자. 1, 2, 3, 4, 정지! 네 장째가 한 장째 바로 위에 왔다. 사이클에는 세 장의 잎이 있고 여기서 나선은 한 바퀴를 돈 것이다. 다음은 청개구리의 친구인 금방동사니 차례다. 네 장째가 한 장째 바로 위에 왔다. 일곱 장째가 네 장째 위다. 이것도 사이클마다 잎 세 장으로 계단을 한 바퀴 돈다.

　풍뎅이의 봄철 식량을 공급하는 빵집인 느릅나무는 어떤가? 손톱만 한 보드라우며 주황빛 나는 조그만 꽃받침이 빵이다. 이 꽃받침은 잎이 싹트기 시작하면 떨어진다. 우선 계단을 올라가보기로 할까. 한 계단, 두 계단, 세 계단. 어!, 왜 이렇게 짧지? 세 번째에서 겹쳐버렸다. 느릅나무의 사이클에는 잎이 두 장밖에 없다. 겹치는 위층으로 올라갈 때 나선이 한 바퀴 돎으로 개도는 1/2이다.

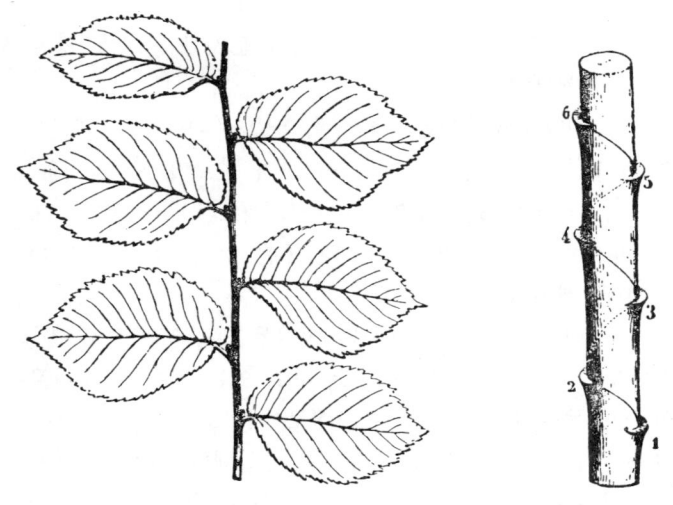

느릅나무의 작은 가지　　　느릅나무 가지의 잎의 위치

둥근바위솔의 잎과 프랑스해안소나무의 솔방울의 실편(實片)에서는 3주(周), 8단(段)—세 바퀴 돌아 여덟 번째 잎에서 겹치므로 개도는 3/8이다. 돌나물과식물은 8주 21단이므로, 개도는 8/21. 선인장의 일부와 소나무의 몇 종류는 5주 13단, 개도 5/13이 된다. 여러가지 개도를 단순한 것에서 복잡한 것으로 나열해 보겠다.

1/2 : 느릅, 보리자 등
1/3 : 오리나무, 금방동사니 등
2/5 : 벚나무, 배나무, 포플라, 복숭아 등
3/8 : 프랑스해안소나무, 둥근 바위솔 등
5/13 : 선인장, 백송 등
8/21 : 돌나물과식물 등

얼핏 봐서는 이 여러가지 수치들이 서로 관계가 없어 보이지만 이것들은 매우 단순한 법칙에 의해 연결되어 있다. 어떤 것이라도 좋다. 계속된 세 개의 수치를 뽑아 본다. 가령 1/3, 2/5, 3/8를 뽑았다고 하자.

마지막 3/8은 그 앞의 두 가지 수치의 분자와 분모를 합한 것이다. 다시 한번 시험해 보자.

3/8, 5/13, 8/21에서 8/21은 3+5=8, 8+13=21로 앞에 있는 두 개의 분자와 분모를 합한 것이 뒤에 오는 분자 분모가 된다. 이와 같이 최초의 두 개, 1/2와 1/3을 알면 여러가지 개도를 구할 수 있다. 우연이 개입할 여지는 없는 것이다. 식물의 종은 각기 자기 종을 위해 가장 좋은 나선을 채택하고 있다.

기호가 그런 것이겠지만 아뭏든 벚나무는 무의식 중에 오리나무와 보리자나무의 설계도를 하나로 조립하고 있는 것이다. 소나무는 버드나무와 금방동사니의 설계도를 그대로 따르고 있다. 돌나물과식물은 선인장과 둥근바위솔로부터 설계도를 도입했다. 분명히 어떤 예지가 공통의 법칙으로 잎을 건축하고 있는 것이다. 벚나무의 기술자가 이공과대학에서 배우는 고등수학의 달인이라는 것을 여러분들은 생각지도 못했을 것이다. 그들은 대체 어디서 그 기술을 배웠을까? 신의 학교, 대학자인 신의 학교에서 배운 것이다.

법칙을 알았으므로 이제 계속되는 개도를 얻기는 쉽다. 마지막 두 개의 분수를 더하면 우선 13/34이 되고 이어서 21/55, 34/89, 55/144 등등이 된다. 관찰로 이 수치를 확인할 수 있다. 식물은 자기 규칙에 따라 자신을 건축하는 것이다. 그러나 수치가 높아짐에 따라 그런 식물의 수는 실례가 점점 드물어진다는 것을 인정할 수밖에 없다.

복잡해진다는 것이 완성에 가까와지는 것은 아니다. 우리 인간들은 자주 함정에 빠지지만 식물은 현명하기 때문에 그럴 걱정은 전혀 없다. 우리는 복잡하고 장황하며 추악한 것을 뒤쫓다가 항상 아름답고 단순한 것에서 멀어진다. 식물은 대개 되도록 개도를 단순하게 하려고 한다. 가령 개도가 2/5인 경우가 가장 많다.

잎을 많이 달아야 하는데 그 식물의 줄기가 짧은 경우도 있다. 아티초크(artichoke)의 두화(頭花), 솔방울, 둥근 바위솔의 일부인 로제트가 그 예이다. 내가 여기서 솔방울의 실편(實片: 소나무의 솔방울 같은 열

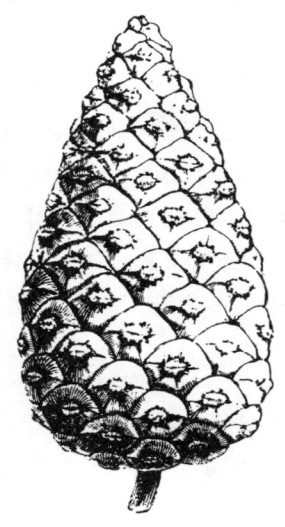

프랑스해안소나무의 솔방울　　　솔방울의 실편(實片)에 발생
　　　　　　　　　　　　　　　순서에 따라 번호를 매겼다

매에서 보듯이 열매를 덮고 있는 껍질의 조각들——옮긴이)이나 엉겅퀴의 머리 등을 잎과 뒤섞어서 말한 것을 이상하게 생각하지 말기 바란다. 이 실편들은 자기의 역할 때문에 잎으로 변신한 것들이다. 식물 중에는 아주 좁은 공간, 거의 없다고 해도 좋을 정도의 공간만을 자신의 잎에게 내주는 경우가 있다. 이런 때일수록 식물은 수준 높은 기하학적 지식을 빌려 모자라는 공간을 치밀하게 보충하는 것이다. 식물이 이 까다로운 작업을 어떻게 추진하는지 살펴보자.

솔방울의 과학

　위의 그림은 프랑스해안소나무의 솔방울이 있다. 이것은 실편이다. 나무는 어떻게 이처럼 완벽하게 실편을 배열했을까? 나선계단 위에 어떻게 이만한 실편을 조립해 넣었는가? 어떤 개도를 사용했을까? 답이

제 25 장　잎의 배열　365

쉽지 않다.

솔방울의 건축의 비밀을 밝혀내려면 그 축 위에서, 즉 그 중앙의 가지 위에서 하나의 실편에서 다음 실편으로 나아가면서 하나도 빠짐없이 실편 전부를 감싸고 있는 나선계단을 더듬어 봐야 한다. 솔방울은 가지가 실편 때문에 가리워져 있고 설사 그것을 벗겨내고 가지를 드러내 놓더라도 가지가 너무 짧아서 계단이 서로 붙으므로 계단을 판별하기 어려울 것이다. 솔방울의 나선도 아래에서 위까지 실편을 전부 수용하고 있다. 이 나선에 이름을 붙이자.

식물학자들은 제1차 나선이라고 붙였는데 그렇게 부르기로 한다. 솔방울의 실편이 줄지어 있는 속에서 우선 발견해야 할 것은 이 나선이다. 먼저 솔방울 표면에 알맹이를 둘러 싸듯이 한 줄 한 줄이 일정수만큼 실편을 수용하고 규칙적으로 배열되어 있는데 주목하자. 이것을 제2차 나선이라고 한다. 좌에서 우로 세 둘레, 우에서 좌로 다섯 둘레를 셀 수 있다. 이것은 실물로서만 확인할 수 있다. 솔방울의 한쪽 밖에 볼 수 없는 그림으로는 확인할 수 없다.

그런데 여기서 극히 초보적인 계산법으로 제2차 나선의 이 두 수치로 소나무의 개도를 알 수 있다. 숫자가 작은 쪽이 분자가 되고 두 수를 더한 것이 분모가 되는 것이다. 따라서 프랑스해안소나무의 개도는 3/8이다. 이것은 제1차 나선이 가지를 3주(周)하고 출발점의 실편과 아래 위가 겹치는 실편에 이를 때까지 실편 여덟 개를 거친다는 말이다. 다시 말해서 나선계단을 세 번 돈 후 아홉 번째의 실편이 최초의 실편에게 지붕을 제공하는 것이다. 그러므로 식물의 건축양식을 살필 때 제2차 나선을 검토하면 매우 편리하다. 제2차 나선에서는 또다른 사실도 알 수 있다. 솔방울의 실편의 출생증명을 만들어서 출생순으로 번호를 붙일 수 있다는 것이다. 잠시 이 이상한 연구를 해보자.

아래쪽 실편 중 하나를 선택해서 1이라는 숫자를 붙인다. 여기서 시작해서 다른 실편을 한 장 한 장 나이별로 분류해 나가는 것이다. 실편 1에서 두 개의 제2차 나선이 출발한다. 하나는 오른쪽으로 하나는

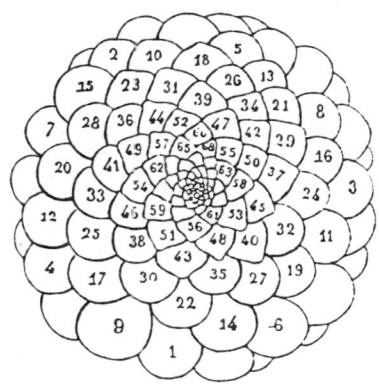

크라쑬라의 로제트 　　　크라쑬라의 잎에 출생순서의 번호를 매겼다

왼쪽으로 다른 실편도 마찬가지다. 우측 나선의 실편에는 4, 7, 10, 13 등 항상 3을 더한 수를 넣어야 한다. 이 3은 오른쪽으로 도는 제2차 나선의 수와 같다. 왼쪽으로 도는 나선 실편은 1에서 시작해서 6, 11, 16, 21처럼 항상 왼쪽으로 도는 2차 나선의 수인 5를 더한 숫자를 적어 넣는다. 이상은 좌우 하나씩 2열의 예만 본 것이다.

계속하려면 가령 6이라는 새로운 출발점을 정하고 우회전 나선에는 역시 3을 더해서 9, 12, 15 등의 숫자를 넣는다. 좌회전에서는 12에서 출발한다면 5를 더해서 17, 22, 27 등을 써넣는다. 이렇게 해서 차례로 솔방울의 출생을 증명해가는 것이다.

그림을 보면 여기서는 실편 1에서 시작한다. 바로 그 다음에 태어난 실편은 어느 것일까? 그림에서는 보이지 않는 실편2이다. 다음이 끝에 있는 실편3, 다음이 1에 기대고 있는 4, 다시 5, 6의 순서이며 마지막으로 9가 1 위에 와서 이 사이클은 끝난다. 솔방울 속에, 아티초크의 두화 속에 참으로 많은 과학이 들어 있다.

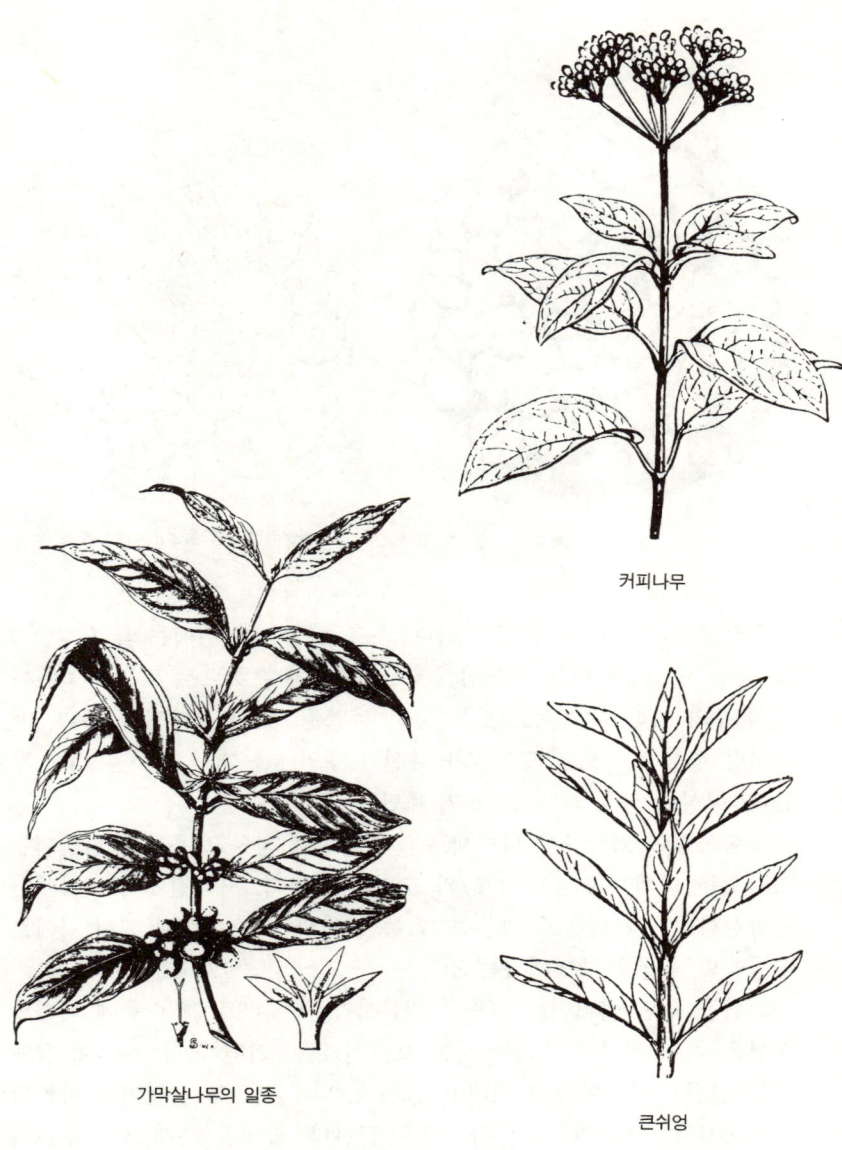

커피나무

가막살나무의 일종

큰쉬엉

어떤 솔방울로도 이런 연구를 할 수 있지만 모두 결과가 같은 것은 아니다. 개도 5/13라는 예까지 있는 것이다.

로제트의 경우를 보며 마무리 하겠다. 주의깊게 그림을 살펴보면 가장자리에서 중심으로 가면서 좌회전으로 제2차 나선 8, 우회전으로 13을 셀 수 있을 것이다. 개도는 8/21이다. 사이클은 잎 21장을 포함하고 그 층 전부를 거치는 나선계단은 최초의 잎 위에 이르기까지 여덟 번 돈다. 출생순으로 잎에 번호를 붙인다면 우회전 나선에 13에서 13, 좌회전 나선에 8에서 8을 셀 수 있을 것이다.

마지막으로 여러분에게 권하고 싶은 것이 있다. 지금 살펴 본 법칙을 어떤 식물로 확인해 보는 것이다. 그래서 사이클과 개도를 측정하는 것이다. 여러분은 거기서 내가 이 장에서 특히 강조하고 싶었던 기막힌 진실, 즉 어떤 일이든 우연히 일어나지는 않는다는 사실을 발견할 것이다. 다만 등이 굽은 병자를 표본으로 인간의 체형을 연구하지 않듯이 우리도 허약한 가지에서 식물의 전형을 찾아서는 안될 것이다. 그 가지가 병이 들었거나 기형이었다면 잎을 서열대로 배열할 수는 없기 때문이다.

하나의 나선에 한 장 한 장 배열된 잎을 호생(互生)이라고 부른다. 때로 잎은 한 마디에 두 장이나 세 장, 네 장씩 싹튼다. 이런 것을 윤생(輪生)이라고 하며 그 잎을 윤생엽이라고 한다. 윤생이 두 장일 때 잎은 대생(對生)이라고 불리는 수가 많다. 대생일 때는 그 아래 그룹과 十자형이 되는데 이것은 햇빛을 차단하지 않기 위한 배려에서다.

그밖에는 잎의 일반적인 법칙이 그대로 적용되며 잎이 몇 장이든 윤생 잎은 그 아래 위치하는 윤생 잎 위에, 아래 잎에 그늘이 드리우지 않는 곳에 자리를 잡는다. 수직으로 아래 잎 사이에 붙기 때문이다. 협죽도가 그 예로 잎을 세 개의 윤생에 모으고 있다. 이 잎들은 서로 다른 잎을 생각하고, 되도록 이웃을 방해하지 않도록 배려한다. 이런 잎을 본받아야 할 인간이 얼마나 많은가. 그만! 기하학 공부시간을 남의 흉만 보다가 끝낼 수는 없지 않은가.

제 26 장
기공(氣孔)

잎을 분해해 보면
털 한 가닥의 공장
기공은 왜 죽음을 무릅쓰고 수분을 내뿜나

제 26 장 기공(氣孔)

잎을 분해해 보면?

 회중시계를 밖에서 보면 어떨까? 유리뚜껑이 있는 금속 케이스 안에서 두 개의 바늘이 문자판의 눈금을 돌며 움직이고 있다. 여기서 그만두면 회중시계에 관해 아주 조금밖에 알 수 없다. 시계의 구조를 알기 위해서는 케이스를 열어봐야 한다. 그래도 충분하지 않다. 내장한 기계를 분해해봐야 한다.
 여러가지 부품이 서로 맞물려서 분침·초침은 빠르게, 시침은 느리게 돌리는 톱니바퀴를 하나하나 살펴봐야 한다. 태엽의 에너지를 톱니바퀴에 전달하는 체인에도 주의를 기울여야 한다. 기계를 정확하게 움직여서 함부로 내닫지 않도록, 그리고 일정시간에 선회하는 나선형의 평형윤(平衡輪)의 움직임도 파악해야 한다. 이것들을 따로따로 살펴본 뒤에야 회중시계를 대충 이해할 수 있다.
 잎은 식물의 대 제조공장이다. 이 공장에 관해서 우리는 무엇을 알고 있을까? 아직 아무 것도 모른다. 아직 그 겉모습밖에 모른다. 한 발 나아가서 뚜껑을 열고 잎을 부품별로 분류해보자. 이것을 해부한다고 한다. 해부라는 것은 조직의 비밀을 밝혀내기 위해 식물·동물을 자르고 분리하고 내장을 꺼내 세밀하게 관찰하는 과학이다. 때로 과학은 무서운 모습을 띠지만 그 과정은 흥미롭고 경이롭기까지 하다. 과학은

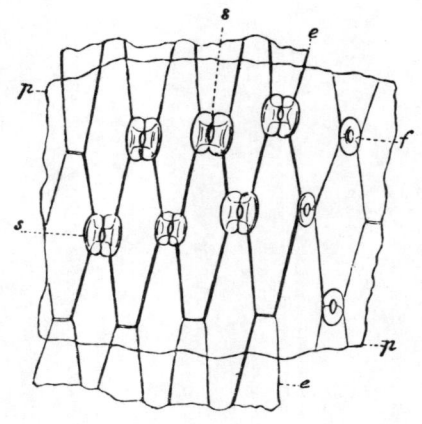
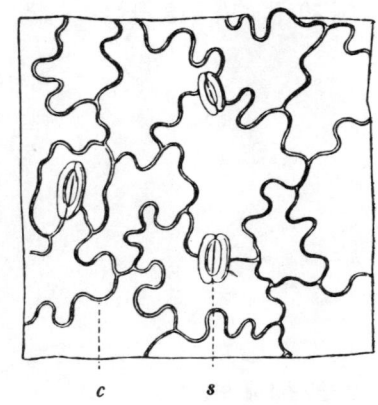

붓꽃의 표피조각
p는 표피막에 있는 단추구멍처럼 생긴 구멍
e는 6각형의 세포   s는 기공(氣孔·숨구멍)

꼭두서니의 표피조각   e는 표피세포
s는 기공(氣孔)

세계 최대의 신비, 생명의 신비를 그 대상으로 하기 때문이다.

우선 해부도구를 준비하자. 작은 칼, 메스, 접는 메스는 필요 없다. 실험물의 배를 째는 것이 아니라 잎 한 장의 껍질을 벗기는 것이므로 바늘 한 개와 나이프 한 개만 있으면 된다. 그리고 확대경을 잊어서는 안된다. 가능하면 현미경이 좋다. 우리들의 조사 대상은 시력이 아무리 좋아도 보통 눈으로는 식별할 수 없는 아주 미세한 것들이기 때문이다.

바늘 끝으로 잎을 가볍게 긁으면 얇은 유리 조각같은 투명한 막(膜)의 조각이 나올 것이다. 잎의 위 아래, 엽신 위, 엽병 위에서도 그 표피를 떼어내면 마찬가지로 얇은 막이 나온다. 해부학자는 이것을 표피라고 부른다. 그것은 달팽이가 흘리는 점액이 말라붙었거나 달걀에 니스를 칠해놓은 느낌을 주며 아무리 눈을 크게 떠봐도 그 이상으로는 보이지 않는다.

표피 조각을 현미경으로 들여다 보라. 이게 뭐야! 얇은 조각은 작은 조각들의 모자이크로 이루어져 있다. 식물의 종에 따라 그 작은 조각은 둥글거나 마름모꼴, 다각형, 또는 물결형 등 가지가지다. 그리고 여기저기 돌출한, 두꺼운 입술을 반쯤 연 단추구멍 같은 것이 있다. 그리고 표피 조각 몇 개는 조금 부풀어 있거나 뿔 모양으로 일어서 있으며 별처럼 퍼져 있다.

순서대로 살펴보자. 조사할 일은 세 가지다. 모자이크형으로 모여 있는 작은 조각, 뿔(그 일부는 무장하고 있다) 그리고 여기저기 열려 있는 단추구멍이다. 표피를 형성하고 있는 작은 조각은 우리들이 이미 잘 알고 있는 세포다. 여러분은 껍질, 재, 특히 수(髓) 속에서 볼 수 있는 입구가 닫혀 있는 조그만 자루를 기억하고 있을 것이다. 보통 세포는 둥글거나 옆의 세포에 눌려서 찌부러져 있다.

세포는 여러가지를 담고 있다. 액체, 녹말가루 고무, 당분, 수지 그 밖에 여러가지를 담고 있다. 잎의 표피에서 세포는 보통의 보도블럭처럼 평평하다. 서로 꼭 붙어서 한 층으로 가지런히 있고 그 사이에는 아무 것도 없다. 표피는 잎을 보호하기 위해 잎 위에 바른 일종의 니스라고 할 수 있다. 하지만 잎을 무엇으로부터 지킨다는 것인가? 우선 공기를 들 수 있다. 공기는 빼놓을 수 없는 친구인 동시에 모든 생물의 큰 적이다.

여러분이 손으로 심한 일을 해서 손바닥에 굴집이 생겼다고 하자. 이때 피부가 들떴다고 생각하면 잘못이다. 피부의 표층, 즉 표피만이 들뜬 것이다. 표피는 우리들의 머리에서 발 끝까지 우리들을 둘러싸고 보호해 주고 있다. 물집이 터졌다. 아아, 아프다! 터진 표피 아래로 공기가 들어가서 예민한 피부에 이르러 피부에게 통증을 주는 것이다.

상처를 물 속에 넣으면 공기가 차단되면서 아픔이 멎는다. 표피라는 옷이 없었다면 삶이 얼마나 고달팠을까? 아마 24시간도 못견딜 것이다. 처량하게 물 속으로 들어가야 하나? 액체로 된 이불 속에서 공기의 심한 자극을 어느 정도 줄일 수는 있을 것이다. 수중동물은 이 사실을 잘 알고 있다. 그래서 수중동물의 표피는 아주 얇다. 그런 옷은 없어도 괜찮다는 식이다.

　마찬가지로 잎도 표피의 코트로 공기에 대비하지만 아픔이 두려워서 그런 것은 아니다. 사실 식물은 아픔을 느끼지 못한다. 증발을 겁내고 있는 것이다. 잎은 겉보기에는 바싹 말라 있어도 살아가는 데 필요한 수분을 머금고 있다. 뿌리가 땅 속에서 물을 빨아올리고 그 물을 어린 재(材)로 나른다. 그것을 잎이 받아서 공동체를 위해 사용한다.

　만일 잎의 저수탱크를 보호하는 장치가 없으면 태양이 뜨자마자 물은 수증기가 되어 증발해버리고, 잎은 생기를 잃고 시들어버릴 것이다. 하지만 표피는 증발을 완전히 억제한다기 보다는 늦출 뿐이다. 따라서 뿌리가 수분을 제때에 땅 속에서 확보하지 않으면 표피는 증발을 늦출 뿐이므로 결국 저수탱크는 머지않아 말라버리고 식물은 머리를 늘어뜨려 버린다는 얘기다.

　이런 상태가 어느 정도 계속되면 그 식물은 만사 끝나는 것이다. 꽃병에 물을 채우는 것을 잊어버렸을 때 수분의 증발 때문에 식물이 어떤 상태에 이르는지 보면 잘 알 수 있다. 식물이 표피없이 태양과 바람의 건조작용에 몸을 내맡긴다면 어떻게 될까? 대부분이 하루 밤도 견디지 못할 것이다.

　수생식물이라면 얘기가 다르다. 물 속에 있으므로 탈수에 대비할 필요가 없다. 수생식물은 개구리를 흉내내는 것이다. 아니 그 이상이다. 수분을 침투시키기 위해 아예 표피없이 지낸다. 물 속에 있는 한 그것으로 충분하다. 그러나 일단 물에서 나오면 호된 시련을 당하게 된다.

　아주 잠깐 동안 공기 중에 있는 것만으로도 목을 벌벌 떨면서 얼굴 표정이 바뀐다. 물 속에서는 싱싱하고 통통하고 부드럽던 잎이 수분이 없어지면 말할 수 없이 슬픈 표정을 짓는다. 노동과 절제로 표피를 단련해 놓았더라면 역경에 처해 축 늘어지지는 않았을 것이다.

　반은 물 속, 반은 대기 속에서 사는 부초는 중간을 택한다. 물과 접하는 뒷면에는 표피를 붙이지 않고 공기가 닿는 표면은 표피로 덮는다.

물가에 살고 있는 수생식물(水生植物)

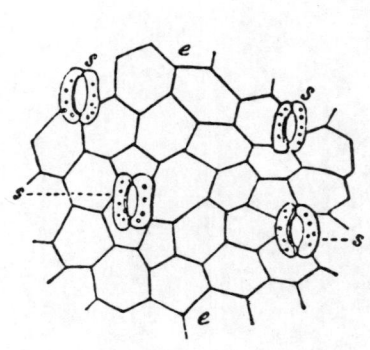

미나리아재비의 표피조각
e는 표피세포 s는 기공

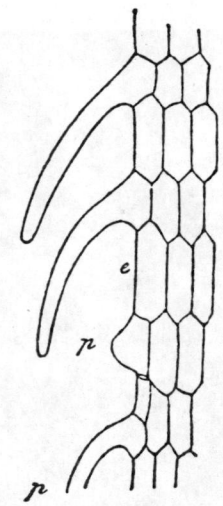

꼭두서니의 표피 p는 털 모양으로
길게 뺀은 세포 e는 평평한 세포

 일반적으로 표피의 세포는 납작하고 그것이 모여 형성된 막은 미끈한 평면을 이룬다. 그러나 세포의 일부, 때로는 그 전부가 젖꼭지 모양으로 부풀어 오르기도 하고 사마귀 모양으로 불어나든가 털이라고 불리는 속이 빈 돌기가 되어 뻗는 일도 드물지 않다. 따라서 잎의 표면은 표피 세포의 늘어진 상태나 섬세함에 따라서 나무딸기의 열매처럼 알알이 되든가 보드라운 솜털 모양이 되든가 깔깔한 섬모처럼 서기도 하는 것이다.
 메셈(ice plant)은 가지나 잎의 표피를 이슬이 얼어붙은 것처럼 조그만 자루 모양으로 들어 올린다. 그래서 여름의 태양 아래서 겨울차림을 하고 있는 기묘한 이 식물에게 '어름풀'이라는 이름이 붙은 것이다.
 솜씨좋게 실을 타는 에오눔(Aeonum)은 표피의 세포로부터 비단실같은 가늘고 긴 실을 뽑아내고 그것을 거미집같이 만들어 잎의 로제트를 덮는다.
 털을 펠트 모양으로 만드는 것도 있고 빌로우드 모양으로 모으는 것

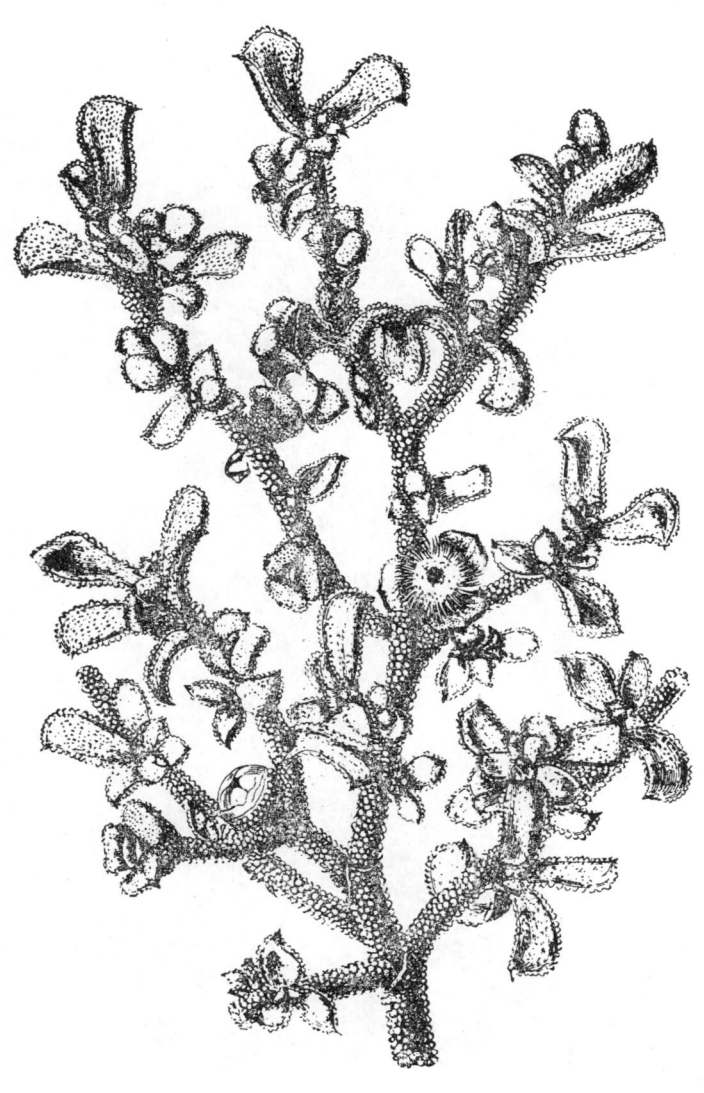

메셈의 일종

에오눔

도 있다. 속이 빈 부분에 독액을 넣어서 공격무기로 사용하는 것도 있다.

털 한 가닥의 공장

 우리는 주위로부터 몸을 보호하기 위해 모피를 입는다. 그러나 식물이 두꺼운 털옷을 입는 것은 또다른 목적이 있는 것같다. 주의해서 보면 적어도 털옷을 좋아하는 것은 혹독한 추위에 몸을 드러내는 식물이 아니라 사막이나 건조한 바위 위에서 태양의 강렬한 직사광선을 받는 식물들이다.
 빙하에 사는 앵초의 잎은 벌거벗고 있으며 지중해의 뜨거운 해변에 사는 국화의 일종은 눈보다도 흰 솜에 싸여 있다. 침침한 그늘이나 습진 땅에서 솜옷은 잎이 즐겨 입은 옷이 아니다.
 그렇다면 식물이 의복을 단단히 여미는 것은 그의 큰 적인 증발을 방지하기 위한 것같다. 증발을 더욱 효과적으로 방지하기 위해 표피에 털의 술을 더하는 모양이다.
 가장 단순한 털은 뿔 모양으로 퍼진 표피 세포다. 이 세포는 한 개의 털에서 둘 이상의 가지를 뻗는데 그 가지들은 속이 비었고 서로 연결되어 있다. 몇 개의 세포의 끝과 끝이 겹치고 칸막이가 몇 개 있는 한 개의 털을 만들 경우도 있다.
 다음 페이지의 그림에서 볼 수 있듯이 하나로 된 것과 가지를 친 것이 있다. 공통의 중심의 둘레에 방사형으로 갈라진 것, 짧고 둥근 세포가 염주형으로 모인 것이 있다. 또한 방사형의 가늘고 긴 세포가 붙어서 별 모양의 인편을 만들고 그 중심점을 잎으로 연결한 것도 있다.
 이들 인편(鱗片)의 털은 일반적으로 금속에 가까운 빛을 반사한다. 물고기의 비늘이나 나비의 날개가 손가락에 남기는 은가루 같은 모양이다. 보헤미아의 숲이 회색으로 보이는 것은 이 때문이다. 낙상홍의

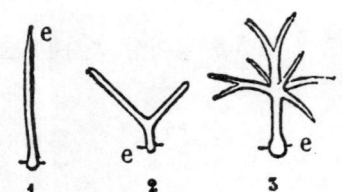

단 1개의 표피세포로 된 털 1은 하나로 된 것
2는 둘로 나뉜 것 3은 잔가지로 나뉜 것

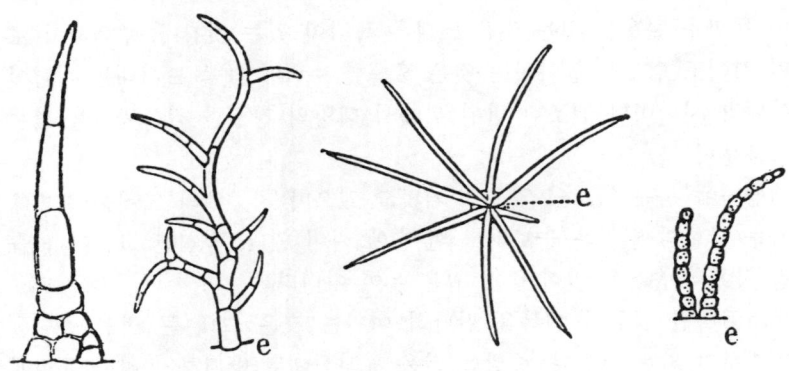

여러 개의 세포로 된 털

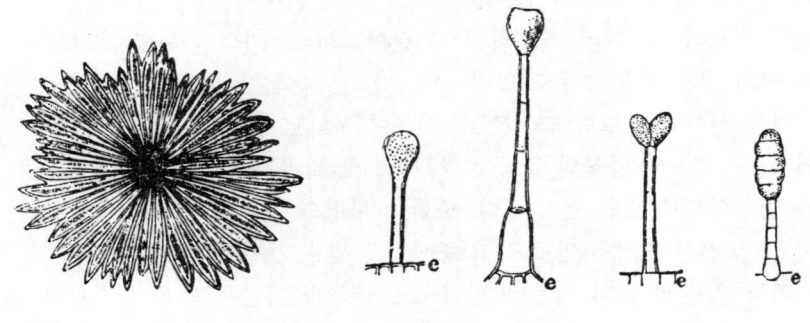

낙상홍의 비늘 모양의 털   선모(腺毛)

잎을 은빛으로 빛나게 하는 것도 이것이다.

물론 멋을 내거나 아름다운 은빛의 인편을 햇볕에 반짝이는 것만으로 끝나는 것은 아니다. 털의 몇 종류 특히 작은 것은 일의 필요성을 잘 알고 있다. 그래서 조그많지만 용기를 내서 잎에서 생산을 돕고자 공장을 세운다. 세포 하나, 털 하나도 다른 세포와 털의 작업에 동참해서 식물 전체의 대작업을 이루어 나가는 것이다.

여기 머리를 부풀려서 실험실로 하고 있는 털이 있다. 조그만 털은 그 초라한 증류병 속에서 무엇을 만들고 있을까? 아마도 점액 한 분자, 정유 한 방울일 것이다. 그러면 공동으로 경영하는 상점은 풍족해질 것이다.

어라, 이웃집은 더 큰 부자네. 4층 집에다 증류기까지 달고 있네.

세 번째는 더 발상이 좋아. 건물은 검소하지만 작업장을 늘리고 있네. 증류기도 두 개 가동하고 있고. 네 번째는 더더욱 훌륭하게 만들었어. 5층 집의 천장방

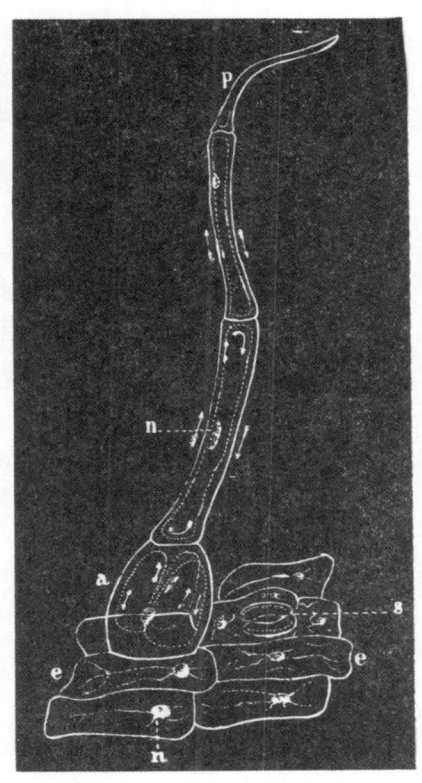

자주닭개비의 털   C는 표피   s는 기공
a는 털의 뿌리의 세포
화살표 방향으로 흐르고 있다
n은 흐름의 중심이 되는 세포의 핵

에 있는 다섯 개의 실험실에서 약제를 조제중이네.

이런 작업장은 털의 머리를 장식하는 세포 수만큼 있고 식물에 따라서는 작업장에 이르는 아주 적은 수액으로 이것 저것 조제하는 것이다.

특별한 액을 만드는 방망이 같은 세포를 선(腺)이라고 부르며 선이 있는 털을 선모(腺毛)라고 한다. 호프의 털은 루프린이라는 수지질(樹脂質)을 만드는데, 이것은 맥주의 향과 쓴맛을 내는 데 사용된다. 이집트 콩은 산성의 시큼한 물질을 만든다. 이집트 콩의 껍질에 혀를 대보면 강한 신맛을 느낄 것이다. 이 털이 식초 같은 것을 스며나오게 하는 것이다.

털은 이렇다 할 일정한 일이 없을 때도 활동한다. 끊임없이 흘러내리는 미세한 수액을 양조하는 것이다. 그 흐름은 위로 갔다 아래로 갔다 되돌아가기도 하는데 귀중한 용액에 공기를 혼합해서 수액을 숙성시킨다. 현미경으로 수액이 쉴새없이 털의 공동(空洞)을 흐르고 있는 것을 보면 여러분은 놀랄 것이다. 383페이지에 나와 있는 그림은 매우 보잘 것 없지만 그 활동 모습을 보여주고 있다.

기공은 왜 죽음을 무릅쓰고 수분을 내뿜나?

식물의 도시에서는 털 한 개라도 휴업하는 일이 없다. 그중에서도 특별한 활동가는 기공(氣孔)이다. 달리 얘기하면 숨구멍이라고도 말할 수 있는데, 잎 어귀의 문짝 구실을 하고 있는 작업장이다. 현미경으로 잎 표피에 있는 두꺼운 입술처럼 생긴 단추구멍 같은 것을 볼 수 있는데 그것이 기공이다.

기공은 주로 잎에 있다. 특히 공기 중에 드러나 있는 잎에서는 그 뒷면에서, 개구리밥의 잎에서는 표면에서 볼 수 있다. 너무나 미세해서 현미경 없이는 볼 수 없다. 가는 바늘로 뚫은 구멍도 기공에 비한다면 무척 큰 편이다. 그러나 일을 소화해내기 위해 기공은 작을수록 수가 많다. 연미분꽃잎의 뒷면에는 1㎠당 1천 6백 개씩의 기공이 있고, 카네이션은 5천 5백 개, 라일락은 2만 3천 개가 있다. 그러나 모든 식물이 이처럼 잘 만들어진 작업장을 갖고 있다고는 할 수 없다. 한 예를 들면 겨우살이는 어쩌면 이 때문에 다른 나무에 기생하고 있는지도 모른다. 자기가 노동해서 살아갈 수 있는 공장설비가 없으니까 염치없이 남의 수액을 훔쳐마시는 것이다.

잎의 남아도는 수분을 수증기로 만들어서 토해내는 것도 기공의 기능 중 하나이다. 식물은 끊임없이 땀을 흘린다. 특히 볕을 쬐면 눈에 보이지 않는 수증기를 발산한다. 우리는 차가운 유리창에 숨을 내뿜어 보고는 호흡을 통해 몸 속의 습기가 나가는 것을 알 수 있다. 기공의 호흡도 그와 같이 해서 확인할 수 있다.

잘 마른 플라스코에 물기가 없는 살아 있는 나뭇가지를 넣으면 얼마 뒤 플라스코 벽을 타고 물방울이 흐른다. 잎의 조그만 입이 사람의 입처럼 수증기를 내뿜는 것이다. 이들 환기창 하나하나가 토해내는 수증기는 측정할 수 있는 정도의 양은 아니다. 그러나 기공의 수가 엄청나게 많으므로 배출량은 많아진다.

평균적인 크기의 나무는 그 기공이 완전히 기능을 다한다면 하루에 10리터의 물을 대기 속으로 내보낸다는 계산이 나온다. 배출은 야간보다는 낮에, 그늘보다는 양지에서, 춥고 습진 기후보다는 덥고 메마른 기후에서 더 활발하다. 예민한 식물이 태양열을 받을 때 얼마나 괴로움을 당하는지 알 수 있다.

이런 소비에 응하기 위해 뿌리는 필사적으로 땅 속의 수분을 빨아 올린다. 식물의 생명이 걸려 있기 때문이다. 하지만 땅이 마르고 수분이 없어지면 지하펌프는 작동을 멈춘다. 그래도 기공은 여전히 활동을 계속한다. 이윽고 기공은 잎의 저수탱크를 비우고 식물은 고개를 숙인다. 물을 줘서 구제하지 않으면 나무는 말라 죽는다. 그래서 식물은 죽은 시늉을 한다. 그리고 환기창의 문을 닫고 증기를 뿜는 일을 그만둔다.
 그렇다면 기공은 왜 죽음의 위험을 무릅쓰고 수분을 내뿜는 것일까? 식물에게는 열이 필요하다. 그러나 너무 더워서도 안된다. 타는 듯한 불볕 아래서는 큰 위험이 도사리고 있다. 자나친 열은 식물 속에 고여서 마지막에는 식물 자체를 태워버린다. 그래서 열기가 너무 강하다 싶으면 기공은 기세좋게 증기를 뿜어 낸다. 수분을 증발시켜 냉각효과를 노리는 것이다. 그러니까 기공은 자기가 무엇을 하고 있는지를 틀림없이 알고 있다.
 증기는 증발하면서 물체로부터 많은 열을 빼앗아 간다. 손바닥에 에테르를 몇 방울 떨어뜨려 보라. 액체는 즉시 증발하고 손은 차가움을 느낀다. 누구나 목욕을 하고 나올 때 으슬으슬 추운 느낌을 받는다. 몸을 덮고 있는 얇은 물의 층이 증발하면서 우리들의 체온 일부를 빼앗아 가기 때문이다. 물을 닦으면 추위는 사라진다. 열을 조절하는 데도 기공은 이 물리적 원리를 이미 잘 알고 있다.
 곤란한 얼굴을 할 필요는 없다. 현명한 기공에게서 배워야 할 일이 앞으로 많다. 태양이 수분을 머금은 잎을 삶아대면 기공은 작업장 내의 모든 것을 가동시킨다. 더위를 식히기 위해 앞다투어 수증기를 뿜어 댄다. 좁은 면적에서 수만이나 되는 환기창을 통해 증기를 토해 낸다. 쉴 생각도 않고 저수탱크의 물이 마르는 것에 신경 쓸 여유도 없다. 마지막 한 방울까지 내뿜고 나서 뿌리에서 물이 올라오지 않는다 해도 증발을 멈추지는 않는다. 미리 준비해 놓은 물을 사용한다. 세포 속에서, 도관 속에서 사방에서 퍼올린다. 마지막까지 손을 써보고 어차피 죽더라도 되도록 그것을 늦춰보는 것이다. 나는 자기 몸의 불을 끄기 위해 자기 정맥까지 비우는 그 씩씩한 기공이 마음에 든다.
 식물이 위험에 처하지 않았을 때인 밤까지 증발은 이루어지지만 그 양은 아주 적다. 이른 새벽, 잡초의 잎새 위나 양배추의 오목한 잎에 고여 있는 물방울은 바로 밤새 흘린 땀이 냉기로 응결된 것이다. 그늘에 있을 때나 밤중에는 식물의 체온이 지나치게 올라갈 위험이 전혀 없는 데도 왜 기공은 쉬지 않을까? 냉각할 필요가 없어지면 증기를 내뿜을 필요가 없을 텐데.

식물의 식사는 언제까지나 젖먹이 아기와 같은 유동식(流動食)이다. 땅 속의 젖을 빠는 것이다. 흙 속에 포함되어 있는 여러가지 물질이 녹아든 용액의 부용(Bouillon)즙만을 먹는다.

그것은 대량의 물 속에 미량의 자양분이 녹아 있는 수프이다. 흙은 아주 인색하다. 거기서 무엇인가를 뽑아내려면 대량의 물을 빨아들이고 또 내보내야 한다. 수프가 형편없기 때문에 영양을 섭취하기 위해서는 많은 양을 마셔야 하는 것이다. 시간도 오래 걸린다. 정확히 말하면 연중무휴이다. 끝도 없는 가벼운 식사다. 질을 양으로 보충해야 하는 것이다.

뿌리는 습기있는 흙에서 액체를 빨아올린다. 거칠고 질이 좋지 않은 이 액체는 뿌리에서 아직 살이 오르지 않은 재로 들어가고 재에서 잎으로 올라가며 잎은 이 액체에서 곧 영양분을 뽑아내기 시작한다. 영양분은 세포에 저장되어 거기서 식물의 기호에 따라 조리되는데 그것을 잎까지 운반하는 데 사용한 물은 귀찮은 존재가 된다. 잎은 그것을 어떻게 처리할까?

잎은 싱싱함을 유지하는 데, 그리고 수도를 씻고 보전하는 데 물이 필요하다. 그러나 물은 끊임없이 뿌리로부터 올라오니까 수종(水腫)병에 걸리지 않으려면 남는 물을 버려야 한다. 그런 까닭에 기공은 그늘에 있을 때는 물론이고 밤중에도 계속 수분을 증발시키는 것이다.

제 27 장
녹색의 세포

지구인의 유모, 녹색 세포
빛이 부족하면 창백해지는 잎

제 27 장 녹색의 세포

지구인의 유모, 녹색 세포

　문에는 입구와 출구라는 두 가지 목적이 있다. 우리는 작업장의 문인 기공이 수증기를 밖으로 내보낸다는 것은 알았다. 이것을 살펴보기 전에 작업장을 찾아가보자.

　잎새에서 대단히 얇은 조각을 하나 떼어낸다. 그것을 현미경으로 보면 아래 그림을 볼 수 있다. ℓ에는 표피의 세포가 있고 서로 꼭 붙어 있어 틈새가 없다. 표피의 천은 얇을 망정 촘촘하게 짜여져 있다. 가볍지만 튼튼하고 보드랍다. 이런 표피라면 수증기는 출구밖에 나갈 데가 없다.

　s는 기공이다. 문은 빗장이 질러져 닫혀 있는 모양이다. 아니 그렇지 않을 것이다. 여닫이문 가운데 조그만 틈새가 있다. 여기를 드나드는 자는 조그만 털 하나도 들어가지 못하는 곳까지 잽싸게 미끄러져 들어간다. 우리도 기공이 문을 열어줄 때까지 기다리지 말고 뒤따라 잠입해 보

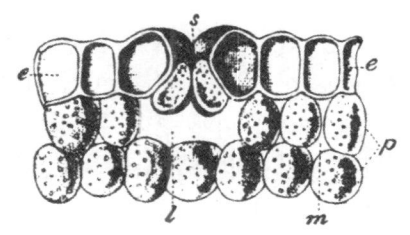

잎의 수직단면 s는 기공 p는 녹색 알맹이를 갖고 있는 세포 m 1은 세포들 사이의 공간 e는 표피세포

자.

　아니, 여기는 넓은 뜰 중앙(ℓ)이다. 공장에서 나오는 제품과 공장으로 들어갈 원료의 대합실이다. 그곳에서 좁은 복도가 틈새 사이로 구불구불 계속된다. 뜰 중앙에는 어느 정도 여유가 있으나 작업장의 중심으로 갈수록 장소를 매우 효율적으로 사용하는 것을 볼 수 있다. 가까스로 통과할 정도다. 여기저기 혼잡을 피하려고 네 갈래길(m)을 여러 개 만들어 놓았다.

　자, 다왔다. 녹색의 가는 입자로 배를 불리고 있는 둥근 세포를 보라. 잎 한 장의 두께 속에 10열, 20열, 100열씩 몇 겹으로 나란히 앉아 있다. 이것이 모든 생물의 음식을 직접 간접으로 준비하는 일꾼들이다. 그들은 지구인의 유모인 것이다. 그녀들이 일손을 놓는다면 모든 것이 끝장이다. 과거 인간은 식용식물의 세포가 일손을 놓아버렸을 때의 경험을 갖고 있지 않은가? 굶주림으로 얼마나 많은 사람들이 죽어갔나? 그러므로 우리들은 그들에게 경의를 표해야 한다.

　노동자에게는 도구가 필요하다. 세포의 도구는 무엇일까?

　현미경으로는 찌부러져 터져 버린 세포가 투명한 액을 흘리고 있는 것을 볼 수 있는데 그 속에서 녹색의 조그만 입자가 많이 떠돌아 다니고 있다. 그 공동(空洞) 속에 몇 백 개나 들어 있는 이 입자는 무엇일까? 그것은 엽록소(클로로필)라는 녹색의 미세한 입자이다.

　세포 속의 작은 녹색 입자는 말 그대로 잎이 녹색을 띠게 한다. 그 밖에도 어린 나무 껍질, 아직 익지 않은 과실, 식물의 녹색 부분 모두에게 녹색을 띠게 한다. 이 작은 녹색 입자는 우선 무엇보다도 잎새를 위한 것이지만 나무껍질이나 열매에도 적용된다. 이 입자가 흩어져 퍼져나가는 것이 왜 중요한가는 뒤에서 설명하겠다. 지금은 입자들이 수행하고 있는 불가해한 일에 대해 얘기할 단계가 아니지만 이들 기막힌 도구가 움직이는 데 필요한 조건이 무엇인가를 설명하고 넘어가겠다.

　물레방아를 돌리기 위해서는 물이 필요하다. 기관차를 나아가게 하기 위해서는 스팀이 필요하다. 세포의 공장 내에서 작은 녹색 입자를 움직이기 위해서는 무엇이 필요한가? 그것은 태양이다. 작은 입자들의 일은 섬세하고 대단히 어렵다. 이 세계의 커다란 모터이며 위력적인 태양의 도움이 없으면 도저히 목적을 달성할 수 없다. 그러므로 녹색 입자의 세포는 물방아간을 개울가에 세우듯, 태양빛이 닿는 곳에 자리를 잡으려고 애쓴다. 잎 한 장은 대단히 얇지만 빛이 어디에서 비춰도 빛에 닿을 수 있으므로 녹색 세포는 두꺼운 잎 전체에 들어갈 수 있다.

그러나 식물 안에서 세포가 생기는 부분의 층이 두꺼울 때는 녹색 세포가 나타나는 곳은 반드시 표면이며 빛이 도달하지 않는 내부는 절대 아니다. 어린 줄기를 잘라보자. 녹색의 층이 어디 있는가. 바깥쪽 표면이다. 멜론을 잘라보라. 역시 바깥쪽에 녹색의 층이 있다.

안에 있는 녹색이 아닌 세포가 아무것도 하지 않는다는 말은 아니다. 그들도 일하고 있다. 거칠게 다듬은 것을 마무리하고 완성시켜 가게에 내놓는 정도의 일은 한다. 녹색이든 아니든 식물 속의 세포는 어느것 하나 쉬지 않는다. 일하지 않는다면 그 세포는 죽는 것이다. 다만 최초의 일, 일다운 일, 가장 어려운 일은 녹색 세포가 담당하고 있는 것이다. 작은 입자가 모두 태양의 힘을 구하려고 표면에 나와 있는 것은 그 때문이다.

빛이 부족하면 창백해지는 잎

빛이 부족하면 공장은 원활하게 돌아가지 않든가 서버린다. 그리고 작은 입자는 축 늘어져 밝은 작업복인 녹색을 잃고 창백해진다. 이런 상태가 오래 계속되면 태양을 되찾으려고 안간힘을 쓰다가 말라 죽어버린다. 휴업을 강요당한 결과 쓰러지는 것이다. 아무 일도 하지 않는 것이 행복의 첫째 조건이라고 생각하는 사람들도 있지만 역시 행복은 일 속에서 오는 것이 아닐까?

잔디풀을 기와장으로 덮어 놓든가 흙으로 덮어두고 며칠 뒤 살펴보자. 잔디풀은 보기에도 딱하게 누렇게, 또는 창백하게 변해 있다. 기와장과 흙 밑에서 무슨 일이 일어났나? 병색이 완연한 모습에 가슴이 아프다. 아무것도 하지 않고 지낸 슬픈 결과다. 이 경우는 부득이한 것이지만 햇볕이 부족하여 물이 마른 물레방아처럼 작업장이 휴업을 했던 것이다. 그래서 가는 녹색 입자는 지쳐 버렸다. 곧 죽을 상이다. 빛을 돌려 주고·일을 시키자.

햇빛이 부족하면 힘을 잃고 쇠약해져서 조만간 그 식물 전체를 파멸로 이끄는데 이것을 황화(黃化)라고 한다. 병이 나면 사람에게 이상한 버릇이 생기듯이 황화는 세포의 성격을 완전히 바꿔 놓는다. 재배인이 버릇을 고친다지만 그것은 인간을 위주로 한 것이다. 예컨대 셀로리는 자유롭게 독(毒)을 만들 때가 행복한 것이다. 그것이 셀로리의 일인 것이다.

그런데 사람은 황화를 이용해서 이 다루기 어려운 식물을 연하고 당분이 든 것으로 바꾼다. 양상치를 골풀로 잡아 매는 것도 황화시키기 위해서이며 양배추의 포기를 둥글게 매주는 것도 고갱이를 황화시키기 위해서다. 우리들은 황화 때문에 학대받는 식물로부터 큰 은혜를 입고 있다.

그런데 연하고 맛있게 하기 위해 오래 저장하여 푸른기가 도는 고기가 싱싱할까? 물론 그렇지 않다. 마찬가지로 황화되어 하얗게 된 야채는 요리를 할 때는 칭찬받을 만하지만 그 야채의 생명은 처량한 상태이다. 중병상태라 할 만하다. 식물에게는 녹색만이 건강의 상징이다. 사람의 붉은 뺨에 해당하는 것이 식물의 녹색이다. 가을이 되면 그때까지 명랑하게 활동하던 녹색의 세포가 일하기 싫어하는 때가 온다. 전처럼 덥지 않은 겨울의 발소리가 의기를 꺾어놓은 것일까? 반년 동안 너무 일을 해서 성격이 삐뚜러진 것일까? 두 가지 모두 있을 수 있는 이야기다. 어쨌든 세포는 쉬고 싶어한다.

그런데 그 휴식이 치명적이다. 사실 활동이야말로 생명인 것이다.

식물이 휴식하는 것은 죽음이나 다름없으며 죽음은 최고의 휴식이다. 한가한 사람은 치장을 일삼는다. 사업에서 은퇴한 잎은 그 녹색의 작업복을 빨리 벗어버리고 화려한 색조로 야한 치장을 한다. 포플라, 느릅나무, 자작나무는 짙은 화장을 한 것처럼 보인다.

가을 잎새의 노란 색조는 너무나 강렬하다. 가죽과 안면이 있다는 사실을 자랑으로 여기는 옻나무 잎은 반짝반짝 빛나는 붉은 색으로 몸을 감싼다. 가막사리는 거무티티한 빨강으로, 머루와 산딸기는 열매가 그리웠던지 노랑, 빨강으로 단장을 한다. 그러나 이런 사치는 인간에게도 식물에게도 조락의 징후이며 오래 계속되지 않는다. 가을비를 머금은 바람이 불어와 나무를 뒤흔들면 잎새는 떨어져버린다. 그것으로 끝, 죽음이 승리하는 것이다.

쓸데없이 노란 옷, 빨간 옷으로 갈아 입지 말고 녹색의 작업복 그대로였다면 잎새는 아직도 가지에 붙어 있을 텐데. 보리자, 회양목, 소나무를 보라. 이들은 예뻐지기 위해 녹색의 작업복을 벗어 던지지는 않는다. 그들의 잎은 녹색을 그대로 유지하며 겨울이 다가와도 좀처럼 떨어지지 않는다. 살아 남아서 새로운 봄을 맞이한다. 노동을 사랑하는 마음은 노년에도 사람에게 젊음을 주며 명예를 가져다 준다.

사철나무는 그 잎새를 결코 떨어뜨리지 않는다고 한다. 하지만 이것은 좀 지나친 말이다. 이 세상에선 어떤 것이든 회양목의 잎까지도 영원히 사는 것은 없다. 상록의 잎은 겨울을 난다. 다음 해에도 또 다음 해에도 만날 수 있을 것이다. 그래도 언젠가는 다른 모든 것이 그렇듯이 죽음을 맞이할 것이다. 다만 조금씩 조금씩 새로운 잎으로 바뀌기 때문에 사람들은 잎이 떨어지는 것을 느끼지 못하고 언제까지나 잎이 무성한 것처럼 생각하는 것이다. 이 또한 녹색이야말로 식물의 활력과 뗄레야 뗄 수 없는 사이임을 증명하는 것이다.

회양목, 전나무, 협죽도 그밖에 겨울을 넘길 수 있는 에너지를 비축하고 있는 많은 나무들의 잎은 마지막 휴식이 찾아왔을 때 비로소 그 빛깔을 바꾼다. 땅에 떨어진 회양목 잎은 노랗고 전나무 잎은 갈색이

일할 의지도, 도구도 없는 자가 굶주리면 숨어서 통행인을 기다리고 있다가 도둑질을 한다

다. 스파르타의 전사들은 적 앞에서 등을 보이지 않았다는 것을 증명하기 위해 신체 앞부분에 부상을 당하지 않았으면 전쟁터에서 돌아가지 않았다고 한다. 회양목도 비겁하게 작업을 포기하지 않았다는 증거로 작은 녹색 입자가 없어진 뒤가 아니면 땅위에 떨어지지 않는다.

 생명이 다한 잎새는 낙엽색을 띤다. 그런데 프랑스에는 아주 흔한 식물로 생애 내내 수의(壽衣)를 입고 지내는 초종용이라는 식물이 있다. 이 식물은 낙엽빛으로 태어나서 자라고 번식한다. 그 세포에는 작은 녹색 입자가 전혀 없다. 모양은 아스파라거스의 굵은 싹과 비슷하다. 키는 꽤 크지만 가지가 없고 보기 흉한 비늘로 덮여 있으며 꼭대기에 조촐한 꽃술이 달려 있다. 이것이 이 식물의 대략적인 초상이다. 그리고 전체 빛깔은 황적색을 띠고 있다.

 세포 속에 작업을 맡을 녹색 입자가 없는데 이 가련한 식물은 어떻게 살아가나? 일할 도구도 없고 일할 의지도 없는 자는 굶주릴 텐데, 어떻게 하나. 몽둥이를 들고 길가에서 통행인을 기다려 도둑질을 일삼는 것이다. 다른 식물의 목덜미를 물어 뜯고 피를 빤다.

 식물학은 초종용이 무자비하다는 것을 가르쳐준다. 초종용의 씨를 좋은 땅에 뿌린다. 씨는 한 알도 싹을 틔울 기색을 보이지 않는다. 초종용은 그 노동이 너무 고된 것이다. 그 씨를 다른 씨와 같이 뿌려 본다. 초종용의 씨는 식물의 종류를 선택한다. 초종용의 어떤 종류에는 담쟁이풀이, 다른 종류에는 아마, 삼(大麻), 클로버가 필요하다. 이런 종류의 씨와 함께 뿌리면 이번에는 모두 싹을 틔운다. 악인의 씨가 죄 없는 클로버의 존재를 눈치채고 먹이가 있다고 안심하고 싹을 틔우는 것이다.

 이렇게 해서 두 가지 식물이 싹을 틔운다. 살인마 옆에 있는 흙을 파 보면 수수께끼가 풀릴 것이다. 초종용이 클로버 뿌리 밑에 뿌리를 내리고 있지 않은가? 남의 뿌리에 붙어서 그 피를 빨고 있는 것이다. 겨우살이는 그래도 녹색의 소 관목으로서 조금은 일을 하며 숙소를 빌려준 사과나무에게 무엇을 요구하지는 않는다. 그런데 이놈은 클로버

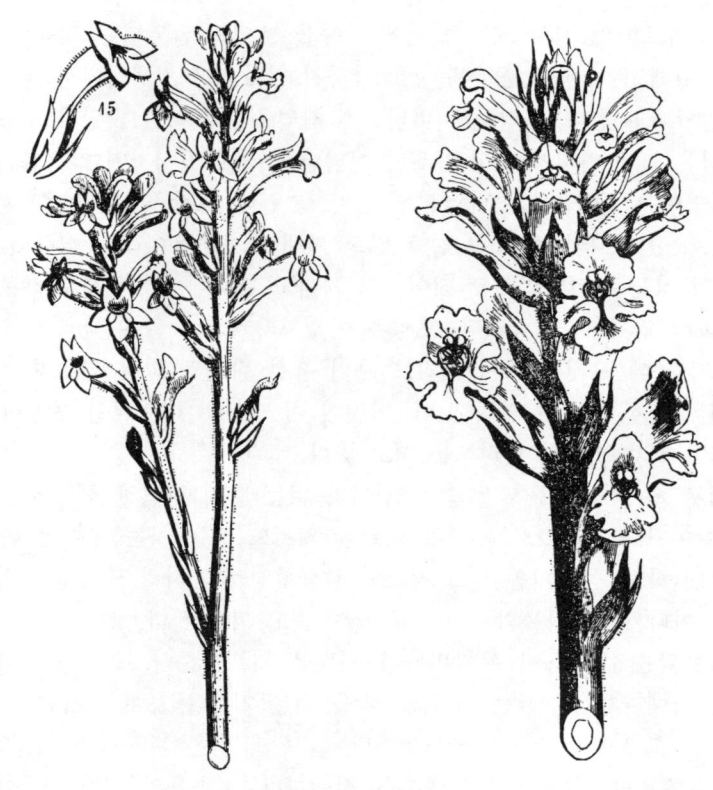

두 종류의 초종용과 식물의 꽃

에게 모든 것을 요구하고 그 피를 빨아 먹는 것이다. 초종용은 녹색 세포가 없고 노동에 관해서는 아무것도 모르기 때문이다. 클로버는 머 잖아 식탁을 함께 사용하는 이 대식가에게 먹혀버리고 말라 죽는다.

　이런 얌체없는 기생식물 중 잘 알려진 몇 가지를 기억해 두자. 빨간 털의 술을 단 새삼·대마·아마·라벤더를 휘감고 숲속의 소나무 뿌리에 정착해 사는 황색의 구상난풀. 하얀 개종용은 햇빛에 모습을 드러내지 않고 물가에서 오리나무의 뿌리를 빤다.

제 28 장
생물의 화학

숯과 물과 공기로 요리를 만든다?
고문으로 비밀을 캐내는 화학자
과학보다 현명한 세포 · 407

제 28 장 생물의 화학

숯과 물과 공기로 요리를 만든다?

 내 친구 한 사람이 유명한 요리사한테 타박을 받고 쫓겨난 것을 나는 잊지 못한다. 앞으로도 잊지 못할 것이다. 큰 축제가 있던 어느날 내 친구는 그 요리사가 부엌에서 미식학적(美食學的) 명상에 잠겨 소스를 감상하고 있는 것을 보았다. 냄비가 화덕 위에서 조용한 소리를 내고 있었다. 냄비 뚜껑에 맛있는 김이 서리고 있었다. 그것만 마셔도 식사를 한 기분이 될 것같았다. 냄비 옆에서는 또 개똥지빠귀가 버터를 바른 빵 위에서 질질 타고 있었다. 내 친구가 의례적인 인사를 하고 나서 말했다.
 "자아, 어떤 걸작이 나올까요?"
 "산토끼의 등심, 타게리에 쿨리를 칠한 것."
 요리사는 매우 만족해 하는 듯이 손가락을 빨면서 말했다. 그리고 냄비 뚜껑을 들었다. 순간 방안이 맛있는 냄새로 꽉 차서 입맛없는 사람도 군침이 돌 것같았다. 내 친구는 크게 칭찬하며 말했다.
 "당신은 정말 솜씨가 훌륭하군요. 아무도 이론이 없을 겁니다. 그리고 질이 좋은 재료로 맛있게 요리한다는 것은 훌륭한 일입니다. 그런데 좋은 재료를 가지고, 가령 산토끼를 가지고 산토끼 요리를 만든다는 것이 그렇게 대단한 일일까요? 다른 아주 평범한 것을 가지고 맛있는 음식을 만들 수 있어야지요."

내 친구의 말을 들은 요리사는 어안이 벙벙한 모양이었다.

"산토끼없이 산토끼 요리를 만들라고요? 암탉 없이 통닭구이를 만들라고? 당신은 그렇게 할 수 있습니까?"

"아니, 저는 못합니다. 저한테는 그런 재주가 없습니다. 하지만 그렇게 할 수 있는 사람은 압니다. 원하신다면 언제라도 소개해 드리지요. 당신과 당신 동료들이 아직 미숙한 요리사라는 것을 그 사나이는 확실히 가르쳐줄 것입니다."

요리사의 눈이 번쩍 뜨였다. 예술가로서의 자존심이 심히 상한 것이다.

"그럼 그 명인 중의 명인이라는 분은 무엇을 사용하십니까? 설마 무(無)에서 암탉을 만들어내는 것은 아니겠지요?"

"상당히 빈약한 원료를 씁니다. 보시겠습니까? 이것이 전부입니다."

내 친구는 주머니에서 목이 긴 작은 병 세 개를 꺼냈습니다. 요리사는 그중 하나를 집어 들었습니다. 가는 검은 가루가 들어 있었다. 맛을 봤다. 냄새도 맡았다. 그는 말했다.

"이거 숯가루 아닙니까? 숯가루 암탉요리라, ······다음 병은 뭡니까? 이건 물 아닌가? 틀렸습니까?"

"맞습니다. 물입니다."

"세 번째는 뭡니까? 아니 빈병 아닙니까?"

"아니, 뭔가 들어 있습니다. 공기입니다."

"공기는 좋다고 칩시다. 그런데 당신은 지금 진실을 얘기하고 있는 겁니까?"

"그럼요. 진실이지요."

"정말?"

"정말이고 말고요."

"당신의 명 요리사는 숯과 물과 공기만으로 암탉요리를 만든다? 그 밖에는 아무 재료도 쓰지 않고?"

"물론입니다."

요리사는 얼굴이 파래졌다.

요리사는 더 참을 수 없었다. 미친 사람이 자기를 놀리고 있다고 생각했다. 그는 내 친구의 멱살을 잡고 방에서 내쫓으며 세 개의 유리병도 발밑으로 집어 던졌다. 그러나 숯과 공기와 물로 암탉요리를 만드는 비법은 드러나지 않고 말았다.

하지만 내 친구의 말은 사실이었다. 내 친구는 사물의 궁극적인 것을 규명하기 위해 쉬지않고 노력하고 있는 학자의 한 사람이다. 이런 사람들을 화학자(化學者)라고 한다. 그들에게는 소금 한 알은 소금 한 알이 아니며 달걀 한 개는 달걀 한 개가 아니고 빵 한 조각은 빵 한 조각으로 그치지 않는다. 그 이전을 알려고 하는 것이다.

그래서 한 알의 소금을 보고 묻는다. 너는 무엇이며 어디서 왔고 무엇을 할 수 있느냐고. 소금은 이 빈틈없는 질문자에게 더는 비밀을 숨길 수 없으므로 자기의 비밀을 털어놓는다. 물에 닿으면 불을 뿜는 원소와, 아주 조금만 들이 마셔도 목을 세게 죄어 기침을 몇 시간이나 멎지 않게 하는 녹색 기체로부터 자기가 어떻게 태어났는가를 얘기한다. 가공할 소금의 양친은 남이 조금이라도 장난을 걸면 아무리 억센 상대라도 당장에 때려눕히는 독종이지만 그 자식인 소금은 조금도 해를 끼치지 않으며 수프 맛을 낸다든가 햄을 절이기 위해 왔노라고 말한다.

화학자들은 빵조각에게 질문한다. 너를 만들어 세상에 내보낸 것은 누구며 우리가 너를 먹었을 때 너는 우리 몸 속에서 어떻게 되느냐고. 빵조각은 이상하게 이용당할 일도 없고 사람들이 자기 없이는 못산다는 것을 알기 때문에 스스럼없이 대답한다. 정신없이 얘기하다가 빵은 여러분이 기절초풍할 별세계의 얘기까지 털어 놓는다.

자기가 고기와 사촌간, 아니 쌍동이라는 것이다. 자기와 살코기는 겉모습은 다르지만 실은 같다는 것이다. 겉보기에 다른 것은 교육 탓이다. 빵조각은 야생의 밀에서 성장했고 쌍동이인 살코기는 좀더 교양

있는 양에게서 양육됐다. 이 수다를 믿기 전에 학자는 책을 들추어 본다. 그런데 내게는 이 얘기가 의심의 여지가 없다. 빵조각과 살코기는 쌍동이 자매이기 때문이다.

이번에는 달걀 차례다. 보기 보다는 입이 무겁지 않다. 약점을 찌르면 달걀도 말을 잘 해 준다. 무슨 뜻인지 모르는 말을. 대체 무엇을 말하려는 것인가? 달걀은 살코기와 빵하고 매우 가까운 친척이며 흰자위는 그의 형제라는 것이다. 이들은 부르타뉴나 코르시카 사람들처럼 누구든지 가깝고 먼 친척인 모양이다. 달걀의 얘기는 틀림없었다. 화학이 달걀의 출생증명을 살펴봤더니 그의 얘기는 옳았다.

그런데 이 세상에 있는 수 많은 물질들과 얘기하기 위해서, 그리고 그 친척을 알아보고, 조성(組成)과 성질 등을 자백시키기 위해서 화학자들은 실험실이라는 응접실을 가지고 있다. 물질은 완강하게 자신의 비밀을 지키며 여간해서 말하려 하지 않는다.

고문으로 비밀을 캐내는 화학자

비밀을 털어놓게 하기 위해서는 흔히 폭력이 사용된다. 그래서 미개시대에는 범죄의 공모자를 자백시키기 위해 고문이라는 수법을 사용했다. 그러므로 화학자의 실험실은 고문실이며 화학자는 고문자이다. 이 표현을 오해하지 않길 바란다. 사람을 고문하는 것은 나쁘지만 물질을 고문하는 것은 눈감아 주기로 하자. 이렇게 해서 세상은 한 발자국씩 진보하는 것이며, 지상의 왕인 우리들의 빈약한 왕관에 꽃장식이 하나씩 늘어 가는 것이니까.

너희들 주변을 훑어 보라. 너희들이 읽고 있는 책이며 앉아 있는 의자며 그 모든 것이 공업의 손을 거쳐 만들어질 때까지 고생끝에 밝혀 낸 수많은 비밀에 의한 깊은 지식을 필요로 하지 않은 것이 하나라도 있는가? 따라서 우리들은 우리들을 살기 편하게 만들어준 화학자에게

경의를 표해야 한다.

　물질이 묵비권을 행사할 때 화학자는 무서운 천분을 발휘해서 질문 방식을 바꾼다. 커다란 유리 선반 안에는 상상할 수 있는 한의 갖가지 약품들이 들어 있다. 너희들이 냄새를 맡기 위해 어떤 병을 열었다면 그 순간 너희들은 정신을 잃고 넘어질 것이다. 혓바닥 위에 다른 약을 조금 올려 놓아보자. 거기에는 순식간에 금속을 부패시켜 곤죽을 만들어버리는 액체도 있다. 갖가지 무시무시한 무기들도 있다. 이런 약과 무기들로 볶아대면 어떤 물질도 자백을 않고는 배기지 못할 것이다. 그 얘기를 들어보자.

　화학자가 그 조성의 비밀을 자백시키기 위해 빵조각을 고문한다. 빵조각과 약품을 함께 유리통 속에 가둔다. 화학자는 통을 숯불 위에 올려 놓는다. 일은 곧 끝난다. 빵은 열을 느끼기 시작하고 자기와 함께 통 속에 갇힌 짓궂은 약한테 물렸다고 느끼자 곧 진실을 말할 것을 신에게 맹세한다. 훌륭한 빵은 세 가지를 갖고 있다. 숯과 공기와 물이다. 기억하겠니? 내 친구가 암탉을 만들 수 있다고 주장한 그 세 가지 원료와 똑같다. 내 말을 믿지 못하겠다면 화학자에게 물어보라.

　살코기도 같은 질문을 받는다. 대답은 빵조각과 마찬가지다. 숯과 물과 공기를 사용했고 그밖에는 아무것도 없다고 말하는 것이다. 내 친구가 암탉용의 작은 병 세 개를 가지고 무엇을 말하려 했던가를 짐작하겠지? 암탉의 살도, 양의 살도, 쇠고기도 그밖의 모든 동물의 살은 원래 같은 것이다. 모두가 같은 양의 숯, 같은 양의 공기, 같은 양의 물로 이루어진 것이다.

　그럼 살코기, 빵과 형제라는 달걀의 흰자위는 어떨까? 그도 마찬가지 대답을 한다. 자기도 살코기나 빵과 같은 양의 숯과 공기와 물로 이루어졌다고. 다만 성장할 때 혼합을 달리하고 다른 교육을 받아서 모습이 무척 달라졌을 뿐이라고. 그러므로 세 가지 물질은 서로 형제자매라고 주장하는 것이다.

　그만두자. 내말을 도무지 믿지 않는 것 같구나. 화내는 것은 아니다.

내 말이 정말 이상하게 들릴 테니까. 믿지 않는 자에게는 실제를 보여 주고 손으로 만져보게 하는 수밖에 없다. 나도 너희들에게 눈으로 보게 하고 직접 만져보게 하겠다. 화학자의 고문실이 내게는 없지만 질문에 응할 정도는 된다. 빵조각에게서 대답 몇 마디 끌어내는 데는 그것으로 충분하다.

빨갛게 달아오른 화덕에 빵조각을 올려놓는다. 빵은 연기를 내며 시커멓게 탄다. 남은 것은 숯뿐이다. 그런데 그 숯은 어디서 왔을까? 빵에서 다시 태어난 것만은 확실하다. 자기가 가지고 있는 것 이외는 주어지지 않았으니까 빵은 처음부터 숯을 가지고 있었다. 다만 그 숯이 다른 물질 속에 움츠리고 있었기 때문에 우리들에게 보이지 않았을 뿐이다.

다른 물질이 열에 의해 쫓겨 갔기 때문에 검은 숯 모양이 드러났던 것이다. 늑대가 숲 속에 숨어 버렸을 때는 불을 피워서 몰아 낸다. 빵에서 숯을 빠져나오게 하기 위해 우리는 지금 불을 피운 것이다. 하얗고 맛있는 빵이 새카맣고 맛도 없는 숯을 가지고 있었다니 이해할 수 있겠는가?

타고 있는 빵에서 올라오는 연기에 유리판을 대보자. 곧 유리판에는 물방울이 맺힌다. 숨을 불어 넣을 때와 마찬가지다. 이 물은 빵의 연기 때문에 생긴 것이다. 빵은 상당한 물을 포함하고 있었다는 얘기가 된다. 우리들의 조촐한 실험으로 그 물을 전부 모을 수 있다면 너희들은 뜻밖에도 우리들이 빵을 먹을 때 얼마나 많은 물을 먹는지 놀랄 것이다. 내가 지금 먹는다고 했지만 불에 올려놓기 전 빵에 섞여 있는 상태에서는 물은 흐르거나 목을 축이게 하지 못한다. 그것은 고형(固形)의 물, 마시는 물이 아니라 스며 있는 물이다. 아니 오히려 물이 아니라 숯과 일체가 되어 빵 전체를 형성하고 있는 어떤 별개의 것이다.

나머지는 공기다. 우리들이 이용할 수 있는 간단한 방법으로는 그것을 끌어 낼 수 없다. 공기는 보이지 않고 잡을 수도 없다. 그러나 과학자들은 특별한 도구를 사용해서 액체를 다루듯 공기를 모아 이 병에서 저 병으로 옮길 수 있다. 우리가 가진 도구로는 이 실험은 어렵다. 세 개의 물질 중 숯과 물 두 가지는 너희들이 확인했다. 그러므로 나를 믿고 공기도 그럴 것이라고 인정해주기 바란다. 나중에 너희들이 화학 공부를 하게 되면 공기를 다룰 기회가 얼마든지 있을 것이다.

빵은 숯과 물과 공기로 이루어져 있다. 이것이 일정한 방법으로 혼합되고 서로 녹아들어서 숯, 물, 공기가 아닌 다른 물질이 된다. 이 물질들을 보며 그것이 어떤 재료에서 만들어졌는지 상상하기는 어렵다. 검정에서 하양이, 맛없는 것에서 맛있는 것이, 영양이 없는 것에서 영양있는 것이 생겨난 것이다.

불세례를 받은 살코기도 같은 말을 한다. 고기는 숯이 된다. 태워보면 알 수 있다. 마지막에 역한 냄새가 나는 연기가 피어오르면 공기와 물이 다시 만난다. 공기도 물도 그런 냄새가 없다. 결국 불을 사용해서는 고기와 빵에게서 모든 고백을 들을 수 없는 것이다. 고기와 빵이 얼마나 완고하게 입을 다물고 있는가를 보라.

두 가지를 숯불 위에 올려놓는다. 이리 저리 뒤적이면서 불길이 골고루 닿도록 한다. 하지만 안 되겠다. 비밀은 일부밖에 새어나오지 않는다. 숯의 대답은 언제나 분명하다. 물도 알아들었다고 한다. 하지만 공기에 대한 말만은 고기도 빵도 하지 않으려고 버틴다. 국가기밀도 이처럼 지켜진 적은 없다. 어떤 중대사가 관련되어 있는 모양이다. 그런데 불에 탄 고기와 빵은 모두 털어 놓지 않고 우리들을 속여 넘기려고 고약한 냄새와 연기를 섞어서 우리 얼굴로 불어댔다.

과학보다 현명한 세포

그런데 이 빈틈없는 두 사형수가 고약한 냄새를 풍기면서 말하는 허위와 진실을 확실히 판별해 보라. 그러나 그 문제는 화학이 없으면 막막할 뿐이다. 그래 숯불 위에서는 말 못하겠다 이거지? 너희들이 풍기는 고약한 냄새 때문에 우리가 단념하리라고 생각하고 있구나. 조금만 기다려라. 화학자는 유리선반에서 무서운 액을 몇 가지를 꺼낸다. 그는 빵과 고기를 이 액, 저 액에 넣어보다가 마침내 재미있는 방법을 발견해서 구린내나는 연기 속에 물과 공기가 숨겨져 있다는 것을 규명했다.

우리들은 필요하다면 그때 화학자의 약을 빌리기로 하고 고문은 숯불만으로 그치기로 하자. 얻어지는 대답은 하나다. 우리들이 먹고 마시는 모든 것은 예외없이 마침내 물과 숯과 공기가 된다는 것이다. 동물의 신체 각 부분, 식물의 각 부분은 극히 적은 예외를 빼고는 물과 숯과 공기로 귀착된다.

당분, 녹말, 지방, 기름, 포도주처럼 물과 숯만을 포함하는 단순한 것도 있다. 빵, 고기, 우유 등 고급 식품은 공기까지 포함한다. 이 추가 성분이 이 식품에 영양가를 주어 식품의 왕자로 만드는 것이다. 아, 비밀이 여기에 있었구나. 그래서 둘 다 조심스럽게 침묵한 것이다. 재산을 모은 사람에게 어디서 치부했는가를 물어보면 거의 밝히기를 꺼려한다. 그들은 진흙밭에서 재산을 긁어 모았기 때문이다. 그러나 빵은 긍지를 가지고 그가 밀이었던 시절 태양 아래서 익어갈 때 열심히 저축한 공기에 관해서 보고할 수 있을 것이다.

과학자의 머리 속에는 기묘한 생각이 떠오른다. 암탉의 버터구이를 숯과 공기와 물로 만들면 어떨까? 포도주의 알콜을 돌과 물로 만든다면 어떨까? 화학자는 실험실을 포도밭으로, 실험대상을 포도송이로 바꾼다. 소량의 숯을 물에 녹이는 방법을 발견한 그들은 그 맑은 물로 우리를 취하게 한다. 알콜을 만들고 나서 그것으로 초, 향수용 엑기스, 파인애플이나 사과의 향료, 진통제 등 일일이 셀 수 없는 물질을 만들어 낸다.

인간의 이성이란 얼마나 대단한가? 그 연구에는 얼마나 광대한 분야가 펼쳐져 있는가. 숯과 합쳐진 소량의 물이 있으면 온갖 특질이 있는 수많은 물질을 과학의 손으로 만들어 낸다. 여기에야말로 미래를 향한 아름답고 위대한 약속이 있다.

혹시 당신이 포도원을 가지고 있더라도 걱정할 것은 없다. 포도송이를 과학의 산물로 대체하는 일은 너무 힘들고 비용이 많이 들기 때문이다. 숯과 물과 공기로 빵과 고기를 만들려고 한다면 그건 미친 짓이다. 이 장 처음에서 요리사가 준비했던 모든 것은 숯과 공기와 물로 환원할 수 있다. 그러나 그 원료로 고기와 빵을 만들기 위해서는 아주 높은 경지에 있는 명인(名人)이 있지 않으면 안된다. 그 명인은 바로 녹색의 세포이다.

제 29 장
식물의 영양

식물은 어떻게 숯을 먹나?
살아 있는 난방장치
빵과 맑은 공기를 주는 식물의 은혜

제 29 장 식물의 영양

식물은 어떻게 숯을 먹나?

식물을 포함한 모든 생물의 대축제에는 온갖 조리 방법을 동원하여 만든 세 가지 요리만이 베풀어진다. 전 세계의 맛있는 것을 모두 모아 식사하는 미식가들도 파도에 실려오는 끈적끈적한 것으로 배를 채우는 굴도, 뿌리를 통해 광대한 토지의 영양분을 빨아올리는 참나무도, 썩은 잔해에 정착해 사는 곰팡이도 모두 숯(탄소), 공기, 물에서 음식물을 취하고 있는 것이다.

변화하는 것은 그 요리법 뿐이다. 늑대도 사람도 양(羊)이 된 숯을 먹는다. 늑대는 다른 것도 먹지만 양은 풀이된 숯을 먹는다. 여기에서 식물세포는 세계의 여왕이다. 그리고 이 여왕은 늑대, 양, 인간을 거기에 예속시키는 대사업을 벌인다. 인간의 위(胃)와 늑대의 위는 숯과 물과 공기로 만들어진 고기 중에서 맛이 좋고 양이 적은 요리를 발견한다. 양의 위는 다소 맛은 떨어지지만 대량으로 조리된 것을 풀 속에서 발견한다.

그럼 양의 살이 되고 인간의 살이 되는 식물 자신은 숯과 공기와 물을 어떻게 요리해서 먹을까? 요리하지 않고 그대로 먹는다. 녹색 세포는 놀라운 힘을 가진 위로 숯을 소화하고 공기와 물을 마신다. 그밖의 것은 탐내지 않는다. 이 세 가지가 풀의 잎이 되며 영양분의 형태로 정리되어 양에게 전해진다. 양은 풀잎이 준비한 것을 반제품(半製品)의 형태로 받아서는 약간 가공해서 살을 만드는 데, 그 살이 한 번 바뀌어서 인간과 늑대의 살이 된다.

이 일련의 먹이사슬 속에서 누가 가장 칭찬받을 만한가? 인간은 양이 모두 준비한 양의 몸에서 재료를 얻고 양은 식물이 준비한 것에서 재료를 얻는다. 하지만 식물은 그 원료부터 시작하는 것이다. 만일 식물이 일을 중단한다면 우리들은 숯을 그대로 씹어먹을 수는 없으므로 굶어죽을 것이다.

식물은 우리처럼 먹지는 않는다. 이빨이라는 맷돌로 갈아서 마시는 식이 아닌 것이다. 자신을 길러줄 물질을 물 속에 스며들게 하는 것이다. 즉, 숯을 그대로 먹는 것도 아니며 가루로 만들어서 마시는 것도 아니다. 숯은 미리 녹아서 유동식이 되어 있어야 한다. 그런데 숯을 녹이는 것은 공기다. 좀더 잘 살펴보자.

한 삽 분의 숯에 불을 지른다. 숯은 벌겋게 타면서 열을 내고 소멸된다. 나중에는 처음의 중량과는 비교도 안될 만큼 가벼운 재만 남는다. 숯은 어떻게 되었나? 숯은 타버린 것이다. 없어졌다는 것은 무가 되는 것일까? 타버리면 숯은 완전한 아무것도 없는 무(無)가 되는 것일까?

그런데 이 세계에서는 무가 되는 것은 하나도 없다. 모래알을 눈앞에서 없애봐라. 모래를 빻아서 가는 가루로 만들 수는 있다. 그러나 절대로 무로 만들 수는 없다. 화학자가 약품과 도구를 총동원해도 여러분 이상의 일은 할 수 없다. 불에 녹여보거나 물에 녹여보거나 수증기로 만들어봐도 마찬가지다. 다른 모양, 다른 색깔은 될 수 있지만 모래알은 항상 존재한다. 무와 우연, 이 두 가지 허풍스런 말을 우리는 쓰고 있지만 사실 그것들은 아무 의미도 없다.

모든 것은 법칙에 따르며 모든 것은 불멸이다. 형태와 겉모습은 달라져도 근원은 그대로다. 사라진 숯은 무가 된 것이 아니다. 눈에 보이지 않는 상태로 공기 중에 녹아 있는 것이다. 각설탕을 한 개 물 속에 넣는다. 각설탕은 녹아서 액체 속으로 흩어지고 눈에는 보이지 않는다. 그렇다고 해서 설탕이 없어진 것은 아니다. 그 증거는 물이 달다는 것이다.

숯도 마찬가지다. 타서 공기 중에 녹아 보이지 않게 된다. 불을 풀무로 불면 불길이 세어지는데 그것은 용해제로서의 공기가 더욱 많이 숯으로 보내지기 때문이다. 용해가 빠르고 왕성할수록 발산되는 열은 높아진다. 숯을 태운다는 것은 숯을 공기 중에 녹인다는 뜻이다.

숯은 화덕을 통해서만 소멸하는 것은 아니다. 나무토막을 풍우 속에 버려둔 채 있으면 점차 갈색이 되어 썩고 형태가 없어지며 마침내는 가루가 된다. 화덕에서와 마찬가지로 분해되는 것이다. 이것 역시 일종의 연소라 할 수 있지만, 다만 그 속도가 느려서 느끼지 못하며 열도 발산하지 않는다. 썩는 나무는 조금씩 숯을 공기 속으로 보내고 공기가 그것을 보이지 않게 담는다. 이 과정이 끊임없이 계속되면 화덕의 숯이 약간 재로 남듯이 나무 줄기는 얼만큼의 흙으로 변한다. 동식물은 어느 것이나 분해하면 같은 결과가 된다. 부패하면 모든 물질은 사라진다. 다시 말해서 그 숯을 공기 속으로 천천이 녹아들게 하는 것이다.

동물도 죽으면 조금씩 보이지 않는 숯이 돼서 공중으로 흩어져 간다. 살아 있는 상태에서도 동물은 용해된 숯을 끊임없이 발산하고 있다. 동물은 모두 호흡을 하며 일정량의 공기를 몸 속에 넣는다. 그 공기는 수시로 바뀌지만 공기의 역할은 음식물에 의해 반입된 숯을 태워서 생명의 열을 유지하는 것이다. 몸 속에서의 연소는 화덕처럼 격심하지는 않다. 그래도 열을 내서 체온을 일정하게 유지할 만한 속도는 있다. '생명의 불길'이라는 표현을 썼는데, 현실의 표현 그대로이다. 동물은 먹이 형태로 연료를 먹고 호흡에 의해 반입되는 공기로 몸 속 깊숙이 그것을 태우는 난방장치인 것이다. 열을 유지하기 위해 영양을 취한다. 동물에게는 먹는다는 것이 태운다는 의미가 된다.

그런데 숯(탄소)을 머금은 공기는 난방장치 속에 머물러서는 안 된다. 용해 가능한 물질이 모두 녹았으므로 이제 연소에는 쓸 수 없다. 그래서 밖으로 토한다. 이래서 호(呼)와 흡(吸) 두 가지 운동이 생긴다. 순수한 공기를 몸 속에 반입하는 흡기(吸氣)와 숯으로 그득해진 공기를 뱉어내는 호기(呼氣)다. 얼핏봐서 무관한 것같은 사실이 동일 원리에 이르는 수가 있는 것이다.

아궁이에서 장작이 타는 것, 그리고 시체가 썩어서 분해하는 것과, 동물의 호흡은 궁극적으로 같은 종류의 현상이다. 세 가지 모두 숯이 어느 정도의 열을 수반하면서 공기 속으로 녹아드는 것이다. 연소, 호흡, 부패는 화학적으로는 동의어이다.

살아 있는 난방장치

공기는 숯을 머금으면 물이 설탕에 의해 달라지듯이 새로운 성질을 갖게 된다. 아주 적은 양으로 사람을 죽이는 무서운 가스가 되기도 한다. 조금 들여 마시기만 하면 머리가 아찔하고 몸이 마비되고 힘이 빠지며 쓰러진다. 도움이 없다면 아주 죽을 수도 있다. 숯(탄소)으로 가득 찬 공기가 이런 비참한 사고의 원인이 되는 것이다.

양조통 안에서 포도주를 만드는 사람이 질식사하는 경우는 흔하다. 포도의 당분을 머금은 포도액이 포도주가 될 때는 모든 식물성 물질이 그렇듯이 분해작용이 일어나는 것이다. 당분이 있는 액은 그 숯의 일부를 공기 중으로 내보내며 열을 띤 가스 형태의 거품 때문에 심하게 흔들린다. 이 거품이 통 속에서 표면으로 올라온다.

이 부패의 첫 단계를 발효라고 한다. 그런데 발효중인 포도주에서 발산하는 가스는 숯이 가득한 공기다. 양조통의 살인적 공기 속에 발을 들여놓은 사람이 어떤 위험한 상태가 되는지 짐작할 만하다. 위험을 느끼기도 전에 정신을 잃는다. 빨리 구출하지 않으면 그대로 죽는다.

지금부터는 숯과 공기가 결합해서 이루어진 치명적 가스를, 화학자들이 이름붙인 탄산가스(이산화탄소)라는 이름으로 부르기로 한다. '탄소'는 과학이 숯을 가리켜 지어낸 말이다. 탄산가스는 공기와 마찬가지로 눈에 보이지 않고 만질 수도 없고 잡지도 못한다. 또한 연소를 계속할 수 없으며 양이 많으면 사람의 생명까지도 위협한다. 탄산가스 속에 있으면 동물은 죽고 불은 꺼진다. 이유는 분명하다.

생명의 난로인 동물의 난방장치에는 몸 속에서 일정한 숯을 녹여 열을 만들 수 있는, 산소를 담은 공기가 끊임없이 보급돼야 한다. 호흡에 의해 공급되는 공기가 용해할 수 있는 한도의 숯을 이미 머금고 있는 공기일 때 난방장치는 가동되지 않고 열은 내려가고 생명을 잃는다.

램프의 불도 항상 새로운 공기가 필요하다. 그 공기가 쉼임없이 숯을 용해하여 열을 유지하기 때문이다. 공기가 더 이상 숯을 녹일 수 없게 되면, 즉 탄산가스가 돼버리면 공기는 연소를 계속할 수 없게 되고 램프는 꺼진다. 램프의 불도 동물·생물의 불도 숯을 더 이상 용해할 수 없는 탄산가스 속에서는 죽는 것이다.

호흡하는 모든 것, 타는 모든 것, 발효하는 모든 것, 분해되는 모든 것이 탄산가스를 뿜어내면 공기는 탄산가스로 꽉 채워진다. 대기권은 몇 세기 안에 호흡이 어려울 지경으로 변하지는 않을까? 공기의 유독성에 관한 수치는 얼마나 달라질까? 인간이라는 대가족의 호흡작용으로 생겨나는 탄산가스는 1년에 약 1천 6백 억㎥이며 이것은 8백 62억 7천 만kg의 석탄이 타는 양과 맞먹는다. 인간만으로도 몸 속의 난방을 위해 필요한 연료가 이만큼이나 된다. 해마다 거대한 석탄산을 하나씩 먹어치우는 셈이다. 아찔한 얘기다.

동물도 계산에 넣어야 한다. 육지, 바다의 것을 모두 합치면 해마다 거대한 몽블랑에 필적하는 연료를 먹어치고 있는 것이다. 동물은 인간보다 수가 훨씬 더 많다. 그러나 이것이 전부가 아니다.

부패에 의해 연소되는 물질, 가령 퇴비는 탄산가스가 돼서 날아간다. 경작지에서 하루 1헥타르당 2백㎥의 탄산가스를 발산하는 데는 그리 많은 비료가 필요 없다. 그리고 우리 가정에서 배출하는 유독가스는 물론 각 고장에서 토해내는 탄산가스의 양을 생각해보라. 화산 폭발은 단 한 번에 지금까지 말한 모든 것을 합한 수와는 비교도 안 될 엄청난 탄산가스를 뿜어 낸다.

그런데 놀라운 일은 동물들은 현재도 미래도 질식 같은 것은 생각도 않고 살고 있다는 것이다. 즉, 더럽혀진 공기는 항상 정화되고 있는 것이다. 공기는 항상 숯을 머금으면서도 항상 맑아진다. 이 기적적 정화 작업을 담당하고 있는 것은 누구일까? 다름 아닌 식물의 세포다.

이 세포는 탄산가스를 먹고 우리들을 죽음에서 지켜줄 뿐만 아니라 우리들을 먹여 살리기 위해 탄산가스에서 빵의 원료를 만들어 낸다. 동물의 시체에서 발산하는 가스가 식물에게는 다시 없는 식량인 것이다. 세포의 불가사의한 위는 생명을 재구성한다.

잎에는 무수한 구멍, 우리들이 기공이라고, 부르는 현미경으로나 보이는 작은 구멍이 뚫려 있다. 식물은 이 구멍을 통해 동물에게는 치명적일 수 있고 식물에게는 이로운 공기를 마신다. 그 무수한 기공으로 대기 중의 탄산가스를 흡수하고 그것을 잎 전체의 작은 녹색 입자가 있는 세포 공장으로 반입한다. 여기서 태양 아래에 있는 생명 그 자체가 신비로운 것처럼 불가해한 숭고한 장면이 전개된다.

빛에 자극받은 녹색 입자가 탄산가스를 붙들고 그 유독한 숯을 토해내게 한다. 말하자면 숯을 제거하고 깨끗하게 하는 것이다. 녹색의 작은 입자는 거꾸로 연소한다(이 용어는 아주 적절한데도 사전에는 없다). 한 번 탄 숯을 역연소하는 것이다. 즉, 공기로부터 숯을 분리한다. 그것이 간단한 일은 아니다. 화학자가 탄산가스에서 숯을 뽑아내려면 갖가지 지혜와 극약을 총동원해야 할 것이다. 그런데 녹색의 세포는 그것을 즐기면서 손쉽게 하고 있다. 틀림없이 하늘의 대 화학자가 그 방법을 세포에게 가르쳐준 것이다.

빵과 맑은 공기를 주는 식물의 은혜

작업은 순식간에 끝난다. 숯과 공기는 원래의 성질로 돌아간다. 숯을 제거한 공기는 숯과 합치기 전의 공기로, 호흡할 수 있는 공기, 불과 생명을 유지할 수 있는 공기로 되돌아간다. 공기는 치명적인 유독가스로 잎에 들어가서 생명을 주는 맑은 공기가 되어 대기 속으로 돌아오는 것이다. 동물과 식물은 서로 협력한다. 우리는 살면서 2중으로 식물의 은혜를 입고 있다. 식물은 대기를·정화해 주고 식품을 공급해 준다.

뿌리에도 탄산가스는 충분하다. 부식토는 탄산가스로 충만해 있다. 이름도 없는 수많은 물질, 시체들이 땅 속에서 썩으며 서서히 탄산가스를 배출한다. 뿌리는 그것을 흡수하지만 분해하지는 못한다. 뿌리에는 녹색 세포가 없고 햇빛도 도달하지 않는다. 그래서 공기와 물과 함께 탄산가스를 모아서 재의 통로를 통해 잎으로 보낸다. 이것을 상승수액(上昇樹液)이라고 한다. 올라온 탄산가스를 기공에서 들어온 것과 마찬가지로 다룬다. 여기까지 녹색 세포가 대활약을 한다. 무수한 기공에서 들어온 숯을 머금은 공기, 뿌리에서 재를 통해 올라온 상승수액들이 밀려 온다.

그러나 모두 즉각 여과해서 숯만 남기고 공기는 배출한다. 이 일에는 태양이 필요하다. 햇볕이 없으면 녹색 세포는 아무 일도 할 수 없다. 탄산가스는 분해되지 않는다. 잎은 자신의 노동습성을 알기 때문에 야간에는 불필요한 숯의 가스를 마시지 않는다. 빛이 없기 때문에 공장은 가동을 중지하는 것이다.

그런데 어둠 속의 노동자인 뿌리는 그렇게도 할 수 없다. 그들은 햇빛을 본 적이 없다. 그래서 밤낮없이 물을 길어 올리는데, 위층에 보내진 탄산가스는 매우 형편이 나쁠 때 잎에 도달하는 것이다. 그래서 보내진 탄산가스는 숯이 제거되지 않은 채 그대로 대기 속으로 배출돼 버린다. 말하자면 잎의 밤과 낮의 호기(呼氣)는 거꾸로 되는 것이다.

낮에는 탄산가스를 분해해서 호흡 가능한 공기를 토해내고 밤에는 탄산가스를 토해낸다.

잎은 탄산가스에서 뽑은 숯을 뿌리에서 올라온 물, 공기 등의 요소와 합쳐서 하강수액(下降樹液)이라는 액을 합성한다. 하강수액은 식물의 위에서 아래로 껍질과 재 사이에 스며든다. 이 액은 재라고도, 껍질이라고도, 잎이라고도, 꽃이라고도, 열매라고도 부를 수 없다. 그 어느 것도 아니지만 얼마큼은 그 어느 부분이다.

동물의 혈액은 뼈도 살도 털도 아니다. 그러나 그 물질로부터 뼈와 살과 털이 생기는 것이다. 수액도 마찬가지로 열매, 재, 잎, 꽃, 껍질, 눈의 재료가 된다. 말하자면 수액은 식물의 피다. 각 기관은 수액 속에서 자신을 성장시킬 양분을 발견한다. 잎은 거기서 이것 저것을 조금씩, 그리고 그밖의 다른 것도 기호에 따라 거둬들인다.

잎은 모아진 액을 자기 생각대로 응고한다든가, 조합한다든가, 가공하여 솜씨가 뛰어난 자들도 감히 생각할 수 없는 기술을 발휘하여 수액에게 세포와 녹색 세포, 도관의 모습을 부여한다. 형태가 없는 액체를 조직하여 생명을 주고 잎이라는 물질도 만들어 낸다.

꽃도 흐르는 수액을 마시고 자기에게 적합한 재료를 선택하여 색채와 향을 만든다. 열매는 수액으로부터 전분·당분·젤리의 원료를 퍼낸다. 재는 섬유를 만드는 것, 목질을 단단하게 하는 것을 섭취한다. 나무껍질은 코르크를 만들기 위해, 체부의 촘촘한 레이스를 위해, 약품창고를 위해 수액을 먹는다. 이처럼 수액은 별볼일없어 보이지만 이런 모든 것의 재료가 된다. 생명의 큰 유방이다. 식물은 직접, 동물은 간접적으로 세계 도처에서 풍부한 이 액을 먹고 있다.

나에게 이 이상은 묻지 않았으면 한다. 식물은 우리에게 많은 것을 가르쳐 주었다. 하지만 식물이 열매·종자·재를 만들 때 숯·공기·물을 어떻게 조합하는지를 식물한테서 듣기를 기대할 수는 없을 것이다. 식물은 그 비밀을 말하는 것을 영원히 금지당하고 있는 것이다. 과학도 아직까지는 그 신비로운 세밀한 조리법을 구체적으로 밝히지는 못하고 있다.
 내 이야기는 여기서 끝이다. 나무는 그의 최대 걸작인 꽃을 빼고는 그 자신에 대해 수많은 재미있는 이야기를 들려주었다. 여러분이 원한다면 꽃을 다음 주제로 하여 이야기를 나누고 싶다.

감수의 말

파브르의 『곤충기』가 너무나 유명한 책이라 그가 쓴 『식물기』또한 훌륭한 작품일 것이라는 기대를 가지고 읽었다. 과연 파브르는 파브르여서 나의 기대를 저버리지 않았다. 식물의 세계를 이렇게 면밀하게 관찰하고 그토록 재미있게 쓸 수 있다는 것이 놀라웠다. 돌처럼 딱딱해지기 쉬운 과학 이야기가 파브르 같은 사람에게 넘어가면 이렇게 부드러운 비단으로 바뀔 수 있다는 것이 신기로웠다. 식물의 삶을 사람의 삶에 비유해서 썼기에 이야기는 신선하고 흥미로울 수밖에 없으며, 따라서 마치 소설책을 읽는 것처럼 끌려들어가지 않을 수 없었다. 그러므로 이 책은 우리에게 식물에 관한 많은 지식을 전달해 주는 재미있는 이야기책이라고 말해도 좋을 것이다.

평생을 나무와 풀과 함께 살아온 나는 우리나라 식물들의 표본을 수집하여 『대한식물도감』을 간행한데(1979)이어 우리나라 식물들의 생태를 재미있는 이야기로 풀어 쓰고 싶은 소망을 갖고 있었는데, 파브르는 『식물기』를 통해 나에게 그 책의 전형을 보여준 셈이다.

교정쇄를 통해 이 책을 처음부터 끝까지 주의를 기울여가며 읽었다. 식물의 이름과 용어에 특별한 주의를 기울인 것은 당연하다. 우리나라에 있는 식물이라면 모두 고유한 우리 이름으로 쓰는 것을 원칙으로 하였으나, '라일락'처럼 우리 이름보다 외래어가 일반화되어 있는 경우에는 독자들의 빠른 이해를 돕는다는 뜻에서 우리 이름을 괄호 속에 함께 넣어 주었다.

그리고 '젓나무'의 경우 문교부의 표기는 '전나무'로 되어 있는데, 나는 '젓나무'로 표기하는 것이 옳다는 견해를 변함없이 갖고 있다. 바른 표기로 바로잡혀야 한다고 생각한다.

아무쪼록 나무와 풀을 벗으로 생각하는 파브르의 눈을 통해 숲을,

그리고 그 속에 살고 있는 모든 생명을 다시 보고 사랑하는 마음을 갖게 되기를 바란다. 자연보호는 우리 인류만이 아니라 앞으로 이 지구 위에서 살아갈 모든 생명이 길이 살아남기 위한 가히 '절대적'인 운동이 아닌가 한다.

1992. 6

이 창 복

옮기고 나서

파브르가『곤충기』를 썼다는 것을 널리 알려져 있지만, 그가『식물기』를 썼다는 것을 아는 사람은 그리 많지 않을 것이다. 파브르는 10권에 이르는 방대한 분량의『곤충기』를 쓴 것 말고도『곤충기』와는 형식이 다른 여러 과학입문서들을 썼다.

학교 선생님이 되어 잠시 학생들을 가르쳤던 파브르는 너무나 재미있어야 할 물리나 화학·지질학 등 과학 이야기를 아주 시시하고 무미건조한 방식으로 전달하여 흥미를 잃게 하는 교과서나 교사에 대해 커다란 분노를 품고 있었다. 경이의 눈으로 자연을 바라보고 그 신비를 깨우쳐가는 살아있는 생생한 과학이야기를 그는 써보고 싶었다. 그러한 그의 오랜 소망이 만들어 낸 결실이 이『식물기』이고 또한『곤충기』이다.

파브르가 이러한 소망을 품었던 데는 그럴 만한 까닭이 있었다. 이 책 군데 군데에서 쓰고 있듯이 그는 엄격한 규율 아래서 실제의 생활과는 거리가 먼 그리스어나 라틴어문법을 외워야 했고, "파란 도라지꽃 한 송이가 그리스어나 라틴어의 운율보다 훨씬 더 시정(詩情)으로 가득차 있다"는 것을 이해하지 못하는 가엾은 머리를 가진 사람들로부터 가르침을 받았다. 그는『식물기』에서 다음과 같이 썼다.

"더욱 치명적인 것이 있다. 프랑스에서는 한 사람의 생애 가운데 근 10년 동안을, 그것도 인생의 가장 꽃다운 나이에 어린이들에게 그리스어와 라틴어를 배우게 하는 것이다. 너희들에게 아무도 이해하지 못하는 낱말을 억지로 외우게 하는 것이다…… 신이 만드신 일이 라틴어 접속법의 형이상학 만큼도 가치가 없다는 말인가? 자연법

칙의 중요함이 생략된 que의 해석보다 못하다는 말인가? 인생은 이
렇게 짧다는데…… 어린애같은 문법을 익히는 데 10년씩이나 귀중
한 시간을 소비하다니!
　사랑하는 아이들아, 희망의 별들아, 신의 도움으로 앞으로 너희들
은 아마 시대에 뒤떨어진 쓸데없는 공부를 하지 않아도 될 것이다.
지평선은 새로운 생각의 광명으로 가득차 있다……"

　'살아있는' 자연을 '살아있는' 이야기로 써야한다는 생각을 가지고
어린이들에게, 그리고 자연을 모르는 어른들에게 아주 재미있고도 쉽
게 자연을 설명하려고 한 것이 이『식물기』이다.
　『곤충기』에서도 그랬지만, 이『식물기』에서도 자연을 바라보는 파
브르의 마음은 '자연에 대한 사랑과 경이'로 가득차 있다. 그는 또한
나무의 눈, 잎, 줄기, 뿌리 등 그 생김생김과 구조와 생리가 모두 반드
시 그럴 수밖에 없었던 어쩔 수 없는 '필요'에 의해 그렇게 만들어진
것으로 보고 있다. 대부분의 식물의 줄기는 왜 하늘을 향하고 뿌리는
땅을 향해 뻗어갈까? 갈대나 밀·보리의 줄기는 왜 동그랗고 속이 비
었을까? 이런 모든 의문에 대해 파브르는 모든 생명의 구조나 행동이
그 나름의 어쩔 수 없는 이유를 가지고 있다고 보는 것이다.
　파브르는 이 책에서 우리가 아주 궁금하게 생각했던, 또는 지나쳐버
렸던 식물세계의 수많은 신비들을 해명해 주고 있다. 식물세계의 이런
경이로움을 읽으면서 우리는 마치 수많은 나무와 풀들이 파브르에게
자신의 비밀을 자발적으로 자세하게 털어놓고 있는 것같은 착각조차
갖게 된다. 파브르의 영혼이 생명에 대한 깊은 사랑으로 가득차 있기
때문에, 그 영혼의 눈이 식물에 대한 따뜻한 '형제애'로 열려 있기 때
문에, 식물 또한 그에게 사랑을 느껴 자기의 비밀을 털어놓지 않을 수
없었을 것이다.
　파브르가 이 책에서 식물의 신비를 해명하고 있는 방법은『곤충기』
의 방법과도 또 다르다. 모든 것을 우리 인간의 삶, 우리의 사회생활

과 연결시켜 재미있게 설명하고 있다. 인간의 삶을 통해 식물을 바라보는 동시에 식물의 삶을 통해 우리의 삶을 돌아보고 반성하게 하는 것이다. 어느 대목치고 이런 눈으로 보지 않은 데가 없다. 예를 들어 쌍떡잎식물과 외떡잎식물을 설명하면서 그는 다음과 같이 쓰고 있다.

"그런 까닭에 그린피스·강남콩·누에콩·도토리 등의 씨눈은 아몬드와 마찬가지로 젖을 주는 두 장의 잎 속에서 자라난다…… 그들이 아주 하등 생명이고 몹시 가난한 식물이라 할지라도 명예를 걸고 자기 새싹에게 두명의 유모를 붙이는 것이다…… 그러나 그렇게 하려면 비용이 많이 드니까 뼈를 깎는 어려움도 감수해야 한다……"

아무리 지식이 많다 할지라도 인간의 삶과 생명을 깊이 통찰하고 있는 파브르의 지혜와 문학적 능력이 아니고는 이루기 어려운 탁월한 경지라고 해야 할 것이다.

그러므로 우리는 이 책을 통해 식물 또한 배고파하고 목말라하며 잠 못자면 괴로와하고 햇빛을 사랑하며 침해당하는 것을 싫어하고 자유를 사랑하며 우리 사람처럼 오래오래 살고 싶어하는 사랑스런, 그리고 가여운 생명이라는 것을 깨닫게 된다.

이 식물이 없으면 동물도 사람도 살아남을 수 없다는 것을, 그것이야말로 수많은 생명의 젖줄이라는 것을, 그리하여 한 그루의 나무, 한 포기의 풀도 우리의 형제라는 것을 깨우치게 된다. 오늘처럼 인간의 환경파괴로 온 생명계가 파멸의 위기에 놓인 때가 있었던가? 파브르의 『식물기』가 우리의 영혼을 정화시켜주며 풍부하게 해주는 대서사시이면서 자연을 다시보고 사랑케 하는 각성제로 높이 평가받고 있는 것도 이 때문일 것이다.

이 『식물기』는 「꽃」에 이르지 못하고 끝난다. 만년에 그의 건강이

악화되었기 때문이 아닌가 짐작된다. 매우 아쉬운 일이다.

  이 책을 우리말로 옮기는 데는 많은 식물이름 때문에, 그리고 전문적인 학술용어 때문에 적지 않은 어려움을 겪었다. 따라서 그에 따른 불안도 컸다. 그러나 이창복 박사님께서 교정쇄를 처음부터 끝까지 꼼꼼하게 읽어주시면서 잘못된 곳을 바로잡아주심으로써 그 불안을 떨쳐버릴 수 있었다. 평생을 풀과 나무와 함께 하면서 오직 한길, 학문에 정진한다는 것이 어떤 것인가를 실감할 수 있었다. 이 박사님께 거듭 존경과 감사를 표하고자 한다.

  다만 전문적인 학술용어가 아직 알기 쉬운 우리말로 정착되어 있지 않아 어린이들은 읽으면서 좀 딱딱하다고 느낄 것이다. 이 용어들이 하루빨리 쉬운 우리말로 다시 확립되기를 바라마지 않는다.

1992. 6.
옮긴이

감수자 **이창복**

하버드 대학교 대학원에서 MA 학위를 받았고, 서울대학교 대학원에서 농학박사 학위를 받았다. 서울대학교 농과대학 교수, 한국식물학회 이사, 서울대 농과대학 부속 수목원장, 한국식물분류학회 회장 및 이사, 자연보호헌장 제정위원, 서울대학교 명예교수 등을 지냈다.

옮긴이 **정석형**

서울대학교 문리대학 불어불문학과를 졸업했다.

파브르 식물기

1판 1쇄 발행 1992년 7월 15일
1판 13쇄 발행 2021년 4월 10일

지은이 J. H. 파브르
옮긴이 정석형
감수자 이창복
펴낸이 조추자 | 펴낸곳 도서출판 두레
등록 1978년 8월 17일 제1-101호
주소 (04075)서울시 마포구 독막로 100 세방글로벌시티 603호
전화 02)703-8781(편집), 702-2119(영업) | 팩스 02)715-9420
이메일 dourei@chol.com 블로그 blog.naver.com/dourei

* 책값은 뒤표지에 적혀 있습니다. 잘못 만들어진 책은 구입처에서 바꾸어 드립니다.

ISBN 89-7443-001-0 02480